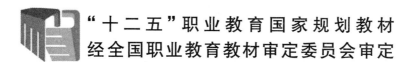

"十二五"职业教育国家规划教材

经全国职业教育教材审定委员会审定

金属工艺学

第 2 版

主　编　王英杰　张芙丽

副主编　金　升　王成国

参　编　张雅琴　杜　力

　　　　王美玉　张　颖

主　审　郭晓平

机 械 工 业 出 版 社

本书为"十二五"职业教育国家规划教材，经全国职业教育教材审定委员会审定。

本书是为了适应高等职业教育的发展需要而编写的。全书共9章，主要阐述了金属材料基础知识、钢的热处理、钢铁材料、非铁金属及其合金、非金属材料、铸造、金属压力加工、焊接、切削加工基础知识等。

本书具有以下特点：第一，注重在理论知识、素质、能力、技能等方面对学生进行全面的培养；第二，注重吸取现有相关教材的优点，充实新知识、新工艺、新技术等内容，简化过多的理论介绍，采用最新标准；第三，突出职业技术教育特色，做到图解直观形象，理论联系实际，加强学生实践技能和综合应用能力的培养；第四，通过教学活动培养学生的工程意识、经济意识、管理意识和环保意识；第五，注重文字叙述精炼，通俗易懂，总结归纳提纲挈领；第六，每章配备了各类复习思考题、交流与研讨题、课外调研活动等，引导学生积极思维，造就师生相互交流与研讨的气氛，培养学生观察、探索、分析以及应用理论知识的能力。

本书主要面向高等职业教育的工科学生。此外，还可作为机械类、近机类等中等专业学校学生和职工培训用教材。

本书配套有电子教案和习题参考答案，选用本书作为教材的教师可登录机械工业出版社教育服务网 www.cmpedu.com 注册后免费下载。咨询邮箱：cmpgaozhi@sina.com。咨询电话：010-88379375。

图书在版编目（CIP）数据

金属工艺学/王英杰，张芙丽主编. —2版. —北京：机械工业出版社，2015.12
（2022.7重印）
"十二五"职业教育国家规划教材
ISBN 978-7-111-52527-1

Ⅰ.①金… Ⅱ.①王…②张… Ⅲ.①金属加工-工艺学-高等职业教育-教材 Ⅳ.①TG

中国版本图书馆 CIP 数据核字（2015）第 307967 号

机械工业出版社（北京市百万庄大街22号　邮政编码100037）
策划编辑：于奇慧　责任编辑：于奇慧
责任校对：佟瑞鑫　封面设计：陈　沛
责任印制：任维东
北京玥实印刷有限公司印刷
2022年7月第2版·第13次印刷
184mm×260mm·17.25印张·423千字
标准书号：ISBN 978-7-111-52527-1
定价：48.00元

前　　言

本书为"十二五"职业教育国家规划教材，经全国职业教育教材审定委员会审定。

本书是根据《教育部关于加强高职高专教育人才培养工作的若干意见》等文件及根据高职高专教育人才培养目标的要求而编写的，是工科高等职业技术教育的通用教材。为了贯彻落实教育部课程教材改革要求，适应素质教育、技能培养、创新教育和创业教育的需要，建立具有中国特色的现代化高等职业教育课程体系的精神，针对目前高等职业技术教育缺少满足金属工艺学课程教学新要求的教材，我们认真查阅了大量的参考资料，进行了多次专题交流与研讨，并且在编写过程中积极汲取各种现有教材的精华，对新的金属工艺学教材进行了科学合理的编写。

知识经济时代迫切需要具有综合素质高、实践能力强和创新能力突出的职业技术人才，这就需要我们采用科学合理的教学模式，提高人的综合素质和职业技能。能力教育与素质教育实际上是同一个问题的两个不同侧面和不同表述。素质本质上是能力的基础，能力则是素质的外在表现，素质诉诸实践就表现为能力，离开素质，能力就成了无本之木；离开能力，素质也无法表现、观察、确证和把握。

另外，突出能力教育必须以人的素质与能力为基础和核心，强调重视学习方法和掌握知识，学会运用知识进行创造性的思考和实践，学会把知识有效地转化为素质和能力。高等职业教育不仅要加强基础知识的学习，而且还要使学生有更大的柔性（或可持续发展能力）。"柔性"就是给予每个在校学生更大的发展空间和深层的受教育机会和能力，以适应未来职业生涯中的工作岗位需求和岗位变换。

本书的教学目标是：

（1）了解常用金属材料的牌号、性能、用途、加工工艺方法和一般选用原则。

（2）了解常用非金属材料的分类、性能和用途。

（3）理解常用热处理工艺的特点及应用，熟悉典型零件的热处理方法。

（4）初步具有选择毛坯和编制零件加工工艺规程的基本能力。

（5）了解主要加工方法所用设备（或工具），掌握部分设备（或工具）的基本操作方法。

（6）了解各种加工工艺方法对零件结构工艺性的一般要求，丰富实践经验，做到灵活应用。

（7）重视零件制造成本的经济性，树立环境保护意识，贯彻清洁生产思想。培养学生的创业意识和创业能力，为其创业奠定良好的基础知识和基本经验。

（8）强化实践教学，提高学生的动手能力和实践技能；培养综合应用能力，引导学生学会应用所学的知识解决一些实际问题，使学生具有一定的解决实际问题的感性认识和经验，做到触类旁通，融会贯通。

（9）培养学生团结合作、相互交流、相互学习、勇于探讨问题的学习风气；引导学生深入社会，了解企业的状况，善于发现实际问题，探索解决问题的途径，培养不断创新和积极进取的创业精神；适应信息社会发展需要，培养学生的信息素养，引导学生善于利用现代信息技术拓宽知识面，了解更多的相关知识。

本书在内容编写方面尽量做到布局合理、丰富、新颖和富有趣味性；在文字介绍方面尽量做到精炼、准确、通俗易懂，插图形象生动；在内容组织方面尽量注意逻辑性、系统性、文化特性和趣味性，突出实践性和适用性，注重理论与实际相结合；在时代性方面尽量反映机械制造方面的新技术、新材料、新工艺和新设备，使教师和学生的认识在一定层次上能跟上现代科技发展与职业技术教育的新要求。每章有较全面的各种类型的复习题，供学生自学时自我检查。

本书除可供高等职业教育院校使用外，还可作为工科中等职业教育、成人教育和机械类中高级技术工人的培训教材，也可作为有关人员的参考书。

本书建议课时（总课时60学时）分配见下表：

章	建议课时	章	建议课时	章	建议课时
第一章	10	第四章	4	第七章	6
第二章	6	第五章	4	第八章	6
第三章	6	第六章	6	第九章	12
小计	22		14		24
总计			60		

本书主编为王英杰、张芙丽；副主编为金升、王成国。全书由王英杰拟定编写提纲和统稿。具体分工为：绪论、第二章和第八章由山西大学职业技术学院王英杰编写；第三章由山西大学职业技术学院王美玉编写；第四章由山西大学职业技术学院杜力编写；第五章由太原科技大学生物工程学院张雅琴编写；第六章由浙江师范大学职业技术教育学院金升编写；第七章由太原铁路机械学校张颖编写；第一章由太原铁路机械学校王成国编写；第九章由兰州交通大学张芙丽编写。本书由高级工程师郭晓平审稿。

由于编写时间及编者水平有限，书中难免有错误和不妥之处，恳请广大读者批评指正。同时，本书在编写过程中参考了大量的文献资料，在此向文献资料的作者致以诚挚的谢意。

编　者

目　录

绪　　论

　　材料是社会发展的物质基础，人类利用材料制作了生产与生活中使用的工具、设备及设施，不断改善了自身的生存环境与空间，创造了丰富的物质文明和精神文明，因此，材料同人类社会的发展密切相关。同时，历史学家为了科学地划分人类在各个社会发展阶段的文明程度，就以材料的生产和使用作为人类文明进步的尺度。以材料为标志，人类社会经历了石器时代（公元前 10 万年）、陶器时代（公元前 8000 年）、青铜器时代（公元前 5000 年）、铁器时代（公元前 1000 年）、水泥时代（公元元年）、钢时代（公元 1800 年）、硅时代（公元 1950 年）、新材料时代（公元 1990 年）等，可以看出，人类使用材料的足迹经历了从低级到高级、从简单到复杂、从天然到合成的过程，目前人类已进入金属（如钛金属）、高分子、陶瓷及复合材料共同发展的时代。

　　在材料的使用及其加工过程中，金属材料的生产和应用是人类社会发展的重要里程碑，它象征着人类在征服自然、发展社会生产力方面迈出了具有历史意义的一步，促进了整个社会生产力的快速发展。尤其是进入铁器时代，特别是大规模生产钢铁工艺的出现，金属材料在人类生活中占据了重要地位，人类社会的经济活动和科学技术水平发生了显著变化。

　　金属材料广泛应用于机械装备制造、建筑（图 0-1）、石油、交通运输、国防建设（图 0-2）、航空航天等行业，并且随着金属材料大规模生产及其消耗量的急剧上升，极大地促进了人类社会经济与科学技术的飞速发展。今天，如果没有耐高温、高强度、高性能的高温合金及钛合金等金属材料，就不可能有现代宇航工业的发展。当今社会人类科学技术的发展与进步以及整个社会的生活与生产活动，如果离开金属材料，那是不堪设想的。

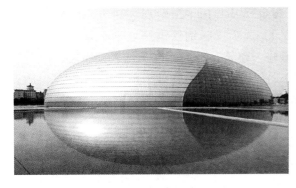

图 0-1　国家大剧院　　　　　　　　　　　　　　图 0-2　航空母舰

　　随着金属材料的广泛使用，地球上现有的金属矿产资源也越来越少。据估计，铁、铝、铜、锌、银、锡等几种主要金属的储量，只能再开采 100～300 年。怎么办呢？一是向地壳的深部要金属；二是向海洋要金属；三是节约金属材料，寻找它的代用品。目前，世界各国都在积极采取措施，改进现有金属材料的加工工艺，提高其性能，充分发挥其潜力，从而达到节约金属材料的目的。例如，轻体汽车的设计，就是利用高强度钢材达到减轻汽车自重、节约金属材料和省油目的的。

　　20 世纪中叶，随着科技的发展、社会环保意识的加强及生产的特殊需求，出现了越来越多的非金属材料。非金属材料的使用，不仅满足了机械工程中的特殊需求，而且还大大简化了机械制造的工艺过程，降低了机械制造成本，提高了机械产品的使用性能。其中比较突出的非金属材料就是塑料、陶瓷与复合材料等。目前它们所具有的特殊性能不断地得到广大工程技术人员的认可，而且其应用范围在不断地扩大，正在逐步地改变着金属材料占绝对主导地位的格局。

　　目前，机械零件的加工技术出现了日新月异的发展。例如，激光技术与计算机技术在机械零件加工过程中的应用，使得机械零件加工设备不断创新，零件的加工质量和效率不断提高，如计算机辅助设计（CAD）、计算机辅助制造（CAM）、柔性制造单元（FMC）、柔性制造系统（FMS）、计算机集成制造系统（CIMS）和生产管理信息系统（MIS）的综合应用，突破了传统的机械零件加工方法，产生了巨大的变革。因此，作为一名工程技术人员或管理人员，了解材料的性能、应用、加工工艺过程以及与之相关的先进的加工技术是非常重要的。掌握这方面的知识不仅可以使机械工程设计更合理、更具有先进性，而且还能培养机械零件生产的质量意识、经济意识、环保意识、创新意识，做到机械生产过程高质、高效、清洁和安全，并合理地降低生产成本。同时，对于从事现代机械制造行业的技术人员来讲，学习本课程的有关知识对于提高自身素质，更好地适应现代化生产以及知识经济社会也具有很好的指导意义和必要性。

　　我国是历史上使用和加工金属材料最早的国家之一。明朝宋应星所著《天工开物》一书中详细记载了古代冶铁、炼钢、铸钟、锻铁、淬火等多种金属材料的加工工艺方法。书中介绍的锉刀、针等工具的制造过程与现代制作工艺几乎一致，可以说《天工开物》一书是世界上有关金属加工工艺方法最早的科学著作之一。历史充分说明，我国古代劳动人民在金属材料及其加工工艺方面取得了辉煌的成就，为人类文明做出了巨大的贡献。

　　新中国成立后，我国在金属材料、非金属材料及其加工工艺理论研究方面有了很大的提高，在 2013 年我国粗钢产量突破 7.8 亿 t，成为国际钢铁市场上举足轻重的"第一力量"，推动了机械制造、矿山冶金、交通运输、建筑、石油、电子仪表、宇宙航行等行业的发展。原子弹、氢弹、导弹的试验成功，人造地球卫星、载人航天和探月卫星的成功发射，纳米材料和功能材料的研究与开发等，标志着我国在金属材料与非金属材料及其加工工艺方面都达到了新的水平。

　　金属材料与非金属材料的加工工艺技术的高低，在某种程度上代表着一个国家机械装备的制造水平，并与国民经济的快速发展有着密切的关系。但目前我国机械装备制造的整体工艺水平还比较落后，与工业先进国家相比还有明显的差距，非常需要工程技术人员深入地研究有关金属材料与非金属材料及其加工工艺理论，不断地学习和认识新技术、新工艺、新设备和新材料，为进一步提高我国机械装备制造工艺水平而努力。

　　《金属工艺学》教材具有内容广、实践性强和综合性突出的特点，比较系统地介绍了金属材料与非金属材料的分类、性能、加工工艺方法及其应用范围等知识。该课程是融汇多种专业基础知识为一体的专业技术基础课，是培养从事机械装备制造行业应用型、管理型、操作型及复合型人才的必修课程。我们在内容编写方面注重体现通俗易懂和趣味性；在教学方式上注重对学生积极进行启发和引导，培养其探索精神和学习归纳能力。学习该课程对于培养自身的综合职业素质、经济意识、环保意识、创业意识和创新能力非常有益。同学们在学习本课程时，一定要多联系自己在金属材料和非金属材料方面的感性知识和生活经验，多讨论、多交流、多分析和多研究，特别是在实习中要多观察，勤于实践，做到理论联系实际，这样才能更好地学好教材中的基础知识，做到融会贯通，全面发展。

第一章　金属材料基础知识

【学习目标与学习方法】

本章主要介绍金属材料的分类、钢铁生产过程和机械产品制造过程；介绍金属材料的常用性能指标和使用范围；介绍金属材料的晶体结构、结晶过程、同素异晶转变、铸锭组织等知识；介绍铁碳合金的基本组织、铁碳合金相图及其应用等内容。学习的重点是基本概念与分类、炼铁与炼钢的实质；性能测试指标及其应用；微观结构和组织特征；铁碳合金基本组织及铁碳合金相图。学习过程中，第一，要准确理解有关概念；第二，要在头脑中初步建立起有关金属材料成形加工的基本过程；第三，理解微观结构与微观组织特征，对金属宏观性能的影响；第四，要善于用学到的知识对日常生活中的现象进行分析和思考，试一试能否用学到的理论知识对遇到的实际问题或现象进行科学的解释，如"冰冻三尺非一日之寒"、"雪花是如何形成的？"、"为什么雪花融化后会形成粉末沉淀现象？"等都可以用本单元学到的知识去分析和解释；第五，本单元涉及的知识面广，为了巩固所学的知识，要学会对所学的知识进行分类、归纳和整理，提高学习效率。

金属材料是现代工业、建筑及国防建设中使用最广的工程材料。对于从事机械制造、工程建设及国防建设等方面的人员来说，了解金属材料方面的相关知识具有重要意义。

第一节　金属材料的分类

金属是指具有良好的导电性和导热性，有一定的强度和塑性，并具有光泽的物质，如铁、铝和铜等。金属材料是由金属元素或以某种金属元素为主，其他金属或非金属为辅构成的，并具有金属特性的工程材料，它包括纯金属和合金两类。

纯金属在工业生产中虽具有一定的用途，但由于其强度、硬度一般都较低，且冶炼技术复杂，价格较高，因此在使用上受到较大的限制。目前广泛使用的是合金状态的金属材料。

合金是指两种或两种以上的金属元素或金属与非金属元素组成的金属材料。例如，普通黄铜是由铜和锌两种金属元素组成的合金，碳素钢是由铁和碳组成的合金，合金钢是由铁、碳和合金元素组成的合金。与纯金属相比，合金除具有更好的力学性能外，还可以通过调整组成元素之间的比例，以获得一系列性能各不相同的合金，从而满足不同的性能要求。

【想一想】 纯金的纯度是99.99%，用24K表示；金的质量分数是49.99%的黄金用12K表示。那么，18K的黄金中金的质量分数是多少？12K的黄金和18K的黄金是合金吗？查一查资料，它们主要含有什么元素？

金属材料，尤其是钢铁材料在国民经济中有重要的作用，这主要是由于金属材料具有比其他材料优越的性能，如物理性能、化学性能、力学性能及工艺性能等，能够满足生产和科学技术发展的需要。金属材料通常还可分为钢铁材料和非铁金属两大类，如图1-1所示。

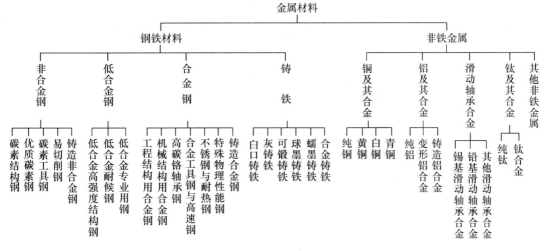

图1-1　金属材料分类

1. 钢铁材料

以铁或以铁为主而形成的金属材料，称为钢铁材料（或称黑色金属），如各种钢材和铸铁。

2. 非铁金属

除钢铁材料以外的其他金属材料，统称为非铁金属（或称有色金属），如铜、铝、镁、锌、钛、锡、铅、铬、钼、钨、镍等。

除此之外，还出现了许多新型的具有特殊性能的金属材料，如粉末冶金材料、非晶态金属材料、纳米金属材料、单晶合金、超导合金以及新型的金属功能材料（如永磁合金、高温合金、形状记忆合金、超细金属隐身材料、超塑性金属材料、储氢合金）等。

第二节　钢铁材料生产过程概述

钢铁材料是铁和碳的合金。钢铁材料按其碳的质量分数 $w(C)$（含碳量）进行分类，可分为工业纯铁 $[w(C) < 0.021\ 8\%]$；钢 $[w(C) = 0.021\ 8\% \sim 2.11\%]$ 和白口铸铁或生铁 $[w(C) > 2.11\%]$。

生铁是由铁矿石经高炉冶炼而获得的，它是炼钢和铸件生产的主要原材料。

钢材生产以生铁为主要原料，首先将生铁装入高温的炼钢炉里，通过氧化作用降低生铁中碳和杂质的质量分数，获得所需要的钢液，然后将钢液浇铸成钢锭或连铸坯，再经过热轧或冷轧后，制成各种类型的型钢。图1-2所示为钢铁材料生产过程示意图。

【炼铁与炼钢的历史】　早在公元前6世纪即春秋末期，我国就已出现了人工冶炼的铁器，比欧洲出现生铁早1 900多年，如1953年在河北兴隆地区发掘出的用来铸造农具的铁模子，说明当时铁制农具已大量地应用于农业生产中。我国古代还创造了三种炼钢方法：第一种是战国晚期从矿石中直接炼出的自然钢，用这种钢制作的刀剑在东方各国享有盛誉，后来在东汉时期传入欧洲；第二种是西汉期间经过"百次"冶炼锻打的百炼钢；

第三种是南北朝时期的灌钢，即先炼铁，后炼钢的两步炼钢技术，这种炼钢技术的出现比其他国家早1 600多年。直到明朝之前的2 000多年间，我国在钢铁生产技术方面一直遥遥领先于世界。

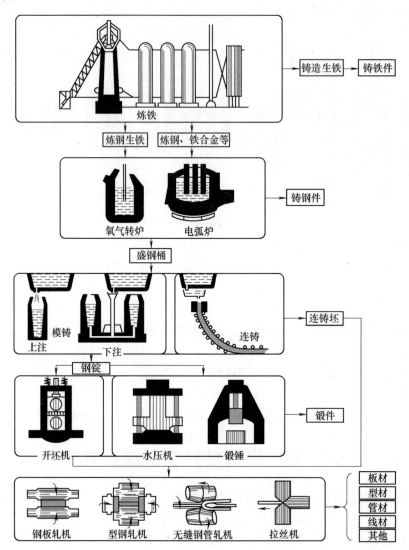

图1-2　钢铁材料生产过程示意图

一、炼铁

炼铁用的原料主要是含铁的氧化物。含铁比较多且有冶炼价值的矿物有赤铁矿石、磁铁矿石、菱铁矿石、褐铁矿石等。铁矿石中除了含有铁的氧化物以外，还含有硅、锰、硫、磷等元素的氧化物杂质，这些杂质称为脉石。炼铁的实质就是从铁矿石中提取铁及其有用元素并形成生铁的过程。现代炼铁的主要方法是高炉炼铁。高炉炼铁的炉料主要是铁矿石、燃料（焦炭）和熔剂（石灰石）。

焦炭作为炼铁的燃料，一方面为炼铁提供热量，另一方面焦炭在不完全燃烧时所产生的CO，又作为使氧化铁和其他金属元素还原的还原剂。熔剂的作用是使铁矿石中的脉石和焦炭燃烧后的灰分转变成密度小、熔点低和流动性好的炉渣（漂浮在钢液表面），并使之与铁液分离。常用的熔剂是石灰石（$CaCO_3$）。

炼铁时需要将炼铁原料分批分层装入高炉中，在高温和压力的作用下，经过一系列的化学反应，将铁矿石还原成铁。高炉冶炼出的铁不是纯铁，其中含有碳、硅、锰、硫、磷等杂质元素，这种铁称为生铁。生铁是高炉冶炼的主要产品。根据用户的不同需要，生铁可分为两类：铸造生铁和炼钢生铁。铸造生铁的断口呈暗灰色，硅的质量分数较高，主要用于生产复杂形状的铸件。炼钢生铁的断口呈亮白色，硅的质量分数较低（$w(Si) < 1.5\%$），用来炼钢。

高炉炼铁产生的副产品主要是炉气和炉渣。高炉排出的炉气中含有大量的 CO、CH_4 和 H_2 等可燃性气体，具有较高的经济价值，可以回收利用。高炉炉渣的主要成分是 CaO，SiO_2，也可以回收利用，用于制造水泥、渣棉和渣砖等建筑材料。

二、炼钢

炼钢以生铁（铁液或生铁锭）和废钢为主要原料，此外，还需要加入熔剂（石灰石、氟石）、氧化剂（O_2、铁矿石）和脱氧剂（铝、硅铁、锰铁）等。炼钢的主要任务是把生铁熔化成液体，或直接将高炉铁液注入高温炼钢炉中，利用氧化作用将碳及其他杂质元素减少到规定的化学成分范围之内，以获得需要的钢材。所以，用生铁炼钢实质上是一个氧化过程。

1. 炼钢方法

现代炼钢方法主要有氧气转炉炼钢法和电弧炉炼钢法。各种炼钢方法的热源及生产特点比较列于表 1-1。

表 1-1　氧气转炉炼钢法和电弧炉炼钢法的比较

炼钢方法	热　源	主要原料	主　要　特　点	产　品
氧气转炉炼钢法	氧化反应的化学热	生铁、废钢	冶炼速度快，生产率高，成本低。钢的品种较多，质量较好，适合于大量生产	非合金钢和低合金钢
电弧炉炼钢法	电能	废钢	炉料通用性大，炉内气氛可以控制，脱氧良好，能冶炼难熔合金钢。钢的质量优良，品种多样	合金钢

2. 钢的脱氧

钢液中的过剩氧气与铁生成氧化物，对钢的力学性能会产生不良的影响，因此，必须在浇注前对钢液进行脱氧处理。按钢液脱氧程度的不同，钢可分为特殊镇静钢（TZ）、镇静钢（Z）、半镇静钢（b）和沸腾钢（F）四种。

（1）镇静钢（Z）　指脱氧完全的钢。钢液冶炼后期用锰铁、硅铁和铝块进行充分脱氧，钢液在钢锭模内平静地凝固。这类钢锭的化学成分均匀，内部组织致密，质量较高。但由于钢锭头部形成较深的缩孔，轧制时需要切除，因此，钢材浪费较大，如图 1-3a 所示。

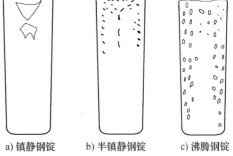

a) 镇静钢锭　　b) 半镇静钢锭　　c) 沸腾钢锭

图 1-3　镇静钢锭、半镇静钢锭和沸腾钢锭

（2）沸腾钢（F）　指脱氧不完全的钢。钢液在冶炼后期仅用锰铁进行不充分的脱氧。钢液浇入钢锭模后，钢液中的 FeO 和碳相互作用，脱氧过程仍在进行（$FeO + C \rightarrow Fe + CO\uparrow$），生成的 CO 气体引起钢液沸腾现象，故称沸腾钢。钢液凝固时大部分气体逸出，少量气体被封闭在钢锭内部，形成许多小气泡，如图 1-3c 所示。这类钢锭缩孔较小，切头浪费少。但是，钢的化学成分不均匀，组织不够致密，质量较差。

（3）半镇静钢（b）　其脱氧程度和性能状况介于镇静钢和沸腾钢之间。

（4）特殊镇静钢（TZ）　脱氧质量优于镇静钢，其内部材质均匀，非金属夹杂物含量少，能满足特殊需要。

3. 钢的浇注

钢液经脱氧后，除少数用来浇注成铸钢件外，其余都浇注成钢锭或连铸坯。钢锭用于轧钢或锻造大型锻件的毛坯。连铸法由于生产率高，钢坯质量好，节约能源，生产成本低，因此，得到广泛采用。

4. 炼钢的最终产品

钢锭经过轧制最终形成板材、管材、型材、线材及其他类型的材料。

（1）板材　板材一般分为厚板和薄板。4～60mm 为厚板，常用于造船、锅炉和压力容器；4mm 以下为薄板，分为冷轧和热轧钢板。薄板轧制后可直接交货或经过酸洗镀锌或镀锡后交货使用。

（2）管材　管材分为无缝钢管和有缝钢管两种。无缝钢管用于石油、锅炉等行业；有缝钢管是用带钢焊接而成，用于制作煤气及自来水管道等。焊接钢管生产率较高、成本低，但质量和性能与无缝钢管相比稍差些。

（3）型材　常用的型材有方钢、圆钢、扁钢、角钢、工字钢、槽钢、钢轨等。

（4）线材　线材是用圆钢或方钢经过冷拔而成的。其中的高碳钢丝用于制作弹簧丝或钢丝绳，低碳钢丝用于捆绑或编织等。

（5）其他材料　其他材料主要是指要求具有特种形状与尺寸的异形钢材，如车轮箍、齿轮坯等。

第三节　机械制造过程概述

机械产品的制造过程一般分为设计、制造和使用三个阶段，如图 1-4 所示。

一、设计阶段

机械产品在设计阶段首先要从市场调查、产品性能、生产数量等方面出发，制订出产品的开发计划。在设计时首先进行总体设计，再进行部件设计，并画出装配图和零件图。然后根据机械零件的使用条件、场合、性能及环境保护要求等，选择合适的材料和合理的加工方法。不同的机械产品有不同的性能要求，如汽车必须满足动力性能、控制性能、操纵性、安全性以及使用起来舒适、燃料消耗率低、噪声小、维护与维修方便等要求。在满足了产品性能和成本要求的前提下，则由工艺部门编制生产加工工艺规程或工艺图，并交付生产。

设计人员在设计零件时，应根据机械产品的使用场合、工作条件等选择零件的制作材料和加工方法。例如，在高温氧化性气氛环境中工作的受力零件，应选择耐热性好的耐热钢；

如果零件的形状复杂，则应选择铸造方式进行生产。同时，在设计过程中要特别重视零件的使用性能、使用条件、材质以及加工方法的协调。

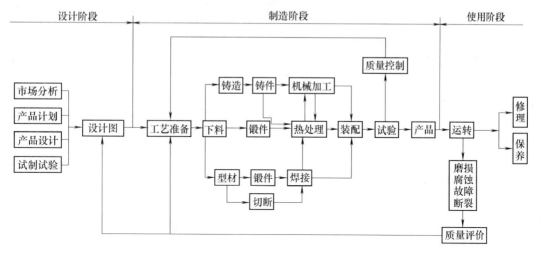

图 1-4　机械产品制造过程的三个阶段

二、制造阶段

生产部门根据机械零件的加工工艺规程与零件图进行制造，然后进行装配。通常不能根据零件设计图直接进行加工，而应根据设计图绘制出制造图，再按制造图进行加工。这是由于设计图绘制的是零件加工完成的最终状态图，而制造图则表示在制造过程中某一工序完成时工件的状态。两者是有差异的。在加工时需要根据制造图准备合适的坯料，并进行预定的加工。准备好材料后，根据零件的不同，可采用铸造、锻造、焊接、机械加工、热处理等不同的加工方法，分别在各类车间进行加工。零件加工完成后再装配成部件或整机。机械产品装配完后，需要按设计要求进行各种试验，如空载与载荷试验、性能与寿命试验以及其他单项试验等。整机质量验收合格后，则可进行涂装、包装和装箱，最后准备投入市场。

三、使用阶段

出厂的机械产品一经投入使用，其磨损、腐蚀、故障及断裂等问题就会接踵而来，并暴露出设计和制造过程中存在的质量问题。一个好的机械产品除了应注重设计功能、外观特征和制造工艺外，还应经常注意收集与积累使用过程中零件的失效资料，据此反馈给制造或设计部门，以进一步提高机械产品的功能和质量。这样做不仅能使机械产品获得良好的可靠性，而且还能在良好的信誉方面赢得市场。

第四节　金属材料的性能

通常我们把金属材料的性能分为使用性能和工艺性能。其中使用性能是指金属材料为保证机械零件或工具正常工作应具备的性能，即在使用过程中所表现出的特性。金属材料的使用性能包括力学性能、物理性能和化学性能等。工艺性能是指金属材料在制造机械零件和工具的过程中，适应各种冷加工和热加工的性能。工艺性能也是金属材料采用某种加工方法制成成品的难易程度，它包括铸造性能、锻造性能、焊接性能、热处理性能及切削加工性能等。只有了解金属材料的性能，才能科学合理地选用金属材料。

一、金属材料的力学性能

金属材料的力学性能是指金属材料在力作用下所显示的与弹性和非弹性反应相关或涉及应力-应变关系的性能，如强度、塑性、硬度、韧性、疲劳强度等。物体受外力作用后导致物体内部之间相互作用的力，称为内力。单位面积上的内力，称为应力 R（N/mm^2）。金属材料的强度指标就是用应力来度量的。应变 ε 是指由外力所引起的物体原始尺寸或形状的相对变化（%）。

金属材料的力学性能是评定金属材料质量的主要判据，也是金属构件设计时选材和进行强度计算的主要依据。金属材料的力学性能主要有：强度、刚度、塑性、硬度、韧性和疲劳强度等。

（一）强度与塑性

金属材料在力的作用下，抵抗永久变形和断裂的能力称为强度。塑性是指金属材料在断裂前发生不可逆永久变形的能力。金属材料的强度和塑性指标可以通过拉伸试验测得。

1. 拉伸试验

拉伸试验是指用静拉伸力对试样进行轴向拉伸，测量拉伸力和相应的伸长，并测其力学性能的试验。拉伸时一般将拉伸试样拉至断裂。

（1）拉伸试样　拉伸试样的尺寸按国家标准中金属拉伸试验试样中的有关规定进行制作，通常采用圆柱形拉伸试样，分为短试样和长试样两种，一般工程上采用短试样。拉伸试样如图 1-5 所示，L_0 为标准试样的原始标距，L_u 为拉断试样对接后测出的标距长度。长试样 $L_0 = 10d_0$；短试样 $L_0 = 5d_0$。

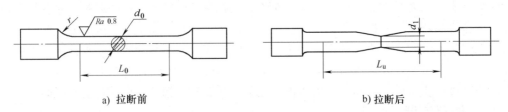

a) 拉断前　　　　　　　　　　　　　　b) 拉断后

图 1-5　圆形拉伸试样

（2）试验方法　拉伸试验在拉伸试验机（图 1-6）上进行。将试样装在试验机的上下夹头上，开动机器，在压力油的作用下，试样受到拉伸。同时，记录装置记录下拉伸过程中的力-伸长曲线。

2. 力-伸长曲线

在进行拉伸试验时，拉伸力 F 和试样伸长量 ΔL 之间的关系曲线，称为力伸长曲线。通常把拉伸力 F 作为纵坐标，伸长量 ΔL 作为横坐标。图 1-7 所示为退火低碳钢的力-伸长曲线图。从力-伸长曲线可以看出，试样从开始拉伸到断裂要经过弹性变形阶段、屈服阶段、变形强化阶段、缩颈与断裂四个阶段。

（1）弹性变形阶段　观察图 1-7 中力-伸长曲线，在斜直线 Op 阶段，当拉伸力 F 增加时，试样伸长量 ΔL 也呈正比增加。当去除拉伸力 F 后，试样伸长变形消失，恢复其原来形状，其变形规律符合胡克定律，表现为弹性变形。图中 F_p 是试样保持完全弹性变形的最大拉伸力。

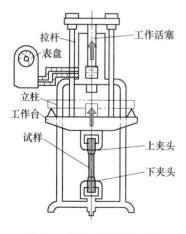

图 1-6　拉伸试验机示意图

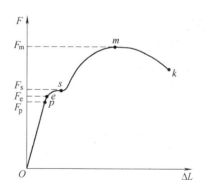

图 1-7　退火低碳钢力-伸长曲线

（2）屈服阶段　当拉伸力 F 超过 F_e 时，试样将产生塑性变形，去除拉伸力后，变形不能完全恢复，塑性伸长将被保留下来。当拉伸力继续增加到 F_s 时，力-伸长曲线在 s 点后出现一个平台，即在拉伸力不再增加的情况下，试样也会明显伸长，这种现象称为屈服现象。拉伸力 F_s 称为屈服拉伸力。

（3）变形强化阶段　当拉伸力超过屈服拉伸力后，试样抵抗变形的能力将会提高，产生冷变形强化现象。在力-伸长曲线上表现为一段上升曲线，即随着塑性变形的增大，试样的变形抗力也逐渐增大。

（4）缩颈与断裂阶段　当拉伸力达到 F_m 时，试样的局部截面开始收缩，产生缩颈现象。由于缩颈使试样局部截面迅速缩小，单位面积上的拉伸力增大，变形集中于缩颈区，最后延续到 k 点时试样被拉断。缩颈现象在力-伸长曲线上表现为一段下降曲线 mk。F_m 是试样拉断前能承受的最大拉伸力，称为极限拉伸力。

3. 强度指标

金属材料的强度指标主要有：屈服强度、规定残余延伸强度、抗拉强度等。

（1）屈服强度和规定残余延伸强度　屈服强度是指试样在拉伸试验过程中力不增加（保持恒定）仍然能继续伸长（变形）时的应力。屈服强度用符号 R_{eH} 或 R_{eL} 表示。单位为 N/mm^2 或 MPa。屈服强度可用下式计算

$$R_{eH} \text{ 或 } R_{eL} = F_s/S_0$$

式中　F_s——试样屈服时的拉伸力（N）；

S_0——试样的原始横截面积（mm^2）。

工业上使用的部分金属材料，如高碳钢、铸铁等，在进行拉伸试验时，没有明显的屈服现象，也不会产生缩颈现象，这就需要规定一个相当于屈服强度的强度指标，即规定残余延伸强度。

规定残余延伸强度是指试样卸除应力后，残余延伸率等于规定的原始标距 L_0 或引伸计标距 L_e 百分率时对应的应力，用应力符号 R 并加角标"r 和规定残余伸长率"表示。例如，国家标准规定 $R_{r0.2}$（表示规定残余伸长率为 0.2% 时的应力）为没有明显产生屈服现象金属材料的屈服强度。

　　金属零件及其结构件在工作过程中一般不允许产生塑性变形，因此，设计零件和结构件时，屈服强度是工程技术上重要的力学性能指标之一，也是大多数机械零件和结构件选材和设计的依据。

　　（2）抗拉强度　抗拉强度是指试样拉断前承受的最大标称拉应力。用符号 R_m 表示，单位为 N/mm^2 或 MPa。R_m 可用下式计算

$$R_m = F_m / S_0$$

式中　F_m——试样承受的最大载荷（N）；

　　　　S_0——试样原始横截面积（mm^2）。

　　R_m 是表征金属材料由均匀塑性变形向局部集中塑性变形过渡的临界值，也是表征金属材料在静拉伸条件下的最大承载能力。对于塑性金属材料来说，拉伸试样在承受最大拉应力 R_m 之前，变形是均匀一致的。但超过 R_m 后，金属材料开始出现缩颈现象，即产生集中变形。

　　另外，比值 R_{eL}/R_m 称为屈强比，是一个重要的指标。比值越大，越能发挥材料的潜力，减少工程结构自重。但为了使用安全，也不宜过大，一般合理的比值在 0.65 ~ 0.75之间。

　　4. 塑性指标

　　金属材料的塑性可以用拉伸试样断裂时的最大相对变形量来表示，如拉伸后的断后伸长率和断面收缩率。它们是工程上广泛使用的表征材料塑性大小的主要力学性能指标。

　　（1）断后伸长率　拉伸试样在进行拉伸试验时，在力的作用下产生塑性变形，原始试样中的标距会不断伸长。试样拉断后的标距伸长量与原始标距的百分比称为断后伸长率，用符号 A 表示。A 可用下式计算

$$A = (L_u - L_0)/L_0 \times 100\%$$

式中　L_u——拉断试样对接后测出的标距长度（mm）；

　　　　L_0——试样原始标距长度（mm）。

　　由于拉伸试样分为长试样和短试样，使用长试样测定的断后伸长率用符号 $A_{11.3}$ 表示，使用短试样测定的断后伸长率用符号 A 表示。同一种金属材料的断后伸长率的 $A_{11.3}$ 和 A 数值是不相等的，因而不能直接用 A 和 $A_{11.3}$ 进行比较。一般短试样的 A 值大于长试样的 $A_{11.3}$。

　　（2）断面收缩率　断面收缩率是指试样拉断后缩颈处横截面积的最大缩减量与原始横截面积的百分比。断面收缩率用符号 Z 表示。Z 值可用下式计算

$$Z = (S_0 - S_u)/S_0 \times 100\%$$

式中　S_0——试样原始横截面积（mm^2）；

　　　　S_u——试样断口处的横截面积（mm^2）。

　　塑性好的金属材料不仅能顺利地进行锻压、轧制等成形工艺，而且在使用过程中可以避免金属构件突然断裂。对于铸铁、陶瓷等脆性材料，由于塑性较低，拉伸时几乎不产生明显的塑性变形，超载时会发生突然断裂，使用过程中必须注意。

　　目前金属材料室温拉伸试验方法采用 GB/T 228.1—2010 新标准，原有的金属材料力学性能数据则是采用旧标准进行测定和标注的。为便于数据查询，现将金属材料强度与塑性的新、旧标准名词和符号对照列于表 1-2。

表1-2 金属材料强度与塑性的新、旧标准名词和符号对照

GB/T 228.1—2010 新标准		GB/T 228—1987 旧标准	
名　　词	符　　号	名　　词	符　　号
断面收缩率	Z	断面收缩率	ψ
断后伸长率	A 和 $A_{11.3}$	断后伸长率	δ_5 和 δ_{10}
屈服强度	—	屈服点	σ_s
上屈服强度	R_{eH}	上屈服点	σ_{sU}
下屈服强度	R_{eL}	下屈服点	σ_{sL}
规定残余延伸强度	R_r，如 $R_{r0.2}$	规定残余伸长应力	σ_r，如 $\sigma_{r0.2}$
抗拉强度	R_m	抗拉强度	σ_b

【小知识】 纯金具有优良的塑性，1 盎司（31.103 5g）的纯金可拉成 105km 长的细线。历史上第一片金箔是埃及人打造的。德国史瓦巴哈镇的一家金箔公司，可以将 100g 的纯金打制出 700 万片金箔，这些金箔铺开可铺满 6 个足球场。

（二）硬度

硬度是衡量金属材料软硬程度的一种性能指标，也是指金属材料抵抗局部变形，特别是塑性变形、压痕或划痕的能力。硬度测定方法有压入法、划痕法、回弹高度法等。其中压入法的应用最为普遍。即在规定的静态试验力作用下，将一定的压头压入金属材料表面层，然后根据压痕的面积大小（或深度大小）测定其硬度值。这种评定方法称为压痕硬度。在压入法中根据载荷、压头和表示方法的不同，常用的硬度测试方法有布氏硬度（HBW）、洛氏硬度（HRA、HRB、HRC 等）和维氏硬度（HV）。

硬度是一项综合力学性能指标，从金属材料表面的局部压痕也可以反映出其强度和塑性。因此，在零件图上常常标注出各种硬度指标，并作为零件检验和验收的主要依据之一。硬度值的高低，对于机械零件的耐磨性也有直接影响，硬度值越高，零件的耐磨性也越高。

1. 布氏硬度

布氏硬度的试验原理是用一定直径的硬质合金球，以相应的试验力压入试样表面，经规定的保持时间后，卸除试验力，测量试样表面的压痕直径 d，然后根据压痕直径 d 计算其硬度值的方法，如图 1-8 所示。布氏硬度值用球面压痕单位表面积上所承受的平均压力表示。目前，金属布氏硬度试验方法执行 GB/T 231.1—2009 标准，用符号 HBW 表示，布氏硬度试验范围上限为 650HBW。

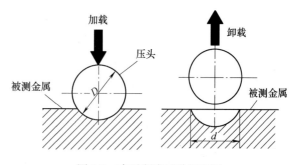

图 1-8 布氏硬度试验原理图

试验时只要测量出压痕直径 d（mm），可通过查布氏硬度表得出 HBW 值。布氏硬度计算值一般都不标出单位，只写明硬度的数值。由于金属材料有硬有软，工件有厚有薄，在进行布氏硬度试验时，压头直径 D（有 10mm、5mm、2.5mm 和 1mm 四种）、试验力和保持时间应根据被测金属种类和厚度正确地进行选择。

在进行布氏硬度试验时，试验力的选择应保证压痕直径 d 在（0.24~0.6）D 之间。试验力 F（N）与球压头直径 D（mm）的平方的比值（$0.102F/D^2$）应为 30，15，10，5，2.5，1 之间的某一个，而且应根据被检测金属材料及其硬度值合理选择。

布氏硬度的标注方法是：测定的硬度值应标注在硬度符号"HBW"的前面。除了保持时间为 10~15s 的试验条件外，在其他条件下测得的硬度值，均应在硬度符号"HBW"的后面用相应的数字注明压头直径、试验力大小和试验力保持时间。例如：150HBW10/1000/30 表示用直径 D = 10mm 的硬质合金球，在 9.807kN（1 000kgf）试验力作用下，保持30s测得的布氏硬度值为150；500HBW5/750 表示用直径 D = 5mm 的硬质合金球，在 7.355kN（750kgf）试验力作用下保持10~15s测得的布氏硬度值为500。

布氏硬度试验的特点是试验时金属材料表面压痕大，能在较大范围内反映被测金属材料的平均硬度，测得的硬度值比较准确，数据重复性强。但由于其压痕较大，对金属材料表面的损伤较大，不宜测定太小或太薄的试样。通常布氏硬度适合于测定非铁金属、灰铸铁、可锻铸铁、球墨铸铁及经退火、正火、调质处理后的各类钢材。

2. 洛氏硬度

根据 GB/T 230.1—2009，洛氏硬度试验原理是以锥角为 120°的金刚石圆锥体或直径为 1.587 5mm 的球（淬火钢球或硬质合金球），压入试样表面（图1-9）。试验时先加初试验力，然后加主试验力，压入试样表面之后，去除主试验力，在保留初试验力时，根据试样残余压痕深度增量来衡量试样的硬度大小。残余压痕深度增量小，金属材料的硬度高。

在图1-9中，0-0 位置为金刚石压头还没有与试样接触时的原始位置。当加上初试验力 F_0 后，压头压入试样中，深度为 h_0，压头处于 1-1 位置。再加主试验力 F_1 后，压头压入试样的深度为 h_1，压头处于图中 2-2 位置。去除主试验力保留初试验力后，压头因金属材料的弹性恢复到图中 3-3

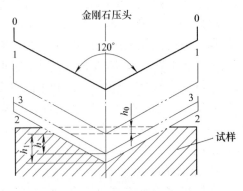

图 1-9　洛氏硬度试验原理图

位置。图中所示 h 值，称为残余压痕深度增量，对于洛氏硬度试验，单位为 0.002mm。标尺刻度满量程 N 与 h 值之差，称为洛氏硬度值。其表示公式是

$$HR = N - （压痕深度/0.002）$$

式中压痕深度的单位为 mm。

为了适应不同材料的硬度测定需要，洛氏硬度计采用不同的压头和载荷对应不同的硬度标尺。根据 GB/T 230.1—2009 的规定，每种标尺由一个专用字母表示，标注在符号"HR"后面，如 HRA、HRB、HRC 等（见表1-3）。不同标尺的洛氏硬度值，彼此之间没有直接的换算关系。测定的硬度数值写在符号"HR"的前面，符号"HR"后面写使用的标尺，如 50HRC 表示用"C"标尺测定的洛氏硬度值为50。

洛氏硬度试验是生产中广泛应用的一种硬度试验方法，其特点是：硬度试验压痕小，对试样表面损伤小，常用来直接检验成品或半成品的硬度，尤其是经过淬火处理的零件，常采用洛氏硬度计进行测试；试验操作简便，可以直接从试验机上显示出硬度值，省去了烦琐的测量、计算和查表等工作。但是，由于压痕小，硬度值的准确性不如布氏硬度，数据重复性

较差。因此，在测试洛氏硬度时，要测取至少三个不同位置的硬度值，然后再计算这三点硬度的平均值作为被测材料的硬度值。

表1-3　常用洛氏硬度的试验条件、硬度测试范围和应用举例

硬度符号	压头材料	总试验力 F/N（对应的 kgf 值）	硬度测试范围	应 用 举 例
HRA	120°金刚石圆锥	588.4（60）	20～88	硬质合金、碳化物、浅层表面硬化钢
HRB	φ1.587 5mm 的淬火钢球或硬质合金球	980.7（100）	20～100	非铁金属、铸铁、经退火或正火的钢
HRC	120°金刚石圆锥	1471.0（150）	20～70	淬火钢、调质钢、深层表面硬化钢

注：使用淬火钢球压头测定的硬度值，在硬度符号 HRB 后面加"S"；使用硬质合金球压头测定的硬度值，在硬度符号 HRB 后面加"W"。

3. 维氏硬度

布氏硬度试验不适合测定硬度较高的金属材料。洛氏硬度试验虽可用来测定各种金属材料的硬度，但由于采用了不同的压头、总试验力和标尺，其硬度值之间彼此没有联系，也不能直接互相换算。因此，为了从软到硬对各种金属材料进行连续性的硬度标定，人们制定了维氏硬度试验法。

维氏硬度的测定原理与布氏硬度基本相似，如图1-10所示。以面夹角为136°的正四棱锥体金刚石为压头，试验时，在规定的试验力 F（49.03～980.7N）作用下，压入试样表面，经规定保持时间后，卸除

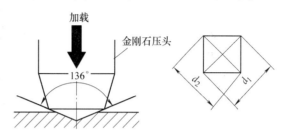

图1-10　维氏硬度试验原理图

试验力，则试样表面上压出一个正四棱锥形的压痕，测量压痕两对角线 d 的平均长度，可计算出其硬度值。维氏硬度是用正四棱锥形压痕单位表面积上承受的平均压力表示的硬度值。维氏硬度用符号"HV"表示。

试验时，用测微计测出压痕的对角线长度，算出两对角线长度的平均值后，查 GB/T 4340.4—2009 附表就可得出维氏硬度值。维氏硬度的测量范围在 5～1 000HV。标注方法与布氏硬度相同。硬度数值写在符号"HV"的前面，试验条件写在符号"HV"的后面。对于钢和铸铁，若试验力保持时间为 10～15s 时，可以不标出。例如，640HV30 表示用 30kgf（294.2N）的试验力，保持 10～15s 测定的维氏硬度值是 640；640HV30/20 表示用 30kgf（294.2N）的试验力，保持 20s 测定的维氏硬度值是 640。

维氏硬度适用范围宽，从软材料到硬材料都可以进行测量，尤其适用于零件表面层硬度的测量，如经化学热处理零件的渗层硬度测量，其测量结果精确可靠。但测取维氏硬度值时，需要测量压痕对角线的长度，然后查表或计算。进行维氏硬度测试时，对试样表面的质量要求高，测量效率较低，因此，维氏硬度没有洛氏硬度使用方便。

【拓展知识——莫氏硬度】　莫氏硬度是表示矿物硬度的一种标准。1824年由德国矿物学家莫斯（Frederich Mohs）首先提出。该标准以常见的10种矿物组成，滑石、石膏、方解石、氟石、磷灰石、长石、石英、黄玉、刚玉、金刚石依次规定其硬度为1～10。鉴定时，在未知矿物上选一个平滑面，用上述矿物中的一种在选好的平滑面上用力刻

划，如果在平滑面上留下刻痕，则表示该未知物的硬度小于已知矿物的硬度。莫氏硬度也用于表示其他固体物质的硬度。

（三）韧性

1. 一次冲击试验

有些零件工作时受到的力是冲击力，如锻锤的锤杆、压力机的冲头等，这些零件除要求具备足够的强度、塑性、硬度外，还应有足够的韧性。韧性是金属材料在断裂前吸收变形能量的能力。冲击载荷比静载荷的破坏性要大得多，因此，需要对金属材料制定冲击载荷下的性能指标。金属材料的韧性大小通常采用吸收能量 K（单位是 J）指标来衡量，而测定金属材料的吸收能量，通常采用夏比摆锤冲击试验方法（GB/T 229—2007）来测定。

（1）夏比摆锤冲击试样　夏比摆锤冲击试样有 V 型缺口试样和 U 型缺口试样两种，如图 1-11 所示。带 V 型缺口的试样，称为夏比 V 型缺口试样；带 U 型缺口的试样，称为夏比 U 型缺口试样。夏比摆锤冲击试样要根据国家标准 GB/T 229—2007 制作。

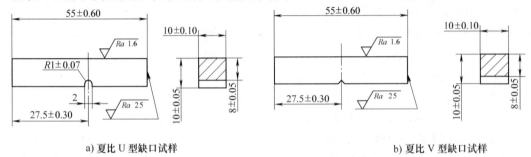

a) 夏比 U 型缺口试样　　　　　　　　b) 夏比 V 型缺口试样

图 1-11　夏比摆锤冲击试样

在试样上开缺口的目的是：在缺口附近造成应力集中，使塑性变形局限在缺口附近，并保证在缺口处发生破断，以便正确测定金属材料承受冲击载荷的能力。同一种金属材料的试样缺口越深、越尖锐，吸收能量越小，金属材料表现脆性越显著。V 型缺口试样比 U 型缺口试样更容易冲断，因而其吸收能量也较小。因此，不同类型的冲击试样，测出的吸收能量不能直接比较。

（2）夏比摆锤冲击试验方法　夏比摆锤冲击试验在摆锤式冲击试验机上进行。试验时，将带有缺口的标准试样安放在试验机的机架上，使试样的缺口位于两支座中间，并背向摆锤的冲击方向，如图 1-12 所示。将一定质量的摆锤升高到规定高度 h_1，则摆锤具有势能 A_{KV1}（V 型缺口试样）或 A_{KU1}（U 型缺口试样）。当摆锤落下将试样冲断后，摆锤继续向前升高到 h_2，此时摆锤的剩余势能为 A_{KV2} 或 A_{KU2}。则摆锤冲断试样过程中所失去的势能就等于冲击试样的吸收能量 K，计算公式是

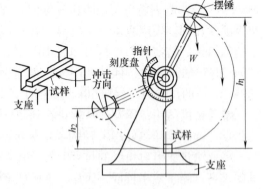

图 1-12　夏比冲击试验原理

V 型缺口试样：KV_2 或 $KV_8 = A_{KV1} - A_{KV2}$ （J）

U 型缺口试样：KU_2 或 $KU_8 = A_{KU1} - A_{KU2}$ （J）

KV_2 或 KU_2 表示用刀刃半径是 2mm 的摆锤测定的吸收能量；KV_8 或 KU_8 表示用刀刃半径是 8mm 的摆锤测定的吸收能量。

吸收能量 KV_2 或 KV_8（KU_2 或 KU_8）可以从试验机的刻度盘上直接读出。它是表征金属材料韧性的重要指标。吸收能量大，表示金属材料抵抗冲击试验力而不破坏的能力越强。吸收能量 K 与冲击试样缺口处的横截面积 S 的比值称为冲击韧度（a_{KV} 或 a_{KU}），单位是 J/cm^2。

吸收能量 K 对组织缺陷非常敏感，它可灵敏地反映出金属材料的质量、宏观缺口和显微组织的差异，能有效地检验金属材料在冶炼、成形加工、热处理工艺等方面的质量。此外，吸收能量对温度非常敏感，通过一系列温度下的冲击试验可测出金属材料的脆化趋势和韧脆转变温度。

（3）吸收能量与温度的关系　金属材料的吸收能量与试验温度有关。有些金属材料在室温时并不显示脆性，但在较低温度下，则可能发生脆断。金属材料的吸收能量与温度之间的关系曲线一般包括高吸收能区、过渡区和低吸收能区三部分，如图 1-13 所示。

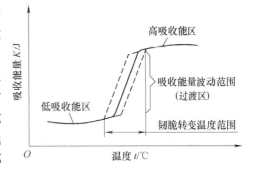

图 1-13　吸收能量与温度的关系曲线

在进行不同温度的一系列冲击试验时，随试验温度的降低，吸收能量总的变化趋势是随着温度的降低而降低。当温度降至某一数值时，吸收能量急剧下降，金属材料由韧性断裂变为脆性断裂，这种现象称为冷脆转变。金属材料在一系列不同温度的冲击试验中，吸收能量急剧变化或断口韧性急剧转变的温度区域，称为韧脆转变温度。韧脆转变温度是衡量金属材料冷脆倾向的指标。金属材料的韧脆转变温度越低，说明金属材料的低温抗冲击性越好。非合金钢的韧脆转变温度约为 -20℃，因此，在较寒冷（低于 -20℃）地区使用非合金钢构件时，如车辆、桥梁、输运管道、电力铁塔等在冬天易发生脆断现象。在选择金属材料时，一定要考虑其服役条件的最低温度必须高于金属材料的韧脆转变温度。

2. 多次冲击试验

金属材料在实际服役过程中，经过一次冲击断裂的情况很少。许多金属材料或零件的服役条件是经受小能量多次冲击。由于在一次冲击条件下测得的冲击吸收能不能完全反映这些零件或金属材料的性能指标，因此，提出了小能量多次冲击试验。

金属材料在多次冲击下的破坏过程由裂纹产生、裂纹扩张和瞬时断裂三个阶段组成。其破坏是每次冲击损伤积累发展的结果，不同于一次冲击的破坏过程。

多次冲击弯曲试验如图 1-14 所示。试验时将试样放在试验机支座上，使试样受到试验机锤头的小能量多次冲击，测定被测金属材料在一定冲击能量下，开始出现裂纹和最后破裂的冲击次数，并依此作为多次冲击抗力指标。

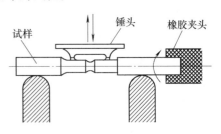

图 1-14　多次冲击弯曲试验示意图

可以说，多次冲击弯曲试验在一定程度上可以模拟零件的实际服役过程，为零件设计和选材提供了理论依据，也为估计零件的使用寿命提供了依据。

研究结果表明：金属材料抗多次冲击的能力取决于其强度和塑性两项指标，而且随着冲击能量的不同，金属材料的强度和塑性的作用是不同的。在小能量多次冲击条件下，金属材料抗多次冲击的能力，主要取决于金属材料强度的高低；在大能量多次冲击条件下，金属材料抗多次冲击的能力，主要取决于金属材料塑性的高低。

（四）疲劳

1. 疲劳现象

许多机械零件，如轴、齿轮、弹簧等是在循环应力和应变作用下工作的。循环应力和应变是指应力或应变的大小、方向，都随时间发生周期性变化的一类应力和应变。常见的循环应力是对称循环应力，其最大值 σ_{max} 和最小值 σ_{min} 的绝对值相等，即 $\sigma_{max}/\sigma_{min} = -1$，如图 1-15 所示。日常生活和生产中，许多零件工作时承受的实际应力值通常低于制作金属材料的屈服强度或规定残余伸长应力，但是零件在这种循环应力作用下，经过一定时间的工作后会发生突然断裂，这种现象称为金属的疲劳。

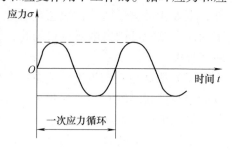

图 1-15　对称循环应力

【课堂小试验】　给你一根 ϕ6mm 的细铁丝，不使用任何剪断工具，仅仅依靠双手，你如何将细铁丝弄断？小试验与疲劳现象有联系吗？

疲劳断裂时不产生明显的塑性变形，断裂是突然发生的，因此，具有很大的危险性，常常造成严重的事故。据统计，在损坏的机械零件中，80% 以上是因疲劳造成的。因此，研究疲劳现象对于正确使用金属材料，合理设计机械构件具有重要意义。

研究表明，疲劳断裂首先是在零件的应力集中局部区域产生，先形成微小的裂纹核心，即微裂源。随后在循环应力作用下，微小裂纹继续扩展长大。由于微小裂纹不断扩展，使零件的有效工作面逐渐减小，因此，零件所受应力不断增加，当应力超过金属材料的断裂强度时，则突然发生疲劳断裂，形成最后断裂区。金属疲劳断裂的断口由微裂源、裂纹扩展区和最后断裂区组成，如图 1-16 所示。

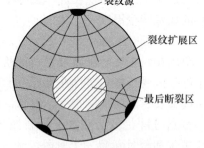

图 1-16　疲劳断口示意图

2. 疲劳强度

金属在循环应力作用下能经受无限多次循环而不断裂的最大应力值称为金属的疲劳强度。即循环次数值 N 无穷大时所对应的最大应力值，称为疲劳强度。在工程实践中，一般是求疲劳极限，即对应于指定的循环基数下的中值疲劳强度。对于钢铁材料其循环基数为 10^7，对于非铁金属其循环基数为 10^8。对于对称循环应力，其疲劳强度用符号 σ_{-1} 表示。许多试验结果表明：金属材料的疲劳强度随着抗拉强度的提高而提高；对于结构钢，当 $R_m \leqslant 1\,400MPa$ 时，其疲劳强度 σ_{-1} 约为抗拉强度的 1/2。

疲劳断裂是在循环应力作用下，经一定循环次数后发生的。金属材料在承受一定循环应力 σ 的条件下，其断裂时相应的循环次数 N 可以用曲线来描述，这种曲线称为 σ-N 曲线，如图 1-17 所示。

由于大部分机械零件的损坏是由疲劳造成的，消除或减少疲劳失效，对于提高零件使用寿命有着重要意义。疲劳破坏一般是由于金属材料内部的气孔、疏松、夹杂及表面划痕、缺口等引起应力集中，并导致微裂纹产生的。因此，设计零件时，除在结构上注意减轻零件的应力集中外，改善零件表面粗糙度，也可减少缺口效应，提高其疲劳强度。例如，采用表面处理，如高频感应淬火、表面形变强化（喷丸、滚压、内孔挤压等）、化学热处理（渗碳、渗氮、碳-氮共渗）以及各种表面复合强化工艺等都可改变零件表层的残余应力状态，从而提高零件的疲劳强度。

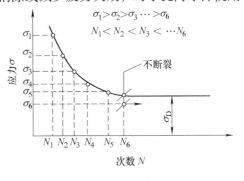

图 1-17　σ-N 曲线

二、金属材料的物理性能、化学性能和工艺性能

1. 金属材料的物理性能

金属材料的物理性能是指金属在重力、电磁场、热力（温度）等物理因素作用下，其所表现出的性能或固有的属性。它包括密度、熔点、导热性、导电性、热膨胀性和磁性等。

（1）密度　金属的密度是指单位体积金属的质量。密度是金属材料的特性之一。不同金属材料的密度是不同的。在体积相同时，金属材料的密度越大，其质量（重量）也越大。金属材料的密度直接关系到由它所制造设备的自身质量，如发动机要求质轻和惯性小的活塞，常采用密度小的铝合金制造。在航空工业领域中，密度是选材的性能指标之一。一般将密度小于 $5 \times 10^3 \text{kg/m}^3$ 的金属称为轻金属，密度大于 $5 \times 10^3 \text{kg/m}^3$ 的金属称为重金属。

（2）熔点　金属和合金从固态向液态转变时的温度称为熔点。纯金属有固定的熔点。合金的熔点取决于它的化学成分，如钢和生铁虽然都是铁和碳的合金，但由于其碳的质量分数不同，其熔点也不同。熔点对于金属和合金的冶炼、铸造、焊接是重要的工艺参数。熔点高的金属称为难熔金属（如钨、钼、钒等），可以用来制造耐高温零件，它们在火箭、导弹、燃气轮机和喷气飞机等方面得到广泛应用。熔点低的金属称为易熔金属（如锡、铅等），可以用来制造印刷铅字（铅与锑的合金）、熔丝（铅、锡、铋、镉的合金）和防火安全阀等零件。

（3）导热性　金属传导热量的能力称为导热性。金属导热能力的大小常用热导率 λ 表示。金属材料的热导率越大，说明其导热性越好。一般来说，纯金属的导热能力比合金好。金属的导热能力以银为最好，铜、铝次之。导热性好的金属其散热性也较好，如在制造散热器、热交换器与活塞等零件时，就要注意选用导热性好的金属。在制订焊接、铸造、锻造和热处理工艺时，也必须考虑材料的导热性，以防止金属材料在加热或冷却过程中形成较大的内应力，避免金属材料发生变形或开裂。

（4）导电性　金属能够传导电流的性能，称为导电性。金属导电性的好坏，常用电阻率 ρ 表示，单位是 $\Omega \cdot \text{m}$。金属的电阻率越小，其导电性越好。导电性与导热性一样，是随合金化学成分的复杂化而降低的，因而纯金属的导电性总比合金好。因此，工业上常用纯铜、纯铝做导电材料，而用导电性差的铜合金（如康铜）和铁铬铝合金制作电热元件。

（5）热膨胀性　金属材料随着温度变化而膨胀、收缩的特性称为热膨胀性。一般来说，金属受热时膨胀而且体积增大，冷却时收缩而且体积缩小。金属热膨胀性的大小用线胀系数 α_1 和体胀系数 α_v 来表示。体胀系数近似为线胀系数的 3 倍。在实际工作中考虑热膨胀性的地方颇多，如铺设钢轨时，在两根钢轨衔接处应留有一定的空隙，以便钢轨在长度方向有膨胀的余地；轴与轴瓦之间要根据膨胀系数来控制其间隙尺寸；在制订焊接、热处理、铸造等工艺时也必须考虑材料的热膨胀影响，以减少工件的变形与开裂；测量工件尺寸时也要注意热膨胀因素，以减少测量误差。

（6）磁性　金属材料在磁场中被磁化而呈现磁性强弱的性能称为磁性。根据金属材料在磁场中受到磁化程度的不同，金属材料可分为铁磁性材料和非铁磁性材料。铁磁性材料可以被磁铁吸引，是指在外加磁场中能被磁化到很大程度的金属材料，如铁、镍、钴等。非铁磁性材料不能被磁铁吸引，是指在外加磁场中能够抗拒或减弱外加磁场磁化作用的金属材料，如金、银、铜、铅、锌等。

铁及其合金（包括钢与铸铁）是常见的铁磁性材料，主要用于制造变压器、电动机、测量仪表等；非铁磁性材料则可用于制作要求避免电磁场干扰的零件和结构材料。

2. 金属材料的化学性能

金属的化学性能是指金属在室温或高温时抵抗各种化学介质作用所表现出来的性能，它包括耐蚀性、抗氧化性和化学稳定性等。

（1）耐蚀性　金属材料在常温下抵抗氧、水及其他化学介质腐蚀破坏作用的能力，称为耐蚀性。金属材料的耐蚀性是一个重要的性能指标，尤其对在腐蚀介质（如酸、碱、盐、有毒气体等）中工作的零件，其腐蚀现象比在空气中更为严重。因此，在选择金属材料制造这些零件时，应特别注意金属材料的耐蚀性，并合理选用耐蚀性好的金属材料进行制造。

（2）抗氧化性　金属材料在加热时抵抗氧化作用的能力，称为抗氧化性。金属材料的氧化随温度升高而加速，例如，钢材在铸造、锻造、热处理、焊接等热加工作业时，氧化比较严重。氧化不仅造成材料过量的损耗，也会形成各种缺陷，为此常采取措施，避免金属材料发生氧化。

（3）化学稳定性　化学稳定性是金属材料的耐蚀性与抗氧化性的总称。金属材料在高温下的化学稳定性称为热稳定性。在高温条件下工作的设备（如锅炉、加热设备、汽轮机、喷气发动机等）上的部件需要选择热稳定性好的材料来制造。

3. 金属材料的工艺性能

工艺性能直接影响零件的加工质量、生产率和生产成本，也是选择金属材料时必须考虑的因素之一。

（1）铸造性能　金属在铸造成形过程中获得外形准确、内部健全铸件的能力称为铸造性能。铸造性能包括流动性、充型能力、吸气性、收缩性和偏析等。在金属材料中灰铸铁和青铜的铸造性能较好。

（2）锻造性能　金属材料利用锻压加工方法成形的难易程度称为锻造性能。锻造性能的好坏主要与金属的塑性和变形抗力有关。塑性越好，变形抗力越小，金属的锻造性能越好。例如，加工黄铜和变形铝合金在室温状态下就有良好的锻造性能；非合金钢在加热状态下锻造性能较好；而铸铜、铸铝、铸铁等几乎不能锻造。

（3）焊接性能　焊接性能是指材料在限定的施工条件下焊接成按规定设计要求的构件，

并满足预定服役要求的能力。焊接性能好的金属材料可以获得没有裂缝、气孔等缺陷的焊缝，并且焊接接头具有良好的力学性能。低碳钢具有良好的焊接性能，而高碳钢、不锈钢、铸铁的焊接性能则较差。

（4）切削加工性能　切削加工性能是指金属进行切削加工的难易程度。切削加工性能好的金属对刀具的磨损小，可以选用较大的切削用量，加工表面也比较光洁。切削加工性能与金属材料的硬度、热导性、冷变形强化等因素有关。当被加工材料的硬度为 170 ~ 260HBW 时，则比较容易切削加工。铸铁、铜合金、铝合金及非合金钢都具有较好的切削加工性能，而高合金钢的切削加工性能则相对较差。

【拓展知识——香味金属】　现代医学证明：香气不仅能改善人的心情，而且能有效地治疗人的烦恼、恐惧、愤怒等生理反应性疾病。以前，人们只是凭输送装置输送香气，那么，能否将香气浸渗到金属中，并使金属在相当长的时期内源源不断地散发清香呢？目前这种香味金属已经面世了，且很受消费者青睐。

香味金属的制作工序是：根据用途，选择不同的金属，添加混合剂和减摩剂后，压缩成形，再放入 1 200℃ 左右的高温炉内烧结，获得具有很多孔穴的金属材料，然后将液态香料压入或浸渗到多孔性金属材料中，制成香味金属。

现在，美、英、法等国已把香味金属应用到火车、汽车等交通工具内，使旅游沿途能受到清香的熏陶。日本已利用香味金属制造项链、戒指、耳环、手镯等首饰，这些首饰借助佩戴者的体温蒸发出香味，使香味长伴人体，亦步亦趋。

第五节　金属材料的晶体结构

金属原子的结构特点是：原子最外层的电子数很少，而且这些最外层的电子很容易脱离原子核的引力，成为自由电子，同时使原子成为正离子。大量金属原子聚集在一起构成固态金属时，绝大多数原子会失去其最外层电子而成为正离子。脱离原子核束缚的自由电子在正离子之间自由运动，并为整个金属原子所共有，从而形成穿梭于各原子之间的"电子云"。固态金属就是依靠正离子与"电子云"之间的静电力牢固地结合在一起的。这种共有化的"电子云"与正离子以静电引力结合起来就形成了金属键。应用金属键理论可以较好地解释固体金属的导电性、导热性、塑性等现象。例如，在产生电流方面，由于金属中存在大量的自由电子，在外加电场作用下，自由电子作定向流动，从而形成电流，故金属具有良好的导电性；在电阻率方面，当温度升高时，作热运动的正离子的振动频率和振幅增加，自由电子定向运动的阻力增大，所以，电阻率随着温度的升高而增高；在导热方面，各种固体是依靠其原子（分子或离子）的振动传递热能的，而固体金属不仅依靠正离子振动传递热能，而且其自由电子也参与热能传递，因此，固态金属的导热性一般比固态非金属好；在塑性方面，固态金属在外力作用下，各部分原子发生相对移动而改变形状时，正离子与自由电子间仍然保持金属键结合而不被破坏，故固态金属显示出良好的塑性。

研究表明：金属材料的性能与其化学成分和内部组织结构有着密切的联系，金属材料的性能是其内部组织结构的宏观表现。即使是同一种金属材料，由于加工工艺的不同也将使金属材料具有不同的内部结构，从而使金属材料具有不同的性能。因此，研究金属材料的内部结构及其变化规律，是了解金属材料性能，正确选用材料，合理确定金属加工方法的基础知识。

一、晶体与非晶体

一切物质都是由原子组成的，根据原子排列的特征，固态物质可分为晶体与非晶体两类。晶体是指其组成微粒（原子、离子或分子）呈规则排列的物质，如图 1-18a 所示。晶体具有固定的熔点和凝固点、规则的几何外形和各向异性特点，如金刚石、石墨及一般固态金属材料等均是晶体；非晶体是指其组成微粒无规则地堆积在一起的物质，如玻璃、沥青、石蜡、松香等都是非晶体。非晶体没有固定的熔点，而且性能具有各向同性。随着现代科技的发展，晶体与非晶体之间是可以转化的，如人们通过快速冷却技术，制成了具有特殊性能的非晶态金属材料。

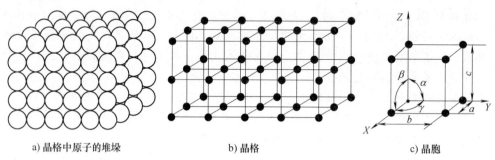

a) 晶格中原子的堆垛　　　　　　b) 晶格　　　　　　　c) 晶胞

图 1-18　简单立方晶格及其晶胞示意图

二、金属的晶体结构

（一）晶格

为了便于描述和理解晶体中原子在三维空间排列的规律性，可把晶体内部原子近似地视为刚性的质点，用一些假想的直线将各质点中心连接起来，形成一个空间格子，如图 1-18b 所示。这种抽象地用于描述原子在晶体中排列形式的空间几何格子，称为晶格。

（二）晶胞

根据晶体中原子排列规律性和周期性的特点，通常从晶格中选取一个能够充分反映原子排列特点的最小几何单元进行分析，这个反映晶格特征、具有代表性的最小几何单元称为晶胞。晶胞的几何特征可以用晶胞的三条棱边的边长（晶格常数）a、b、c 和三条棱边之间的夹角 α、β、γ 六个参数来描述，如图 1-18c 所示。

（三）常见的金属晶格类型

在已知的 80 多种金属元素中，最常见的晶格类型是：体心立方晶格、面心立方晶格和密排六方晶格。

1. 体心立方晶格

体心立方晶格的晶胞是立方体，立方体的 8 个顶角和中心各有一个原子，因此，每个晶胞实有原子数是 2 个，如图 1-19 所示。具有这种晶格的金属有：α 铁（α-Fe）、钨（W）、钼（Mo）、铬（Cr）、钒（V）、铌（Nb）等约 30 种金属。

2. 面心立方晶格

面心立方晶格的晶胞也是立方体，立方体的 8 个顶角和 6 个面的中心各有一个原子，因此，每个晶胞实有原子数是 4 个，如图 1-20 所示。具有这种晶格的金属有：γ 铁（γ-Fe）、金（Au）、银（Ag）、铝（Al）、铜（Cu）、镍（Ni）、铅（Pb）等金属。

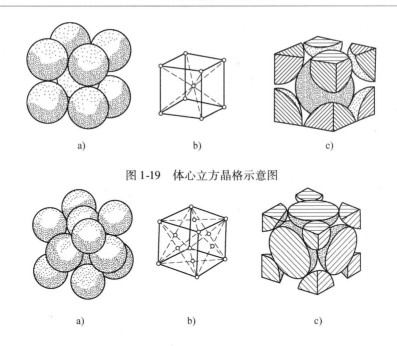

图 1-19 体心立方晶格示意图

a)   b)   c)

图 1-20 面心立方晶格示意图

3. 密排六方晶格

密排六方晶格的晶胞是六方柱体，在六方柱体的 12 个顶角和上下底面中心各有一个原子，另外在上下面之间还有 3 个原子，因此，每个晶胞实有原子数是 6 个，如图 1-21 所示。具有这种晶格的金属有：α 钛（α-Ti）、镁（Mg）、锌（Zn）、铍（Be）、镉（Cd）等金属。

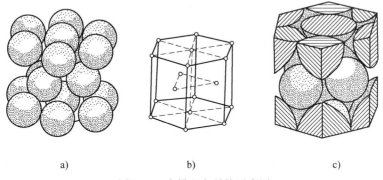

a)   b)   c)

图 1-21 密排六方晶格示意图

三、金属的实际晶体结构

原子从一个核心（或晶核）按同一方向进行排列生长而形成的晶体，称为单晶体。自然界存在的单晶体有水晶、金刚石等，采用特殊方法也可获得单晶体，如单晶硅、单晶锗等，单晶体具有显著的各向异性特点。实际使用的金属材料即使是体积很小，其内部仍包含了许多颗粒状的小晶体，各小晶体中原子排列的方向不尽相同，这种由许多晶粒组成的晶体称为多晶体，如图 1-22 所示。

由于一般的金属是多晶体结构，故通常测出的性能是各个位向不同的晶粒的平均性能，其结果使金属显示出各向同性。

多晶体材料内部以晶界分开的、晶体学位向相同的晶体称为晶粒。将任何两个晶体学位向不同的晶粒隔开的那个内界面称为晶界。在晶界上原子的排列不像晶粒内部那样有规则性，这种原子排列不规则的部位称为晶体缺陷。根据晶体缺陷的几何特点，可将晶体缺陷分为点缺陷、线缺陷和面缺陷三种。

（一）点缺陷

点缺陷是晶体中呈点状的缺陷，即在三维空间上尺寸都很小的晶体缺陷。最常见的缺陷是晶格空位和间隙原子。原子空缺的位置称为空位；存在于晶格间隙位置的原子称为间隙原子，如图 1-23 所示。

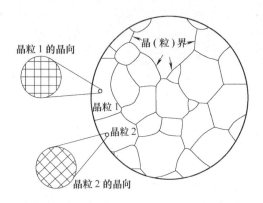

图 1-22　金属的多晶体结构示意图

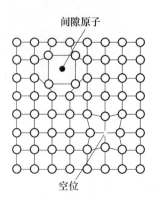

图 1-23　晶格空位和间隙原子示意图

（二）线缺陷

线缺陷是指晶体内部某一平面上沿一方向呈线状分布的缺陷，如图 1-24 所示。线缺陷主要指各种类型的位错。所谓位错是指晶格中一列或若干列原子发生了某种有规律的错排现象。由于位错存在，造成金属晶格产生畸变，并对金属的性能，如强度、塑性、疲劳及原子扩散、相变过程等产生重要影响。

（三）面缺陷

面缺陷是指晶体内部呈面状分布的缺陷，通常是指晶界（图 1-25）和亚晶界。在晶界处由于原子呈不规则排列，使晶格处于畸变状态，它在常温下对金属的塑性变形起阻碍作用，从而使金属材料的强度和硬度有所提高。

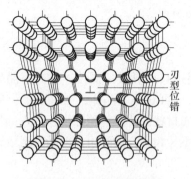

图 1-24　刃型位错示意图

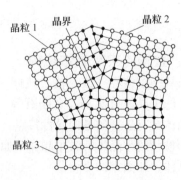

图 1-25　晶界过渡结构示意图

在实际晶体中，晶体的缺陷并不是静止不变的，而是随着条件（如温度、加工工艺等）的改变而不断变化的。晶体中的缺陷既可以产生、发展、运动和交叉作用，又可以合并或消失。

> **【拓展知识——形状记忆合金】** 形状记忆合金是有形状记忆效应的金属材料总称。目前已开发成功的形状记忆合金有 Ti-Ni 形状记忆合金、Cu 系形状记忆合金、Fe 系形状记忆合金等。形状记忆合金的典型应用是制造航天月面天线。半球形的月面天线全部展开后，其直径达数米，直接用登月舱运载难以进入太空。科学家们就利用 Ni-Ti 合金的形状记忆效应，首先将处于一定状态下的 Ni-Ti 合金丝制成半球形的天线，然后将其压成小卷团状，用阿波罗火箭送上月球，放置在月球上。当小卷团状天线被阳光晒热后，逐步依靠形状记忆效应恢复成原状，便可成功地进行通讯。此外，形状记忆合金还有其他应用，如法国研制出了一种奇妙的记忆合金，并用其制作了一个雕刻艺术品，悬挂在凯旋门下，这件艺术品会随着四季不同的气温呈现出不同的形态；用这种记忆合金制成钉子安装在汽车轮胎的外胎上，一旦气温降低到 0°C 以下，公路结冰时，钉子就会"记得"从外胎内伸出来，防止汽车在结冰的公路上打滑。日本三菱用记忆合金制作自动门窗，当室内温度稍高于设定温度时，则门窗自动开启降温，从而使室内保持恒温状态。汽车或家用电器的外壳常因碰撞而凹陷，若用记忆合金制造它们的外壳，即使严重撞凹，只要用开水一浇，就能唤起记忆合金逐渐凸起，全部恢复过程不超过 3min。利用形状记忆合金还可制作航空用记忆铆钉、飞行器用管接头、脊柱矫形棒、牙齿矫形丝、人工关节、骨折部位的固定板、人造心脏、血栓过滤器等。

第六节 纯金属的结晶过程

大多数金属工件都是经过熔化、冶炼和浇铸获得的。金属由液态转变为固态的过程称为凝固。金属由液态通过凝固形成晶体的过程称为结晶。金属结晶形成的铸态组织，将直接影响金属的性能。研究金属的结晶过程是为了掌握金属结晶的基本规律，以便指导实际生产，保证金属获得所需要的组织和性能。

一、冷却曲线与过冷度

纯金属的结晶是在一定温度下进行的，通常采用热分析法测量其结晶温度。具体方法是：首先，将金属熔化，然后以缓慢的速度冷却，在冷却过程中，每隔一定时间测定一次温度，最后将测量结果绘制在温度-时间坐标上，即可得到如图 1-26a 所示的纯金属冷却曲线。

从冷却曲线上可以看出，液态金属随着时间的推移，温度逐渐下降，当冷却到某一温度时，在冷却曲线上出现一水平线段，这个水平线段所对应的温度就是金属的理论结晶温度（T_0）。另外，从图 1-26b 中的冷却曲线中还可以看出，金属在实际结晶过程中，液态金属冷却到理论结晶温度（T_0）以下的某一温度时，才开始结晶，这种现象称为过冷。理论结晶温度 T_0 与实际结晶温度 T_1 之差 ΔT，称为过冷度。

研究指出：实际上金属总是在过冷的情况下结晶的，而且同一金属结晶时的过冷度不是一个恒定值，过冷度的大小与冷却速度有关，冷却速度越快，过冷度就越大，金属的实际结晶温度也就越低，如图 1-26c 所示。过冷是金属结晶的必要条件，但不是充分条件。金属要进行结晶，还要满足动力学条件，如必须有原子的移动和扩散等。

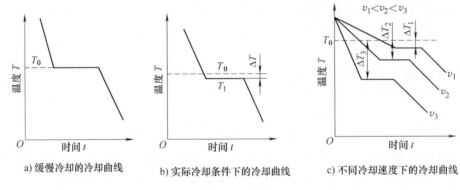

a) 缓慢冷却的冷却曲线　　　b) 实际冷却条件下的冷却曲线　　　c) 不同冷却速度下的冷却曲线

图 1-26　纯金属结晶时的冷却曲线

二、金属的结晶过程

实验证明：晶核的形成和晶核的长大就是金属结晶的基本过程。液态金属在达到结晶温度时，首先形成一些极细小的微晶体，称为晶核。随着时间的推移，已形成的晶核不断长大。与此同时，又有新的晶核形成和长大，直至液态金属全部凝固。凝固结束后，由各个晶核长成的晶粒彼此相互接触，如图 1-27 所示。

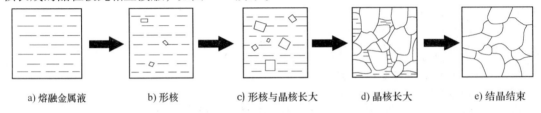

a) 熔融金属液　　　b) 形核　　　c) 形核与晶核长大　　　d) 晶核长大　　　e) 结晶结束

图 1-27　纯金属结晶过程示意图

大多数情况下，在实际结晶过程中，液态金属是依附在一些未熔化的微粒表面上形成晶核的。这些未熔化的微粒可能是液态金属中存在的杂质，也可能是有意加入的微粒。此外，也可以在容器壁上形成晶核。

晶核的长大方式主要是平面生长方式和树枝状生长方式。纯金属晶核的长大主要以结晶表面向前平移的方式进行，即采取平面生长方式；当过冷度较大，液态金属中存在未熔化的微粒时，金属晶核的长大主要以树枝状生长方式长大，如图 1-28 所示。当液态金属采用树枝状生长方式长大时，最后凝固的树枝之间不能及时填满，晶体的树枝状就很容易显露出来，如在很多金属铸锭表面可以看到树枝状的浮雕（图 1-29）。

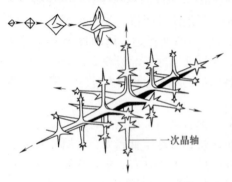

图 1-28　晶核树枝状生长方式

图 1-29　金属铸锭中的树枝晶

三、金属结晶后的晶粒大小

1. 晶粒大小对金属力学性能的影响

金属结晶后形成由许多晶粒组成的多晶体。晶粒大小对金属的力学性能有很大影响。一般情况下，晶粒越细小，金属的强度、硬度越高，塑性、韧性越好。因此，生产实践中总是使金属及其合金获得较细的晶粒组织。

2. 晶粒大小的控制

在生产中为了获得细小的晶粒组织，常采用以下一些方法：

（1）加快液态金属的冷却速度，增大过冷度　生产中主要采用散热快的金属铸型、在铸型中局部加冷铁以及采用水冷铸型等，但这些措施对于大型铸件效果不显著。

（2）采用变质处理　所谓变质处理就是在浇铸前，将少量固体材料加入熔融金属液中，促进金属液形核，以改善其组织和性能的方法。加入的少量固体材料可起晶核作用，从而达到细化晶粒的效果。当金属的体积较大时，难以获得较大的过冷度，尤其是形状复杂的金属铸件，也不容许冷却速度过快，此时可以采用变质处理，如在铸造铝合金浇铸之前，加入钠盐，使钠附着在硅的表面，阻碍粗大片状硅晶体的形成，从而细化铸造铝合金的晶粒。

（3）其他方法　采用机械搅拌、机械振动、超声波振动和电磁振动等措施，可使生长中的树枝晶破碎和细化,而且破碎的树枝晶又可起到新晶核作用,使晶核数量增多,从而可细化晶粒。

【课外小实验】　在寒冷的冬天将三盆干净的清水放在户外，其中第一盆清水中无任何漂浮物，第二盆清水中有 1 个漂浮物，第三盆清水中有 5 个漂浮物，观察水从什么地方开始结冰？那么，冰的晶粒哪个最多？哪个最少？哪个最细小？

第七节　金属材料的同素异构转变

大多数金属结晶完成后晶格类型不再会发生变化。但也有少数金属（如铁、钴、锰、钛、锡等）在结晶为固态后，继续冷却时其晶格类型会发生变化。金属在固态下由一种晶格转变为另一种晶格的转变过程，称为同素异构转变或称同素异晶转变。如图 1-30 所示，液态纯铁在冷却至 1 538°C 结晶后具有体心立方晶格，称为 δ-Fe；当纯铁冷却到 1 394℃时，发生同素异构转变，由体心立方晶格的 δ-Fe 转变为面心立方晶格的 γ-Fe；当纯铁冷却到 912℃时，铁原子排列方式又由面心立方晶格的 γ-Fe 转变为体心立方晶格的 α-Fe。上述转变过程可由下式表示

$$L \xrightarrow{1\,538℃} δ\text{-Fe} \xrightarrow{1\,394℃} γ\text{-Fe} \xrightarrow{912℃} α\text{-Fe}$$

同素异构转变是钢铁材料的一个重要特性，也是钢铁材料能够进行热处理的理论依

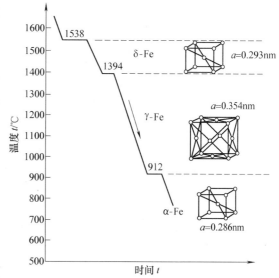

图 1-30　纯铁的冷却曲线和同素异构转变

据。同素异构转变是通过原子的重新排列来完成的，这一过程类似于队列变换，具有如下特点：

1）同素异构转变是由晶核形成和晶核长大两个基本过程完成的，新晶核优先在原晶界处生成。

2）同素异构转变也有过冷（或过热）现象，而且转变时具有较大的过冷度。

3）同素异构转变过程中，有相变潜热产生，在冷却曲线上也出现水平线段，但这种转变是在固态下进行的。

4）同素异构转变时常伴有金属的体积变化等。

【史海探讨】　　锡（Sn）是稀有金属之一，具有熔点低、耐腐蚀的特性，但在 -16℃以下时会由白色金属性的 β-Sn 转变成灰色粉末状的非金属性的 α-Sn。在拿破仑对俄国的战争中，由于俄国冬季的天气特别寒冷（-30℃），而当时的法国士兵的大衣纽扣是采用锡金属制作的，因此，在冬季的战争中，由于严寒，导致法国士兵的大衣纽扣逐步变成粉状，使法国士兵深受寒冷的袭扰，大大影响了法国士兵的战斗力，从而成为最终导致拿破仑兵败滑铁卢（图 1-31）的原因之一。

图 1-31　滑铁卢战役

第八节　合金的晶体结构与结晶过程

一、基本概念

1. 组元

组成合金最基本的、独立的物质称为组元。一般来说，组元就是组成合金的元素，但有时也可将稳定的化合物作为组元。

2. 合金系

由两种或两种以上的组元按不同比例配制而成的一系列不同化学成分的所有合金，称为合金系。

3. 相

相是指在一个合金系统中具有相同的物理性能和化学性能，并与该系统的其余部分以界面分开的部分。例如，在铁碳合金中 α-Fe 为一相，Fe_3C 为另一相；水和冰虽然化学成分相同，但其物理性能不同，故为两相。

4. 组织

组织是指用金相观察方法，在金属及其合金内部看到的涉及晶体或晶粒的大小、方向、形状、排列状况等组成关系的构造情况。由于合金的性能取决于组织，而组织又首先取决于合金中的相，所以，为了了解合金的组织和性能，首先必须了解合金的晶体结构。

二、合金的晶体结构

根据合金中各组元之间的相互作用，合金中的晶体结构可分为固溶体、金属化合物及机械混合物三种类型。

（一）固溶体

将糖溶于水中可以得到糖在水中的"液溶体"，其中水是溶剂，糖是溶质。如果糖水结成冰，便得到糖在固态水中的"固溶体"。合金中也有类似的现象，在固态下一种组元的晶格内溶解了另一种原子而形成的晶体相，称为固溶体。根据溶质原子在溶剂晶格中所占位置的不同，可将固溶体分为置换固溶体和间隙固溶体。

1. 置换固溶体

溶质原子代替一部分溶剂原子，占据溶剂晶格的部分结点位置时，所形成的晶体相称为置换固溶体，如图 1-32a 所示。按溶质溶解度的不同，置换固溶体又可分为有限固溶体和无限固溶体。置换固溶体的溶解度主要取决于组元间的晶格类型、原子半径和原子结构。实践证明，大多数置换固溶体只能有限固溶，且溶解度随着温度的升高而增加。只有两组元晶格类型相同、原子半径相差很小时，才可以无限互溶，形成无限固溶体。

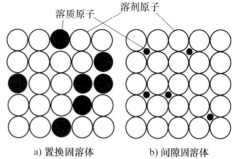

a) 置换固溶体　　b) 间隙固溶体

图 1-32　固溶体的类型

2. 间隙固溶体

溶质原子在溶剂晶格中不占据溶剂晶格的结点位置，而是嵌入溶剂晶格的各结点之间的间隙内时，所形成的晶体相称为间隙固溶体，如图 1-32b 所示。

由于溶剂晶格的间隙有限，所以间隙固溶体只能有限地溶解溶质原子，同时只有在溶质原子与溶剂原子半径的比值小于 0.59 时，才能形成间隙固溶体。间隙固溶体的溶解度与温度、溶质与溶剂原子半径比值以及溶剂晶格类型等有关。

值得注意的是：无论是置换固溶体，还是间隙固溶体，异类原子的插入都将使固溶体晶格发生畸变（图 1-33），增加位错运动的阻力，使固溶体的强度、硬度提高。这种通过溶入溶质原子形成固溶体，使合金强度、硬度升高的现象称为固溶强化。固溶强化是强化金属材料的重要途径之一。

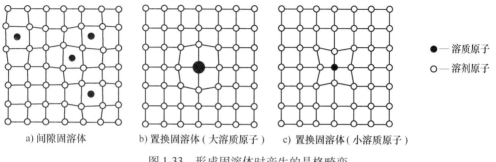

a) 间隙固溶体　　b) 置换固溶体（大溶质原子）　　c) 置换固溶体（小溶质原子）

●—溶质原子
○—溶剂原子

图 1-33　形成固溶体时产生的晶格畸变

实践证明，只要适当控制固溶体中溶质的含量，就能在显著提高金属材料强度的同时仍然使其保持较高的塑性和韧性。

（二）金属化合物

金属化合物是指合金中各组元之间发生相互作用而形成的具有金属特性的一种新相。例如，铁碳合金中的渗碳体（Fe$_3$C）就是铁和碳组成的金属化合物。金属化合物具有与其构成组元晶格截然不同的特殊晶格，熔点高，硬而脆。合金中出现金属化合物时，通常能显著地提高合金的强度、硬度和耐磨性，但塑性和韧性也会明显降低。

（三）机械混合物

固溶体和金属化合物均是组成合金的基本相。由两相或两相以上组成的多相组织，称为机械混合物。在机械混合物中，各组成相仍保持着它原有晶格的类型和性能，而整个机械混合物的性能则介于各组成相的性能之间，并与各组成相的性能以及相的数量、形状、大小和分布状况等密切相关。绝大多数金属材料中存在机械混合物这种组织状态。

三、合金的结晶过程

合金结晶后可形成不同类型的固溶体、金属化合物或机械混合物。其结晶过程与纯金属一样，也是晶核形成和晶核长大两个过程。同时结晶时也需要一定的过冷度，结晶后形成多晶体。与纯金属的结晶过程相比，合金在结晶过程中具有如下特点：

1）纯金属的结晶是在恒温下进行，只有一个结晶温度。而绝大多数合金是在一个温度范围内进行结晶的，一般结晶的开始温度与终止温度不同，一般有两个结晶温度。

2）合金在结晶过程中，在局部范围内相的化学成分（即浓度）有差异，当结晶终止后，整个晶体的平均化学成分与原合金的化学成分相同。

3）合金结晶后一般有三种情况：第一种情况是形成单相固溶体；第二种情况是形成单相金属化合物或同时结晶出两相机械混合物（如共晶体）；第三种情况是结晶开始时形成单相固溶体（或单相金属化合物），剩余液体又同时结晶出两相机械混合物（如共晶体）。

四、合金的结晶冷却曲线

合金的结晶过程比纯金属复杂得多，但其结晶过程仍可用结晶冷却曲线来描述。一般合金的结晶冷却曲线有以下三种形式。

1. 形成单相固溶体的结晶冷却曲线

如图 1-34 中的曲线 I 所示，组元在液态下完全互溶，固态下仍完全互溶，结晶后形成单相固溶体。图中的 a 点和 b 点分别为结晶开始温度和终止温度。因结晶开始后，随着结晶温度不断下降，剩余液体的化学成分将不断发生改变，另外晶体放出的结晶潜热又不能完全补偿结晶过程中向外散失的热量，所以，ab 线段为一倾斜线段，结晶过程中有两个结晶温度。

2. 形成单相金属化合物或析出共晶体的结晶冷却曲线

如图 1-34 中的曲线 II 所示，组元在液态下完全互溶，在固态下完全不互溶或部分互溶，结晶后形成单相金属化合物或析出共晶体。图中 a 点和 a′ 点分别为结晶开始温度和终止温度，结晶开始温度和终止温度是相同的。这是由于金属化合物的组成成分是一定的，在结晶过程中无化学成分变化，与纯金属结晶相似，所以 aa′ 线段为一水平线段。如果从

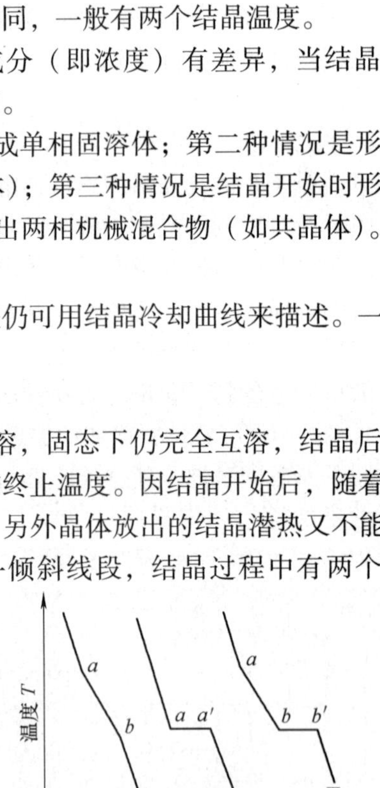

图 1-34　合金的结晶冷却曲线

I—形成单相固溶体　II—形成单相金属化合物或析出共晶体　III—形成机械混合物

一定化学成分的液体合金中同时结晶出两种固相物质,则该转变过程称为共晶转变(或称共晶反应),其结晶产物称为共晶体。实验证明:共晶转变是在恒温下进行的。

3. 形成机械混合物的冷却曲线

如图 1-34 中的曲线Ⅲ所示,组元在液态下完全互溶,在固态下部分互溶,结晶开始形成单相固溶体(或单相金属化合物)后,剩余液体则同时结晶出两相共晶体。图中 a 点和 b 点分别为结晶开始温度和终止温度。在 ab 线段结晶过程中,随结晶温度不断下降,剩余的液体的化学成分不断改变。到达 b 点时,剩余液体将进行共晶转变,结晶将在恒温下继续进行,持续到 b' 点时结束,结晶过程中有两个结晶温度。

在固态下由一种单相固溶体同时析出两相固体物质的过程,称为共析转变(或称共析反应)。共析转变与共晶转变一样,也是在恒温条件下进行的。

【拓展知识——汞】　汞是唯一在常温下呈液态的金属。在古代,汞(水银)被广泛用于镀金工艺中。金放在汞里会很快溶解,与汞形成一种合金(金汞合金)。把金汞合金涂在要镀金的物体表面上,然后进行加热,汞在加热过程中就会不断蒸发,最后留下的便是一层金膜。但是用这种方法镀金,会产生汞蒸气,对人体和环境的危害很大,所以现在已不采用这种方法镀金。此外,利用汞能溶解金或其他金属的特性,可以从细碎的矿砂中收集金或其他金属。

第九节　金属材料的铸锭组织特征

金属经过冶炼后,要将金属液浇注成铸锭,然后再经过热锻或热轧制成各种规格的型材,供用户使用。金属在铸锭中的组织状态会直接影响其在后续加工过程中的性能及其相关产品的性能。下面我们来分析金属铸锭的组织特征。

一、金属材料的铸锭组织结构

金属液在铸锭中的结晶过程除了受过冷度和未熔杂质两个重要因素影响外,还受其他因素的影响,这种影响结果可以从金属铸锭的组织构造中看出来。图 1-35 为纵向及横向剖开的铸锭,从中我们可以发现金属铸锭呈现三个不同的结晶区:表面细晶粒区、柱状晶粒区和等轴晶粒区。

1. 表面细晶粒区

金属液刚注入锭模时,模壁温度较低,表层金属液受到快速冷却,金属液在较大过冷度下结晶。另外,在铸模壁上有很多固体质点,可起到许多自发形核作用,因而使金属铸锭表层产生细晶粒组织。表面细晶粒区的组织特点是:晶粒细小、区域厚度较小,组织致密,成分均匀,力学性能较好。

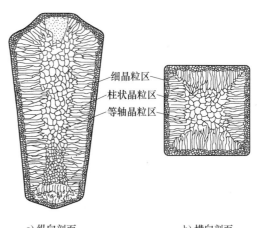

a)纵向剖面　　　　b)横向剖面

图 1-35　铸锭组织结构示意图

2. 柱状晶粒区

柱状晶粒区的出现主要是因为金属铸锭受垂直于模壁散热方向的影响。表面细晶粒区形成后，随着模壁温度的升高，铸锭的冷却速度便有所降低，晶核的长大速度占主导地位，各晶粒长大较快。同时，凡晶轴垂直于模壁的晶粒，不仅因其沿着晶轴向模壁传热比较有利，而且它们的成长也不至因彼此之间相互抵触而受限制，所以，这些晶粒优先得到成长，从而形成柱状晶粒区。

如果金属铸锭在凝固过程中，金属液始终维持较大的内外温差，则柱状晶粒可以长大到铸锭中心，直到相对长大的两排柱状晶粒相遇为止，这种情况称为穿晶。

在柱状晶粒区，两排柱状晶粒相遇的接合面上存在着脆弱区，此区域常有低熔点杂质及非金属夹杂物积聚，使金属材料的强度和塑性降低。这种组织在锻造和轧制时，容易使金属材料沿接合面开裂，所以，生产上经常采用振动浇注或变质处理方法来抑制柱状晶粒的扩展。但对于熔点低，不含易熔杂质，具有良好塑性的非铁金属，如铝、铜等，即使铸锭全部为柱状晶粒区，也能顺利地进行热轧、热锻等加工。

3. 等轴晶粒区

随着柱状晶粒发展到一定程度，通过已结晶的柱状晶层和锭模壁向外散热的速度越来越慢，这时散热方向已不明显，而且锭模中心部分的液态金属温度逐渐降低而趋于均匀。同时由于其他原因（如金属液的流动），可能将一些未熔杂质推至铸锭中心或将柱状晶的枝晶分枝冲断，漂移到铸锭中心，它们都可成为剩余金属液的晶核，这些晶核由于在不同方向上的长大速度相同，加之过冷度较小，因而便形成粗大的等轴晶粒区。等轴晶粒区的组织特点是：晶粒粗大，组织疏松，力学性能较差。

在金属铸锭中，除存在组织不均匀外，还常有缩孔、气泡、偏析、夹杂等缺陷。根据浇注方法的不同，金属铸锭分为钢锭模铸锭（简称铸锭）和连续铸锭。连续铸锭是指金属液经连铸机直接生产的铸锭，其组织结构也分为三个区，但与铸锭组织结构略有不同。

二、定向结晶和单晶

定向结晶是通过控制冷却方式，使铸件沿轴向形成一定的温度梯度，从而使铸件从一端开始凝固，并按一定方向逐步向另一端结晶的工艺方法。目前，已用该工艺方法生产出了整个铸件都是由同一方向的柱状晶所构成的涡轮叶片。柱状晶粒区比较致密，并且沿晶柱的方向和垂直于晶柱的方向在性能上有较大差别。沿晶柱方向的性能较好，而叶片工作时恰是沿这个方向承受较大载荷，因此，这种叶片具有良好的使用性能。例如，结晶成等轴晶粒的叶片，其工作温度最高可达880℃，而采用定向结晶的柱状晶叶片的工作温度则可达930℃。

单晶是其原子都按照一个规律和一致的位向排列的一个晶体。单晶硅和单晶锗是大家熟知的制造电子元件的关键材料。单晶制备的基本原理是使液体结晶时只形成一个晶核，再由这个晶核提拉成一整块晶体（称为拉晶）。拉晶的方法之一是将金属装入一个带尖头的容器中熔化，然后将容器从炉中缓慢拉出，容器的尖头首先移出炉外缓慢冷却，于是尖头部分产生一个晶核，在容器继续向炉外移动时，便由这一晶粒逐渐长成一个单晶。

第十节　铁碳合金相图

铁碳合金是由铁和碳两种元素为主组成的合金，如钢和铸铁都是铁碳合金。铁碳合金相图是研究铁碳合金组织、化学成分、温度关系的重要图形，掌握铁碳合金相图，对了解钢铁的组织、性能以及制定钢铁的各种加工工艺有着重要的指导作用。

一、铁碳合金的基本组织

铁碳合金在固态下的基本组织有铁素体、奥氏体、渗碳体、珠光体和莱氏体。现分别介绍如下。

1. 铁素体（F）

铁素体是指 α-Fe 或其内固溶有一种或数种其他元素所形成的晶体点阵为体心立方的固溶体，用符号 F（或 α）表示。铁素体仍保持 α-Fe 的体心立方晶格，碳在 α-Fe 中的位置如图 1-36 所示。铁素体的溶碳量很小，在 727℃ 时溶碳量最大（$w(C)=0.0218\%$），随着温度的下降其溶碳量逐渐减少，所以在室温状态下铁素体的性能几乎与纯铁相同，即强度和硬度较低（$R_m=180\sim280MPa$，$50\sim80HBW$），而塑性和韧性好（$A_{11.3}=30\%\sim50\%$，$KU\approx128\sim160J$）。在显微镜下观察，铁素体呈明亮的多边形晶粒，如图 1-37 所示。铁素体在 770℃（居里点）有磁性转变，在 770℃ 以下具有铁磁性，在 770℃ 以上则失去铁磁性。

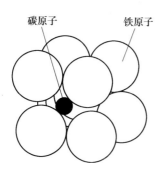

图 1-36　铁素体晶胞示意图

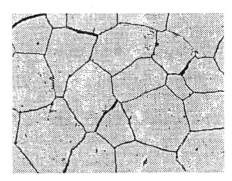

图 1-37　铁素体显微组织

2. 奥氏体（A）

奥氏体是指 γ-Fe 内固溶有碳和（或）其他元素所形成的晶体点阵为面心立方的固溶体，常用符号 A（或 γ）表示。奥氏体仍保持 γ-Fe 的面心立方晶格，碳在 γ-Fe 中的位置如图 1-38 所示。奥氏体溶碳能力较大，在 1 148℃ 时溶碳量最大（$w(C)=2.11\%$），随着温度下降溶碳量逐渐减少，在 727℃ 时的溶碳量为 $w(C)=0.77\%$。

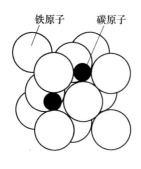

图 1-38　奥氏体的晶胞

图 1-39　奥氏体的显微组织

奥氏体是非铁磁性相，具有一定的强度和硬度（$R_m \approx 400$MPa，$160 \sim 220$HBW），塑性好（$A_{11.3} \approx 40\% \sim 50\%$）。在机械制造中，因奥氏体塑性好便于成形，因此，钢材大多数要加热至高温奥氏体状态进行压力加工。奥氏体的显微组织呈多边形晶粒状态，但晶界比铁素体的晶界平直些，如图1-39所示。

值得注意的是：稳定的奥氏体属于铁碳合金的高温组织，当铁碳合金缓冷到727℃时，奥氏体将发生转变，转变为其他类型的组织。

3. 渗碳体（Fe_3C）

渗碳体是指晶体点阵为正交点阵、化学成分近似于Fe_3C的一种间隙式化合物。渗碳体的晶格形式，与碳和铁都不一样，是复杂的晶格类型，如图1-40所示。渗碳体中碳的质量分数是$w(C) = 6.69\%$，其熔点为1 227℃，分子式为Fe_3C，以符号Cm表示。渗碳体的结构比较复杂，硬度高（约为800HV），脆性大，塑性与韧性极低。渗碳体在钢和铸铁中与其他相共存时呈片状、球状、网状或板条状，并且当渗碳体以适量、细小、均匀状态分布时，可作为钢铁的强化相，相反，当渗碳体数量过多或呈粗大、不均匀状态分布时，将使钢铁的韧性降低，脆性增大。

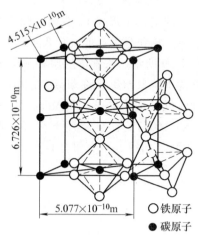

○铁原子
●碳原子

图1-40　渗碳体的晶胞

渗碳体不发生同素异构转变，有磁性转变，在230℃以下具有弱铁磁性，而在230℃以上则失去磁性。渗碳体是亚稳定的金属化合物，在一定条件下，渗碳体可分解成铁和石墨，这一过程对于铸铁的生产具有重要意义。

4. 珠光体（P）

珠光体是奥氏体从高温缓慢冷却时发生共析转变所形成的组织。常见的珠光体是铁素体薄层和渗碳体薄层交替重叠的层状复相组织。珠光体也是铁素体（软）和渗碳体（硬）组成的机械混合物，常用符号"P"表示。在珠光体中，铁素体和渗碳体仍保持各自原有的晶格类型。珠光体中碳的质量分数平均为$w(C) = 0.77\%$。珠光体的性能介于铁素体和渗碳体之间，有一定的强度（$R_m \approx 770$MPa）、塑性（$A_{11.3} \approx 20\% \sim 35\%$）和韧性（$KU \approx 24 \sim 32$J），硬度适中（180HBW），是一种综合力学性能较好的组织。

在珠光体的组织中，渗碳体一般是呈片状分布在铁素体基体上，铁素体薄层和渗碳体薄层交替重叠，显微组织形态酷似珍珠贝母外壳图纹，故称之为珠光体组织，如图1-41所示。

5. 莱氏体（Ld）

莱氏体是指高碳的铁基合金在凝固过程中发生共晶转变时所形成的奥氏体和渗碳体所组成的共晶体。莱氏体中碳的质量分数为$w(C) = 4.3\%$，用符号Ld表示。$w(C) > 2.11\%$的铁碳合金从液态缓冷至1 148℃时，将同时从液体中结晶出奥氏体和渗碳体的机械混合物（即莱氏体）。由于奥氏体在727℃时

图1-41　珠光体的显微组织

转变为珠光体，所以，在室温时莱氏体由珠光体和渗碳体所组成。为了区别起见，将727℃以上存在的莱氏体称为高温莱氏体(Ld)，在727℃以下存在的莱氏体称为低温莱氏体(L'd)，

或称变态莱氏体。

莱氏体的性能与渗碳体相似，硬度很高（相当于 700HBW），塑性很差。莱氏体的显微组织可以看成是在渗碳体的基体上分布着颗粒状的奥氏体（或珠光体）。

二、铁碳合金相图的特性分析

1. 铁碳合金相图的形成

合金相图是表示在极缓慢冷却（或加热）条件下，不同化学成分的合金，在不同温度下所具有的组织状态的一种图形。生产实践表明，碳的质量分数 $w(C) > 5\%$ 的铁碳合金，尤其当碳的质量分数增加到 $w(C) = 6.69\%$ 时，铁碳合金几乎全部变为渗碳体（Fe_3C）。渗碳体硬而脆，机械加工困难，在机械工程上很少应用。所以，我们在研究铁碳合金相图时，只需研究 $w(C) \leqslant 6.69\%$ 部分。而 $w(C) = 6.69\%$ 时，铁碳合金全部为亚稳定的渗碳体，渗碳体可看成是铁碳合金的一个组元。因此，研究铁碳合金相图，就是研究 Fe-Fe_3C 相图（部分），如图 1-42 所示。

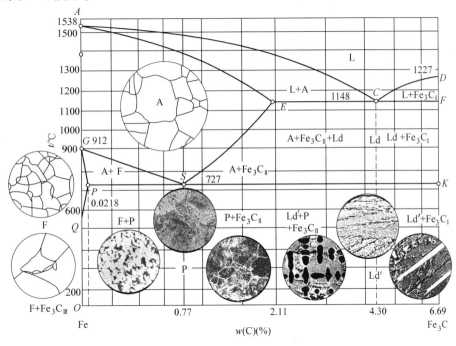

图 1-42　简化的铁碳合金相图

2. 铁碳合金相图中的特性点

铁碳合金相图中主要特性点的温度、碳的质量分数及其含义见表 1-4。

表 1-4　铁碳合金相图中的特性点

特性点	温度/℃	$w(C)(\%)$	特性点的含义
A	1 538	0	纯铁的熔点或结晶温度
C	1 148	4.3	共晶点，发生共晶转变 $L_{4.3} \rightleftharpoons A_{2.11} + Fe_3C$
D	1 227	6.69	渗碳体的熔点
E	1 148	2.11	碳在奥氏体中的最大溶碳量，也是钢与生铁的化学成分分界点

（续）

特性点	温度/℃	$w(C)(\%)$	特性点的含义
F	1 148	6.69	共晶渗碳体的成分点
G	912	0	$\alpha\text{-Fe}\rightleftharpoons\gamma\text{-Fe}$ 同素异构转变点
S	727	0.77	共析点，发生共析转变 $A_{0.77}\rightleftharpoons F_{0.0218}+Fe_3C$
P	727	0.021 8	碳在铁素体中的最大溶碳量
K	727	6.69	共析渗碳体的成分点
Q	室温	0.000 8	碳在铁素体中的最大溶碳量

3. 铁碳合金相图中的主要特性线

（1）液相线 ACD　铁碳合金在液相线 ACD 以上是液态（L）。当碳的质量分数 $w(C)<$ 4.3% 的铁碳合金冷却到 AC 线时，开始从合金液中结晶出奥氏体（A）；当碳的质量分数 $w(C)>4.3\%$ 的铁碳合金冷却到 CD 线时，开始从合金液中结晶出渗碳体（称一次渗碳体），用 Fe_3C_I 表示。

（2）固相线 $AECF$　铁碳合金在固相线 $AECF$ 以下时，铁碳合金均呈固体状态。

（3）共晶线 ECF　ECF 线是一条水平（恒温）线，称为共晶线。在 ECF 线上，液态铁碳合金将发生共晶转变，其反应式是：$L_{4.3}\xrightarrow{1\ 148℃}A_{2.11}+Fe_3C_{6.69}$

共晶转变形成了奥氏体与渗碳体的机械混合物，称为莱氏体（Ld）。碳的质量分数在 $w(C)=2.11\%\sim6.69\%$ 的铁碳合金均会发生共晶转变。

（4）共析线 PSK　PSK 线也是一条水平（恒温）线，称为共析线，通称 A_1 线。在 PSK 线上固态奥氏体将发生共析转变，其反应式是：$A_{0.77}\xrightarrow{727℃}F_{0.0218}+Fe_3C_{6.69}$

共析转变形成了铁素体与渗碳体的机械混合物，称为珠光体（P）。碳的质量分数 $w(C)$ >0.021 8% 的铁碳合金均会发生共析转变。

（5）GS 线　GS 线表示冷却时由奥氏体组织中析出铁素体组织的开始线，通称 A_3 线。

（6）ES 线　ES 线是碳在奥氏体中的溶解度变化曲线，通称 A_{cm} 线。它表示随着温度的降低，奥氏体中碳的质量分数沿着 ES 线逐渐减少，而多余的碳以渗碳体形式析出，称为二次渗碳体，用 Fe_3C_{II} 表示，以区别于从液体中直接结晶出来的 Fe_3C_I。

（7）GP 线　GP 线为冷却时奥氏体组织转变为铁素体的终了线或者加热时铁素体转变为奥氏体的开始线。

（8）PQ 线　PQ 线是碳在铁素体中的溶解度变化曲线。它表示铁素体随着温度的降低，铁素体中的碳的质量分数沿着 PQ 线逐渐减少，在 727℃ 时碳在铁素体中的最大溶解度是 0.021 8%，冷却时多余的碳以渗碳体形式析出，称为三次渗碳体，用 Fe_3C_{III} 表示。由于 Fe_3C_{III} 数量极少，在一般钢中影响不大，故可忽略。

4. 铁碳合金相图中的相区

铁碳合金相图中的主要相区见表1-5。

表1-5　铁碳合金相图中各主要相区的组成物

范围	ACD 线以上	$AESGA$	$AECA$	$DFCD$	$GSPG$	$ESKF$	PSK 以下
组织	L	A	L+A	L+Fe$_3$C	A+F	A+Fe$_3$C	F+Fe$_3$C
相区	单相区	单相区	两相区	两相区	两相区	两相区	两相区

【快速记忆铁碳合金相图的方法】　铁碳合金相图的记忆比较难，但同学们可按下列口诀记忆和绘制："天边两条水平线 ECF 和 PSK（一高、一低；一长、一短），飞来两只雁 ACD 和 GSE（一高、一低；一大、一小），雁前两条彩虹线 AE 和 GP（一高、一低；一长、一短），小雁画了一条月牙线 PQ。"

三、铁碳合金的分类

铁碳合金相图上的各种合金，按其碳的质量分数和室温平衡组织的不同，可分为工业纯铁、钢和白口铸铁（生铁）三类，见表 1-6。

表 1-6　铁碳合金分类

合金类别	工业纯铁	钢			白口铸铁		
		亚共析钢	共析钢	过共析钢	亚共晶白口铸铁	共晶白口铸铁	过共晶白口铸铁
$w(C)$（%）	≤0.021 8	0.021 8 < $w(C)$ ≤ 2.11			2.11 < $w(C)$ < 6.69		
		<0.77	0.77	>0.77	<4.3	=4.3	>4.3
室温组织	F	F + P	P	P + Fe_3C_{II}	Ld' + P + Fe_3C_{II}	Ld'	Ld' + Fe_3C_{I}

四、碳对铁碳合金组织和性能的影响

碳是决定钢铁材料组织和性能最主要的元素。不同碳的质量分数的铁碳合金在缓冷条件下，其结晶过程及最终得到的室温组织是不相同的。碳的质量分数与室温平衡组织的关系见表 1-6。

铁碳合金的平衡组织由铁素体和渗碳体两相所构成。其中铁素体是钢中的软韧相，渗碳体是钢中的强化相。随着钢中碳的质量分数的不断增加，平衡组织中的铁素体量不断减少，渗碳体量不断增多，因此，钢的力学性能将发生明显的变化。当碳的质量分数 $w(C)$ < 0.9% 时，随着碳的质量分数的增加，钢的强度和硬度提高，而塑性和韧性降低；当碳的质量分数 $w(C)$ > 0.9% 时，由于 Fe_3C_{II} 的数量随着碳的质量分数的增加而急剧增多，并明显地呈网状分布于奥氏体晶界上，这样不仅降低了钢的塑性和韧性，而且也降低了钢的强度。

五、铁碳合金相图的应用

铁碳合金相图从客观上反映了钢铁材料的组织随化学成分和温度而变化的规律，因此，它在工程上为零件选材以及制定零件铸、锻、焊、热处理等热加工工艺提供了理论依据。例如，钢在室温时由铁素体和渗碳体组成，塑性不如单相奥氏体组织好，如果将钢加热到单相奥氏体区，则钢的内部组织就可转变为奥氏体组织，钢的塑性明显提高，便于进行压力加工，因此，钢材趁热打铁时，其坯料一般都加热到奥氏体单相区。

需要说明的是：铁碳合金相图在实际应用时还需考虑其他合金元素、杂质及生产中加热和冷却速度较快对相图的影响，不能完全绝对地仅用铁碳合金相图来进行分析，必须借助其他知识和参照有关相图等进行全面和准确的分析。

【拓展知识——金属腐蚀】　金属腐蚀是指金属与环境间的物理-化学相互作用，其结果是使金属的性能发生变化，并常可导致金属、环境或由它们作为组成部分的技术体系的功能受到损伤的现象。腐蚀是一种常见的自然现象，其危害性很大，它使宝贵的金属材料变为废物，使生产设备或生活设施过早地报废。因腐蚀所酿成的事故常具有隐蔽性和突发性，一旦发生事故，后果往往十分严重。

　　腐蚀不但使金属的外形、色泽和力学性能发生变化，而且还损失大量的金属材料。据有关资料介绍，钢材锈蚀达1%时，则其强度下降约为5%～10%。全世界每年由于腐蚀而报废的金属设备和材料，约相当于当年金属产量的30%。在这些报废的金属中，除有2/3可以回炉重新熔炼外，另外1/3则完全损失。除此之外，因腐蚀所产生的检修费用、采取防腐措施的费用以及设备因腐蚀而停工减产的损失等就更为可观了。据统计，每年仅由于金属腐蚀的直接损失就占国民经济总产值的1%～4%。因此，采取有效措施防止金属腐蚀发生具有重要意义。

复习与思考

一、填空题

1. 金属材料一般可分为_____和_____两类。

2. 钢铁材料是_____和_____的合金。

3. 钢铁材料按其碳的质量分数 $w(C)$（含碳量）进行分类，可分为_____、_____和白口铸铁或（生铁）。

4. 生铁是由铁矿石原料经_____冶炼而获得的。高炉生铁一般分为_____生铁和_____生铁两种。

5. 现代炼钢方法主要有_____和_____。

6. 根据钢液的脱氧程度不同，可分为_____钢、_____钢、_____钢和_____钢。

7. 机械产品的制造一般分为_____、_____和_____三个阶段。

8. 钢锭经过轧制最终会形成_____、_____、_____、_____和_____等产品。

9. 金属材料的性能包括_____性能和_____性能。

10. 使用性能包括_____性能、_____性能和_____性能。

11. 洛氏硬度按选用的总试验力及压头类型的不同，常用的标尺有_____、_____和_____。

12. 500HBW5/750 表示用直径为_____ mm 的压头，压头材质为_____，在_____ kN（_____ kgf）压力下，保持_____ s，测得的_____硬度值为_____。

13. 填出下列力学性能指标的符号：屈服强度_____、洛氏硬度 A 标尺_____、短拉伸试样的断后伸长率_____、断面收缩率_____、对称弯曲疲劳强度_____。

14. 吸收能量的符号是_____，其单位为_____。

15. 金属疲劳断裂的断口由_____、_____和_____组成。

16. 铁和铜的密度较大，称为_____金属；铝的密度较小，则称为_____金属。

17. 根据金属材料在磁场中受到磁化程度的不同，金属材料可分为：_____材料和_____材料。

18. 金属的化学性能包括_____性、_____性和_____性等。

19. 工艺性能包括_____性能、_____性能、_____性能、热处理性能及切削加工性能等。

20. 晶体与非晶体的根本区别在于_____。

21. 金属晶格的基本类型有_____、_____与_____三种。

22. 实际金属的晶体缺陷有_____、_____、_____三类。

23. 金属结晶的过程是一个_____和_____的过程。

24. 过冷是金属结晶的_____条件，金属的实际结晶温度____是一个恒定值。

25. 金属结晶时_____越大，过冷度越大，金属的_____温度越低。

26. 金属的晶粒越细小，其强度、硬度_____，塑性、韧性_____。

27. 合金的晶体结构分为_____、_____与_____三种。

28. 根据溶质原子在溶剂晶格中所占据的位置不同，固溶体可分为_____和_____两类。

29. 在大多数情况下，溶质在溶剂中的溶解度随着温度升高而_____。

30. 在金属铸锭中，除存在组织不均匀外，还常有_____、_____、_____及_____等缺陷。

31. 金属铸锭分为_____铸锭（简称铸锭）和_____铸锭。

32. 填写铁碳合金基本组织的符号：奥氏体_____；铁素体_____；渗碳体_____；珠光体_____；高温莱氏体_____；低温莱氏体_____。

33. 珠光体是由_____和_____组成的机械混合物。

34. 莱氏体是由_____和_____组成的机械混合物。

35. 奥氏体在 1 148℃ 时碳的质量分数可达_____，在 727℃ 时碳的质量分数为_____。

36. 碳的质量分数为_____的铁碳合金称为共析钢，当其从高温冷却到 S 点（727℃）时会发生____转变，从奥氏体中同时析出_____和_____的混合物，称为_____。

37. 奥氏体和渗碳体组成的共晶产物称为_____，其碳的质量分数为_____。

38. 亚共晶白口铸铁碳的质量分数为_____，其室温组织为_____。

39. 亚共析钢碳的质量分数为_____，其室温组织为_____。

40. 过共析钢碳的质量分数为_____，其室温组织为_____。

41. 过共晶白口铸铁碳的质量分数为_____，其室温组织为_____。

二、单项选择题

1. 拉伸试验时，试样拉断前能承受的最大标称应力称为材料的_____。

A 屈服强度；　　　　B. 抗拉强度；　　　　C. 弹性极限

2. 测定淬火钢件的硬度，一般常选用_____来测试。

A. 布氏硬度计；　　　B. 洛氏硬度计

3. 金属在力的作用下，抵抗永久变形和断裂的能力称为_____。

A. 硬度；　　　　　　B. 塑性；　　　　　　C. 强度

4. 作冲击试验时，试样承受的载荷为_____。

A. 静载荷；　　　　　B. 冲击载荷；　　　　　C. 拉伸载荷

5. 金属的_____越好，则其锻造性能越好。

A. 强度；　　　　　B. 塑性；　　　　　C. 硬度

6. 铁素体是_____晶格，奥氏体是_____晶格，渗碳体是_____晶格。

A. 体心立方；　　　　B. 面心立方；　　　　C. 密排六方；　　　D. 复杂的

7. 铁碳合金相图上的 ES 线，用符号_____表示，PSK 线用符号_____表示。

A. A_1；　　　　　B. A_{cm}；　　　　　C. A_3

8. 铁碳合金相图上的共析线是_____，共晶线是_____。

A. ECF 线；　　　　B. ACD 线；　　　　C. PSK 线

三、判断题

1. 钢和生铁都是以铁碳为主的合金。（　　　）

2. 高炉炼铁的实质就是从铁矿石中提取铁及其有用元素并形成生铁的过程。（　　　）

3. 钢液用锰铁、硅铁和铝粉进行充分脱氧后，可获得镇静钢。（　　　）

4. 电弧炉主要用于冶炼高质量的合金钢。（　　　）

5. 塑性变形能随载荷的去除而消失。（　　　）

6. 所有金属材料在拉伸试验时都会出现显著的屈服现象。（　　　）

7. 测定金属的布氏硬度时，当试验条件相同时，压痕直径越小，则金属的硬度越低。（　　　）

8. 洛氏硬度值是根据压头压入被测金属材料的残余压痕深度增量来确定的。（　　　）

9. 在小能量多次冲击条件下，金属材料抗多次冲击的能力，主要取决于金属材料强度的高低。（　　　）

10. 1kg 钢和 1kg 铝的体积是相同的。（　　　）

11. 合金的熔点取决于它的化学成分。（　　　）

12. 一般来说，纯金属的导热能力比合金好。（　　　）

13. 金属的电阻率越大，导电性越好。（　　　）

14. 所有的金属都具有磁性，能被磁铁所吸引。（　　　）

15. 单晶体具有显著的各向异性特点。（　　　）

16. 纯铁在 780℃ 时为面心立方结构的 γ-Fe。（　　　）

17. 实际金属的晶体结构不仅是多晶体，而且还存在着多种缺陷。（　　　）

18. 纯金属的结晶是在恒定温度下进行的。（　　　）

19. 固溶体的晶格仍然保持溶剂的晶格。（　　　）

20. 间隙固溶体只能为有限固溶体，置换固溶体可以是无限固溶体。（　　　）

21. 金属铸锭中其柱状晶粒区的出现主要是因为金属铸锭受垂直于模壁散热方向的影响。（　　　）

22. 金属化合物的特性是硬而脆，莱氏体的性能也是硬而脆，故莱氏体属于金属化合物。（　　　）

23. 铁素体在 770℃ 有磁性转变，在 770℃ 以下具有铁磁性，在 770℃ 以上则失去铁磁性。（　　　）

24. 碳溶于 α-Fe 中所形成的间隙固溶体，称为奥氏体。（　　　）

25. 渗碳体中碳的质量分数是 6.69%。(　　　)

26. 在 Fe-Fe$_3$C 相图中，A_3 温度是随碳的质量分数的增加而上升的。(　　　)

四、简答题

1. 炼铁的主要原料有哪些？

2. 镇静钢和沸腾钢之间的特点有何不同？

3. 画出退火低碳钢的力-伸长曲线，并简述其拉伸变形包括哪几个阶段。

4. 有一钢试样，其原始直径是 10mm，原始标距长度是 50mm，当载荷达到 18 840N 时试样产生屈服现象；载荷加至 36 110N 时，试样产生缩颈现象，然后被拉断；拉断后试样标距长度是 73mm，断裂处直径是 6.7mm，求钢试样的 R_{eL}、R_m、A 和 Z。

5. 采用布氏硬度试验测取金属材料的硬度值有哪些优点和缺点？

6. 常见的金属晶格类型有哪几种？试绘图说明。

7. 实际金属晶体中存在哪些晶体缺陷？对性能有何影响？

8. 什么是过冷现象和过冷度？过冷度与冷却速度有什么关系？

9. 金属的结晶是怎样进行的？

10. 金属在结晶时如何控制晶粒的大小？

11. 何为金属的同素异构转变？试画出纯铁的冷却曲线和晶体结构变化图。

12. 与纯金属相比合金的结晶有何特点？

13. 金属铸锭呈现几个不同的晶粒区？各区有何特点？

14. 将碳的质量分数为 0.45% 的钢和白口铸铁都加热到 1 000 ~ 1 200℃，能否进行锻造？为什么？

五、课外探讨与交流

1. 调查地球上常见金属矿产资源的可开采年限，关于如何充分地利用有限的金属资源，你有什么好建议？

2. 结合所学知识，你如何理解“物尽其用”的含义？

3. 针对铁碳合金相图，同学之间互相提问，熟悉铁碳合金相图的各个相区组成。

4. 你能区分生活中遇到的钢件与铸铁件吗？想一想，有几种方法可以区分？

第二章　钢的热处理

【学习目标与学习方法】

　　本章主要介绍热处理的定义、分类、原理及其各种工艺的应用范围。学习过程中，第一，要了解热处理的定义和分类，为后续章节的学习奠定基础；第二，要了解热处理的原理（如加热与冷却过程等内容），了解热处理的本质是通过不同的加热温度、保温时间和冷却速度等方式进行组合，最终获得所需的组织与性能；第三，了解各种热处理工艺在零件生产中的应用，为以后制定零件热处理工艺增加感性经验，如了解弹簧、轴、齿轮等零件的热处理工艺，这样学习可以做到触类旁通，提高学习效率。

　　热处理是采用适当的方式对金属材料或工件进行加热、保温和冷却以获得预期的组织结构与性能的工艺。热处理的工艺过程由加热、保温、冷却三个阶段组成，并可用热处理工艺曲线来表示，如图 2-1a 所示。热处理是机械零件及工具制造过程中的重要工序，它担负着改善零件的组织与性能、发挥钢铁材料潜力、提高零件使用寿命的任务。对于机械装备制造业来说，各类机床中需要经过热处理的工件约占其总重量的 60% ~ 70%；汽车、拖拉机中约占其 70% ~ 80%；而轴承、各种工模具等几乎 100% 需要热处理。因此，热处理在机械装备制造业中占有十分重要的地位。常用的热处理加热设备有箱式电阻炉（图 2-1b）、盐浴炉、井式炉、火焰加热炉等。常用的冷却设备有水槽、油槽、盐浴槽、缓冷坑、吹风机等。

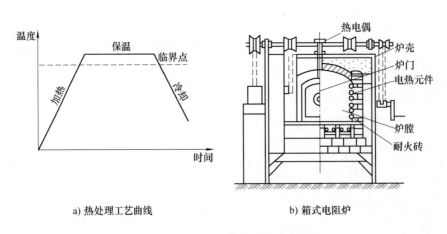

a) 热处理工艺曲线　　　　　　　　b) 箱式电阻炉

图 2-1　热处理工艺曲线和箱式电阻炉

　　钢的热处理依据是铁碳合金相图，其处理原理主要是利用钢在加热和冷却时内部组织发生转变的基本规律，人们根据这些基本规律和零件预期的使用性能要求，选择科学合理的加热温度、保温时间和冷却介质等参数，实现改善钢材性能的目的。根据零件热处理的目的、加热和冷却方法的不同，热处理工艺分类及名称见表 2-1。

表 2-1　热处理工艺分类及名称

分类与名称	热 处 理		
	整体热处理	表面热处理	化学热处理
	退火	表面淬火和回火	渗碳
	正火	物理气相沉积	碳氮共渗
	淬火	化学气相沉积	渗氮
	淬火和回火	等离子体化学气相沉积	氮碳共渗
	调质	激光辅助化学气相沉积	渗其他非金属
	稳定化处理	火焰沉积	渗金属
	固溶处理、水韧处理	盐浴沉积	多元共渗
	固溶处理和时效	离子镀	溶渗

【对比与分析】　与其他加工工艺相比，热处理一般不改变工件的形状和整体的化学成分，而是通过改变工件内部的显微组织，或改变工件表面的化学成分，赋予或改善工件相应的使用性能。热处理的目的是改善工件的内在组织和性能，而变化过程并不能通过肉眼从零件外观上看到。

第一节　钢在加热时的组织转变

大多数零件的热处理都是先加热到临界点以上某一温度区间，使其全部或部分得到均匀的奥氏体组织，但奥氏体一般不是人们最终需要的组织，而是在随后的冷却中，采用适当的冷却方法，获得人们需要的其他组织，如马氏体、贝氏体、托氏体、索氏体、珠光体等组织。

金属材料在加热或冷却过程中，发生相变的温度称为临界点（或相变点）。铁碳合金相图中 A_1、A_3、A_{cm} 是平衡条件下的临界点。铁碳合金相图中的临界点是在缓慢加热或缓慢冷却条件下测得的，而在实际生产过程中，加热过程或冷却过程并不是非常缓慢地进行的，所以，实际生产中钢铁材料发生组织转变的温度与铁碳合金相图中所示的理论临界点 A_1、A_3、A_{cm} 之间有一定的偏离，如图 2-2 所示。实际生产过程中钢铁材料随着加热速度或冷却速度的增加，其相变点的偏离程度将逐渐增大。为了区别钢铁材料在实际加热或冷却时的相变点，加热时在"A"后加注"c"，冷却时在"A"后加注"r"。因此,钢铁材料实际加热时的临界点标注为 Ac_1、Ac_3、Ac_{cm}；钢铁材料实际冷却时的临界点标注为 Ar_1、Ar_3、Ar_{cm}。

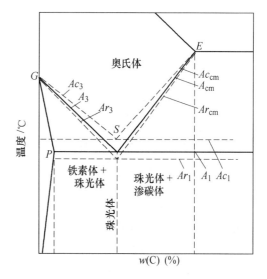

图 2-2　实际加热（或冷却）时，铁碳合金相图上各相变点的位置

【联想与分析】　我们经常会遇到这样的问题，即从"A"点到"B"点如果无法实现时，往往会想到先到可以去的"C"点，然后再从"C"点到"B"点，从而实现预定目标。热处理过程中的加热目的就相当于我们要选的"C"点，而"B"点就相当于冷却时我们要获得的组织和使用性能。同时，从这个比喻中我们可以看出从A点→C点代表热处理中的加热过程，而从C点→B点则代表热处理中的冷却过程。这样你也就不难理解热处理过程中钢铁材料为什么需要加热过程和冷却过程了。

一、奥氏体的形成

以共析钢($w(C) = 0.77\%$)为例,其室温组织是珠光体(P),即由铁素体(F)和渗碳体(Fe_3C)两相组成的机械混合物。铁素体为体心立方晶格，在 A_1 点时 $w(C) = 0.021\,8\%$；渗碳体为复杂晶格，$w(C) = 6.69\%$。当加热到临界点 A_1 以上时，珠光体转变为奥氏体（A），奥氏体是面心立方晶格，$w(C) = 0.77\%$。由此可见，珠光体向奥氏体的转变，是由化学成分和晶格都不相同的两相，转变为另一种化学成分和晶格的过程，因此，在转变过程中必须进行碳原子的扩散和铁原子的晶格重构，即发生相变。

研究结果证明：奥氏体的形成是通过形核和核长大过程来实现的。珠光体向奥氏体的转变可以分为四个阶段：奥氏体形核、奥氏体核长大、残余渗碳体继续溶解和奥氏体化学成分均匀化。图 2-3 为共析钢奥氏体形核及其长大过程示意图。

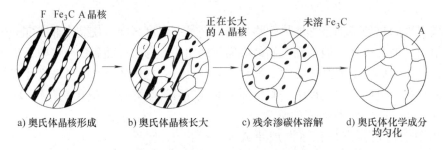

a) 奥氏体晶核形成　　b) 奥氏体晶核长大　　c) 残余渗碳体溶解　　d) 奥氏体化学成分
　　　　　　　　　　　　　　　　　　　　　　　　　　　　　　　　　　　均匀化

图 2-3　共析钢奥氏体形成过程示意图

（1）奥氏体晶核形成　共析钢加热到 A_1 时，奥氏体晶核优先在铁素体与渗碳体的相界面上形成，这是由于相界面的原子是以渗碳体与铁素体两种晶格的过渡结构排列的，原子偏离平衡位置处于畸变状态，具有较高的能量；另外，渗碳体与铁素体的交界处碳的分布是不均匀的，这些都为形成奥氏体晶核在化学成分、结构和能量上提供了有利条件。

（2）奥氏体晶核长大　奥氏体形核后，奥氏体核的相界面会向铁素体与渗碳体两个方向同时长大。奥氏体的长大过程一方面是由铁素体晶格逐渐改组为奥氏体晶格；另一方面是通过原子扩散，即渗碳体连续分解和碳原子扩散，逐步使奥氏体晶核长大。

（3）残余渗碳体溶解　由于渗碳体的晶体结构和碳的质量分数与奥氏体差别较大，因此，渗碳体向奥氏体中溶解的速度必然落后于铁素体向奥氏体的转变速度。在铁素体全部转变完后，仍会有部分渗碳体尚未溶解，因而还需要一段时间继续向奥氏体中溶解，直至全部渗碳体溶解完为止。

（4）奥氏体化学成分均匀化　奥氏体转变结束时，其化学成分处于不均匀状态，在原来铁素体之处碳的质量分数较低，在原来渗碳体之处碳的质量分数较高。因此，只有继续延长保温时间，通过碳原子的扩散过程才能得到化学成分均匀的奥氏体组织，以便在冷却后得到化学成分均匀的组织与性能。

亚共析钢（$0.021\,8\% \leqslant w(C) < 0.77\%$）和过共析钢（$0.77\% < w(C) \leqslant 2.11\%$）的奥氏体形成过程基本上与共析钢相同，不同之处是在加热时有过剩相出现。由铁碳合金相图可以看出，亚共析钢的室温组织是铁素体和珠光体；当加热温度处于 $Ac_1 \sim Ac_3$ 时，珠光体转变为奥氏体，剩余相为铁素体；当加热温度超过 Ac_3 以上，并保温适当时间时，剩余相铁素体全部消失，得到化学成分均匀单一的奥氏体组织。同样，过共析钢的室温组织是渗碳体和珠光体，当加热温度处于 $Ac_1 \sim Ac_{cm}$ 时，珠光体转变为奥氏体，剩余相为渗碳体；当加热温度超过 Ac_{cm} 以上，并保温适当时间时，剩余相渗碳体全部消失，得到化学成分均匀单一的奥氏体组织。

二、奥氏体晶粒长大及其控制措施

钢铁材料中奥氏体晶粒的大小将直接影响到其冷却后的组织和性能。如果奥氏体晶粒细小，则其转变产物的晶粒也较细小，其性能（如韧性和强度）也较高；反之，转变产物的晶粒粗大，其性能（如韧性和强度）则较低。将钢铁材料加热到临界点以上时，刚形成的奥氏体晶粒一般都很细小。如果继续升温或延长保温时间，便会引起奥氏体晶粒长大。因此，在生产中常采用以下措施来控制奥氏体晶粒的长大。

1. 合理选择加热温度和保温时间

奥氏体形成后，随着加热温度的继续升高，或者是保温时间的延长，奥氏体晶粒将会不断长大，特别是加热温度的提高对奥氏体晶粒的长大影响更大。这是由于晶粒长大是通过原子扩散进行的，而扩散速度是随加热温度的升高而急剧加快的。因此，合理控制加热温度和保温时间，可以获得较细小的奥氏体晶粒。

2. 选用含有合金元素的钢

碳能与一种或数种金属元素构成金属化合物（或称为碳化物）。大多数合金元素，如铬（Cr）、钨（W）、钼（Mo）、钒（V）、钛（Ti）、铌（Nb）、锆（Zr）等，在钢中均可以形成难溶于奥氏体的碳化物，如 Cr_7C_3、W_2C、VC、Mo_2C、VC、TiC、NbC、ZrC 等，这些碳化物弥散分布在晶粒边界上，可以阻碍或减慢奥氏体晶粒的长大。因此，含有合金元素的钢铁材料可以获得较细小的晶粒组织，同时也可以获得较好的使用性能。另外，碳化物硬度高、脆性大，钢铁材料中存在适量的碳化物可以提高其硬度和耐磨性，满足特殊需要。

评价奥氏体晶粒大小的指标是奥氏体晶粒度。一般根据标准晶粒度等级图（图2-4）确定钢的奥氏体晶粒大小。标准晶粒度等级分为8个等级，其中1~4级为粗晶粒；5~8级为细晶粒。

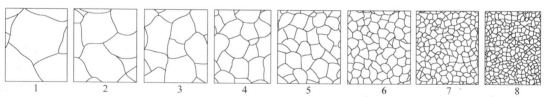

图2-4　标准晶粒度等级（放大100倍）

第二节　钢在冷却时的组织转变

一、冷却方式

同一化学成分的钢材，加热到奥氏体状态后，若采用不同的冷却速度进行冷却时，将得到形态不同的各种室温组织，从而获得不同的力学性能，见表2-2。这种现象已不能用铁碳合金相图来解释了。因为铁碳合金相图只能说明平衡状态时的相变规律，如果冷却速度提高，则脱离了平衡状态。因此，认识钢铁材料在冷却时的相变规律，对理解和制定钢铁材料的热处理工艺有着重要意义。

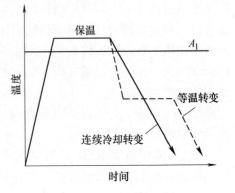

图2-5　等温转变曲线
和连续冷却转变曲线

钢铁材料在冷却时，可以采取两种转变方式：等温转变和连续冷却转变，如图2-5所示。钢铁材料在一定冷却速度下进行冷却时，奥氏体需要过冷到共析温度 A_1 以下才能完成转变。在共析温度 A_1 以下存在的奥氏体称为过冷奥氏体，也称亚稳奥氏体，它有较强的相变趋势，可以转变为其他组织。

表2-2　$w(C) = 0.45\%$ 的非合金钢经840℃加热后，以不同方法冷却后的力学性能

冷却方法	R_m/MPa	R_{eL}/MPa	A（%）	Z（%）	硬度
炉内缓冷	530	280	32.5	49.3	160 ~ 200HBW
空气冷却	670 ~ 720	340	15 ~ 18	45 ~ 50	170 ~ 240HBW
油中冷却	900	620	18 ~ 20	48	40 ~ 50HRC
水中冷却	1 000	720	7 ~ 8	12 ~ 14	52 ~ 58HRC

【联想与对比】　我们在炎热的夏天能够品尝各种冰凉透心的冰糕，但我们知道冰糕在户外是不会保持很长时间的，迟早会转变为"液体冰糕"。

联想奥氏体，我们会发现：奥氏体应该在共析温度 A_1 以上存在，在共析温度 A_1 以下奥氏体应该转变为其他组织，如珠光体、贝氏体、马氏体等，但由于冷却速度较快，奥氏体还来不及发生转变，因此，就会出现暂时存在的亚稳奥氏体，即在共析温度 A_1 以下存在的奥氏体。这里的亚稳奥氏体就相当于我们在夏天吃的"冰糕"，而"液体冰糕"就相当于亚稳奥氏体即将转变的产物。

二、过冷奥氏体的等温转变

过冷奥氏体的等温转变是指工件奥氏体化后，冷却到临界点（Ar_1 或 Ar_3）以下的某一温度区间内等温保持时，过冷奥氏体发生的相变。

1. 过冷奥氏体等温转变图

以共析钢为例，如图2-6所示，将具有不同过冷度的过冷奥氏体进行等温转变，分别测

定过冷奥氏体转变开始和转变终止的时间，并标注在温度-时间坐标中，然后分别将转变开始点和转变终止点连接起来，即可得到过冷奥氏体转变开始曲线和过冷奥氏体转变终止曲线。由于曲线像英文字母"C"，故又称为C曲线。

　　奥氏体等温转变图中过冷奥氏体转变开始曲线以左部分为过冷奥氏体区，过冷奥氏体在此区域处于等温转变的孕育期，尚未发生转变。过冷奥氏体转变终止曲线以右部分为过冷奥氏体转等温转变完成区。过冷奥氏体转变开始曲线和过冷奥氏体转变终止曲线之间的区域是过冷奥氏体正在发生转变区。A_1线以上的区域是稳定的奥氏体区。奥氏体等温转变图下面的水平线称为M_s线，是奥氏体连续快冷时过冷奥氏体直接向马氏体转变的开始线，M_s线下方的水平线M_f线是过冷奥氏体向马氏体转变的终止线。

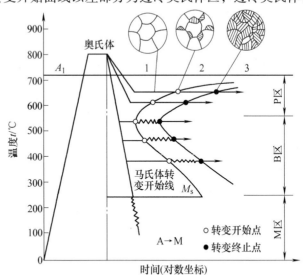

图2-6　共析钢过冷奥氏体等温转变曲线

　　从奥氏体等温转变图可以看出，奥氏体等温转变图左中部突出的"鼻尖"部位（约550℃）是过冷奥氏体等温转变孕育期最短的部分，在"鼻尖"附近，过冷奥氏体转变最快，同时也说明过冷奥氏体在"鼻尖"附近最不稳定。而在"鼻尖"的上下部位，过冷奥氏体的孕育期增大，过冷奥氏体转变放慢，同时过冷奥氏体的稳定性增大。

　　2. 过冷奥氏体等温转变产物和性能

　　由奥氏体等温转变图可以看出，奥氏体在A_1以下不同温度进行等温转变时，会产生不同的等温转变产物。以共析钢为例，根据转变产物的组织特征，可划分为高温转变区（珠光体型转变区）、中温转变区（贝氏体型转变区）和低温转变区（马氏体型转变区）。表2-3是共析钢过冷奥氏体转变温度与转变产物的组织和性能。

表2-3　共析钢过冷奥氏体转变温度与转变产物的组织和性能

转变温度范围	过冷程度	转变产物	代表符号	组织形态	层片间距	转变产物硬度 HRC
$A_1 \sim 650℃$	小	珠光体	P	粗片状	约 $0.3\mu m$	<25
$650 \sim 600℃$	中	索氏体	S	细片状	$0.1 \sim 0.3\mu m$	$25 \sim 30$
$600 \sim 550℃$	较大	托氏体	T	极细片状	约 $0.1\mu m$	$30 \sim 40$
$550 \sim 350℃$	大	上贝氏体	$B_上$	羽毛状	—	$40 \sim 50$
$350℃ \sim M_s$	更大	下贝氏体	$B_下$	针叶状	—	$50 \sim 60$
$M_s \sim M_f$	最大	马氏体	M	板条状	—	40 左右
$M_s \sim M_f$	最大	马氏体	M	双凸透镜状	—	>60

采用等温转变可以获得单一的珠光体、索氏体、托氏体、上贝氏体、下贝氏体和马氏体组织。

三、过冷奥氏体的连续冷却转变

过冷奥氏体的连续冷却转变是指工件奥氏体化后以不同冷却速度连续冷却时过冷奥氏体发生的转变。

1. 过冷奥氏体连续冷却转变图

实际生产中，钢铁材料的冷却一般是连续进行的，如钢件退火时是炉冷、正火时是空冷、淬火时是水冷等。因此，认识过冷奥氏体连续冷却转变图具有实际指导意义。图 2-7 所示是共析钢过冷奥氏体连续冷却转变曲线。从图中可以看出，共析钢在连续冷却转变过程中，只发生珠光体转变和马氏体转变，没有贝氏体转变。珠光体转变区由三条线构成：P_s 线是过冷奥氏体向珠光体转变开始线；P_f 线是过冷奥氏体向珠光体转变终了线；K 线是过冷奥氏体向珠光体转变终止线，它表示冷却曲线碰到 K 线时，过冷奥氏体向珠光体转变即停止，剩余的过冷奥氏体一直冷却到 M_s 线以下时会发生马氏体转变。如果过冷奥氏体在连续冷却过程中不发生分解而全部过冷到马氏体区的最小冷却速度是 v_k，则称 v_k 是获得马氏体组织的临界冷却速度。钢在淬火时的冷却速度必须大于 v_k。

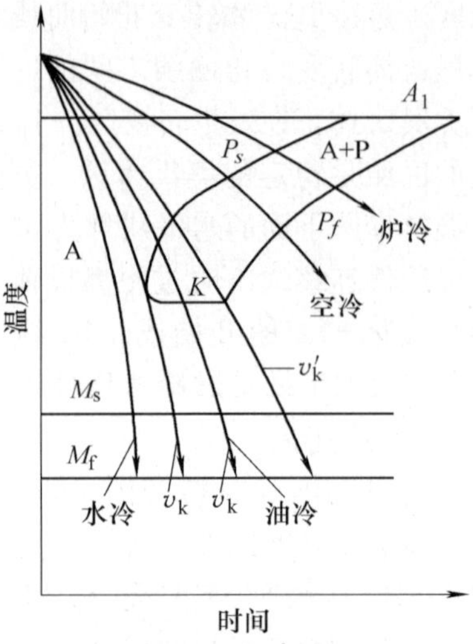

图 2-7 共析钢过冷奥氏体
连续冷却转变曲线

2. 过冷奥氏体连续冷却转变产物

由于连续冷却转变是在一个温度范围内进行，其转变产物往往不是单一的，根据冷却速度的变化，转变产物有可能是 P + S、S + T 或 T + M 等。

第三节　退火与正火

退火与正火是钢铁材料常用的两种基本热处理工艺方法，主要用来处理毛坯件（如铸件、锻件、焊件等），为以后的切削加工和最终热处理做组织准备，因此，退火与正火通常又称为预备热处理。对一般铸件、锻件、焊件以及性能要求不高的工件来讲，退火和正火也可作为最终热处理。

【小经验】 钢铁材料适宜切削加工的硬度范围是：170 ~ 260HBW。如果钢铁材料的硬度高于 260HBW，则不容易切削，并加剧切削刀具的磨损；相反，如果钢铁材料的硬度低于 170HBW，则容易发生"粘刀"现象，影响工件表面加工质量和加工效率。钢铁材料合理选择退火工艺或正火工艺的原因之一是为了使钢铁材料获得适宜切削加工的硬度范围。一般来说，选择退火工艺，可以降低钢铁材料的硬度；而选择正火工艺，则可以提高钢铁材料的硬度。

一、退火

退火是将工件加热到适当温度，保持一定时间，然后缓慢冷却的热处理工艺。退火的目的是消除钢铁材料的内应力；降低钢铁材料的硬度，提高其塑性；细化钢铁材料的组织，均匀其化学成分，并为最终热处理做好组织准备。根据钢铁材料化学成分和退火目的不同，退火通常分为：完全退火、等温退火、球化退火、去应力退火、均匀化退火等。在机械零件的制造过程中，一般将退火作为预备热处理工序，并安排在铸造、锻造、焊接等工序之后，粗切削加工之前，用来消除前一工序中所产生的某些缺陷或残余内应力，为后续工序做好组织准备。部分退火工艺的加热温度范围如图 2-8 所示。部分退火工艺曲线如图 2-9 所示。

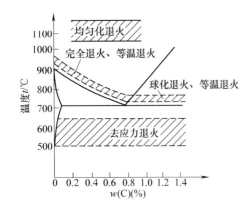

图 2-8　部分退火工艺加热温度范围示意图

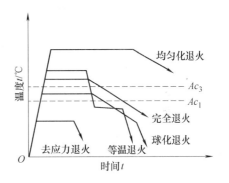

图 2-9　部分退火工艺曲线示意图

1. 完全退火

完全退火是将工件完全奥氏体化后缓慢冷却，获得接近平衡组织的退火。完全退火后所得到的室温组织是铁素体和珠光体。完全退火的目的是细化组织，降低硬度，提高塑性，消除化学成分偏析。

完全退火主要用于亚共析钢（$0.021\ 8\% \leqslant w(C) < 0.77\%$）制作的铸件、锻件、焊件等，其加热温度是 Ac_3 以上 $30 \sim 50℃$。而用过共析钢（$0.77\% < w(C) \leqslant 2.11\%$）制作的工件不宜采用完全退火，因为过共析钢加热到 Ac_{cm} 线以上后，二次渗碳体（Fe_3C_{II}）会以网状形式沿奥氏体晶界析出（图 2-10），使过共析钢的强度和韧性显著降低，同时也使零件在后续的热处理工序（如淬火）中容易产生淬火裂纹。

图 2-10　T12 钢中的网状
二次渗碳体显微组织

2. 球化退火

球化退火是使工件中碳化物球状化而进行的退火。球化退火得到的室温组织是铁素体基体上均匀分布着球状（或粒状）碳化物（或渗碳体），即球状珠光体组织。如图 2-11 所示，在工件保温阶段，没有溶解的片状碳化物会自发地趋于球状（球体表面积最小）化，并在随后的缓冷过程中，最终形成球状珠光体组织，如图 2-12 所示。球化退火的加热温度在 Ac_1 上下 20～30℃温度区间交替加热及冷却或在稍低于 Ac_1 温度保温，然后缓慢冷却。球化退火的主要目的是使碳化物（或渗碳体）球化，降低钢材硬度，改善钢材的切削加工性，并为淬火作组织准备。球化退火主要用于过共析钢和共析钢制造的刀具、量具、模具、轴承钢件等。

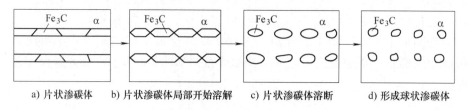

a) 片状渗碳　　　b) 片状渗碳体局部开始溶解　　　c) 片状渗碳体溶断　　　d) 形成球状渗碳体

图 2-11　片状渗碳体在 Ac_1 附近加热球化过程示意图

【对比与分析】　　在物体的体积一定时，球体形状物体的表面积最小，其表面能也最小。因此，自然界的物体为了降低表面能，会自发地趋向球体形状，如岩石被海浪冲刷到海滩后，随着时间的延续，岩石会逐渐地被海浪磨成美丽的鹅卵石。

球化退火过程中的片状碳化物则相当于"岩石"，获得的球状碳化物则相当于"鹅卵石"，保温过程相则当于"海浪冲刷"。

3. 等温退火

等温退火是指工件加热到高于 Ac_3（或 Ac_1）的温度，保持适当时间后，较快地冷却到珠光体转变温度并等温保持，使奥氏体转变为珠光体类组织后在空气中冷却的退火。亚共析钢的加热温度是：$Ac_3 + (30～50)$℃；共析钢和过共析钢的加热温度是：$Ac_1 + (20～40)$℃。等温退火的目的与完全退火相同，但等温退火可以缩短退火时间，获得比较均匀的组织与性能，其应用与完全退火和球化退火相同。

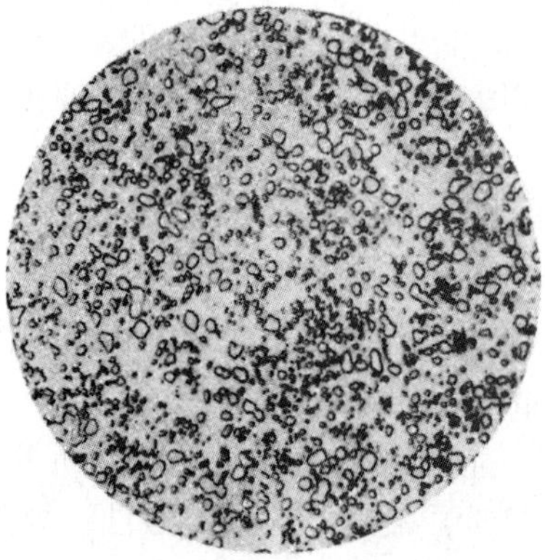

图 2-12　球状珠光体显微组织

4. 去应力退火

去应力退火是为去除工件塑性形变加工、切削加工或焊接造成的内应力及铸件内存在的残余应力而进行的退火。去应力退火的加热温度是 Ac_1 以下温度区间，其主要目的是消除工件在切削加工、铸造、锻造、热处理、焊接等过程中产生的残余应力，减小工件变形，稳定工件的形状尺寸。去应力退火主要用于去除铸件、锻件、焊件及精密加工件中的残余应力。钢铁材料在去应力退火的加热及冷却过程中无相变发生。

5. 均匀化退火

均匀化退火是以减少工件化学成分和组织的不均匀程度为主要目的，将工件加热到高温并长时间保温，然后缓慢冷却的退火。加热温度是：$Ac_3 + (150～200)$℃，一般在 1 050～1 150℃进行加热。均匀化退火的目的是减少钢的化学成分偏析和组织不均匀性，主要应用于质量要求高的合金钢铸锭、铸件和锻坯等。

【工艺实例分析】　用 T10 钢（$w(C) = 1.0\%$）制作的小冲模零件的加工工艺流程是：下料→锻造→球化退火→粗加工（切削）→半精加工（切削）→淬火和回火→精加工（磨削）→去应力退火→精加工（磨削）→检验→投入使用。分析小冲模零件加工工艺流程中球化退火和去应力退火的目的是什么？

小冲模锻造成形后，由于其内部组织比较粗大，而且存在内部组织不均匀、硬度偏高及残余内应力高等缺陷，因此，需要安排"球化退火"，其目的是降低硬度，提高塑性，获得球状珠光体组织，为后续切削加工和淬火作组织准备。小冲模的球化退火工艺曲线如图 2-13 所示。安排"去应力退火"的目的是为了消除在精加工过程中产生的残余内应力，稳定小冲模的尺寸形状，提高加工精度。

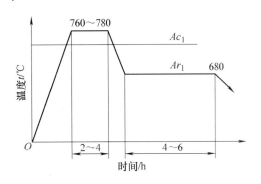

图 2-13　小冲模（T10 钢）的球化退火工艺曲线

二、正火

正火是指工件加热奥氏体化后在空气中或其他介质中冷却，获得以珠光体组织为主的热处理工艺。正火的目的是细化晶粒，提高钢铁材料的硬度，消除钢铁材料中的网状碳化物（或渗碳体），并为淬火、切削加工等后续工序作组织准备。

与退火相比，正火的奥氏体化温度高；冷却速度快，过冷度较大，因此，正火后得到的组织比较细，强度和硬度比退火高一些；同时，正火具有操作简便、生产周期短、生产效率高、生产成本低的特点。

在生产中正火主要应用于以下场合：

1）用于改善钢铁材料的切削加工性能。低碳钢（$w(C) < 0.25\%$）和低合金钢（$w(C) < 0.25\%$）退火后铁素体所占比例较大，硬度偏低，切削加工时有"粘刀"现象，而且表面粗糙度 Ra 值较大。通过正火能适当提高钢铁材料的硬度，改善切削加工性能。因此，低碳钢、低合金钢一般选择正火作为预备热处理；而 $w(C) > 0.5\%$ 的中碳钢、高碳钢（$w(C) > 0.6\%$）、合金钢（$w(C) > 0.6\%$）一般选择退火作为预备热处理。

2）用于消除钢中的网状碳化物，为球化退火作组织准备。对于过共析钢，正火加热到 Ac_{cm} 以上时可使网状碳化物充分溶解到奥氏体中，空冷时则碳化物来不及析出，这样便消除了钢中的网状碳化物组织，同时也细化了珠光体组织，有利于以后的球化退火和淬火。

3）用于普通结构零件或某些大型非合金钢工件的最终热处理，代替调质处理。如铁道车辆的车轴就是用正火工艺作为最终热处理的。

4）用于淬火返修件，消除淬火应力，细化组织，防止工件重新淬火时变形与开裂。

第四节　淬　　火

淬火是指工件加热奥氏体化后以适当方式冷却获得马氏体或（和）贝氏体组织的热处

理工艺。马氏体是碳或合金元素在 α-Fe 中的过饱和固溶体，是单相亚稳组织，硬度较高，用符号 M 表示。马氏体的硬度主要取决于马氏体中碳的质量分数。马氏体中由于溶入过多的碳原子，使 α-Fe 晶格发生畸变，提高了其塑性变形抗力，故马氏体中碳的质量分数越高，其硬度也越高。

> **【史海考证】**　公元前6世纪，钢铁兵器逐渐被采用，为了提高钢的硬度，淬火工艺逐渐得到发展。中国河北省易县燕下都出土的两把剑和一把戟，其显微组织中都有马氏体存在，说明出土的兵器是经过淬火处理的。

一、淬火的目的

淬火的主要目的是使钢铁材料获得马氏体（或贝氏体）组织，提高钢铁材料的硬度和强度，并与回火工艺合理配合，获得需要的使用性能。一些重要的结构件，特别是在动载荷与摩擦力作用下的零件以及各种类型的重要工具（如刀具、钻头、丝锥、板牙、精密量具等）及重要零件（销、套、轴、滚动轴承、模具、阀等）都要进行淬火处理。

二、淬火加热温度与淬火介质

1. 淬火加热温度

不同钢种的淬火加热温度是不同的。非合金钢的淬火加热温度可由铁碳合金相图确定，如图2-14所示。为了防止奥氏体晶粒粗化，淬火温度不宜选得过高，一般仅比临界点（Ac_1 或 Ac_3）高 $30 \sim 50℃$。

亚共析钢的淬火加热温度是 Ac_3 以上 $30 \sim 50℃$。因为在此温度范围内加热，可获得全部细小的奥氏体晶粒，淬火后又可得到均匀细小的马氏体组织。如果加热温度过高，则容易引起奥氏体晶粒粗大，使钢材淬火后的使用性能变差；如果加热温度过低，则淬火组织中尚有未溶的铁素体组织，从而使钢材淬火后的硬度不足，达不到技术要求。

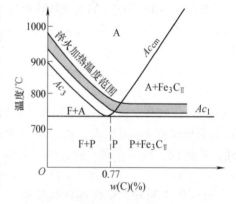

图 2-14　非合金钢淬火
加热的温度范围

共析钢和过共析钢的淬火加热温度是 Ac_1 以上 $30 \sim 50℃$。在此温度范围内加热时，钢材中的组织是奥氏体和碳化物（或渗碳体）颗粒，淬火后可以获得细小的马氏体和球状碳化物（或渗碳体），能够保证钢材淬火后获得高硬度和高耐磨性。如果加热温度超过 Ac_{cm}，将导致钢材中的碳化物（或渗碳体）消失，奥氏体晶粒粗化，淬火后得到粗大针状马氏体，而且残留奥氏体量增多，硬度和耐磨性降低，脆性增大；相反，如果淬火温度过低，则可能得到非马氏体组织（如铁素体），则钢材的硬度达不到技术要求。

2. 淬火冷却介质

淬火时为了得到足够的冷却速度，保证奥氏体向马氏体转变，又不至于由于冷却速度过快而引起零件内应力增大，造成零件变形和开裂，应科学合理地选用冷却介质。常用的淬火冷却介质有：油、水、盐水、硝盐浴、碱浴和空气等。

要想既保证获得马氏体组织，同时又尽量避免钢件发生变形与开裂，理想的冷却曲线如图 2-15 所示。即在奥氏体等温转变图"鼻尖"附近（650～550℃）应快冷，使钢件冷却速度大于临界冷却速度 v_k，而在 M_s 线附近（300～200℃）应缓冷，以避免马氏体转变过程中产生较大的淬火内应力。

生产中使用的水或盐水在高温区的冷却能力较强，但在低温区的冷却速度也较快，不利于减少钢件的变形与开裂，因此，水或盐水一般仅适用于形状简单、截面尺寸较大的非合金钢工件。

常用的淬火油如全损耗系统用油（如 L-AN15、L-AN32 等）在低温区具有比较理想的冷却能力，但在高温区的冷却能力则较弱，因此，一般仅适用于合金钢或小尺寸的非合金钢工件。

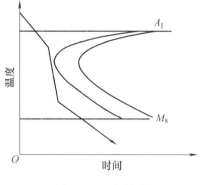

图 2-15 理想淬火介质的冷却曲线

目前，还很难找到一种完全符合要求的理想淬火冷却介质，在实际生产中需要根据工件的技术要求、材质及形状，科学合理地选择淬火冷却方法，来弥补单一淬火冷却介质的不足之处。

【史海考证】 相传蒲元是三国时期的造刀高手。据宋《太平御览》记载，蒲元曾在今陕西斜谷为诸葛亮造刀 3 000 把。他造的刀被誉为神刀。蒲元造刀的主要诀窍在于掌握了精湛的钢刀淬火技术。他能够辨别不同水质对淬火质量的影响，并且选择冷却速度大的蜀江水（今四川成都），把钢刀淬到合适的硬度。这说明中国在古代就发现了不同水质的冷却能力，以及冷却介质对淬火质量的影响。

三、淬火方法

根据钢材化学成分及对组织、性能和钢件尺寸精度的要求，在保证技术要求规定的前提下，应尽量选择简便、经济的淬火方法。常用的淬火方法有：单液淬火、双液淬火、马氏体分级淬火和贝氏体等温淬火。

1. 单液淬火

单液淬火是将已奥氏体化的钢件在一种淬火冷却介质中冷却的方法，如图 2-16 中的曲线①。例如，低碳钢和中碳钢在水或盐水中淬火、合金钢在油中淬火等就是典型的单液淬火方法。单液淬火方法主要应用于形状简单的钢件。

2. 双液淬火

双液淬火是将工件加热奥氏体化后先浸入冷却能力强的介质中，在组织即将发生马氏体转变时立即转入冷却能力弱的介质中冷却的方法，如图 2-16 中曲线②所示。例如，首先将钢件在水中冷却一段时间，

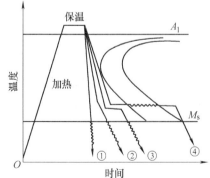

图 2-16 常用淬火方法的冷却曲线
①—单液淬火 ②—双液淬火 ③—马氏体分级淬火 ④—贝氏体等温淬火

然后再在油中冷却的方法就是典型的双液淬火方法。此外，将钢件先在油中冷却一段时间，然后再在空气中冷却的方法也是常用的双液淬火方法。双液淬火主要适用于中等复杂形状的高碳钢工件和较大尺寸的合金钢工件。

3. 马氏体分级淬火

马氏体分级淬火是指工件加热奥氏体化后浸入温度稍高于或稍低于 M_s 点的盐浴或碱浴中，保持适当时间，在工件整体达到冷却介质温度后取出空冷以获得马氏体组织的淬火方法，如图 2-16 中曲线③所示。马氏体分级淬火能够减小工件中的热应力，并缓和相变过程中产生的组织应力，减少淬火变形。马氏体分级淬火适用于尺寸较小、形状复杂的由高碳钢或合金钢制作的工、模具。

4. 贝氏体等温淬火

贝氏体等温淬火是指工件加热奥氏体化后快冷到贝氏体转变温度区间等温保持，使奥氏体转变为贝氏体的淬火方法，如图 2-16 曲线④所示。贝氏体等温淬火的特点是工件在淬火后，工件的淬火应力与变形较小，工件具有较高的韧性、塑性、硬度和耐磨性。贝氏体等温淬火用于处理由各种中碳钢、高碳钢和合金钢制造的尺寸较小的形状复杂的模具与刃具等。

四、冷处理

冷处理是指钢件淬火冷却到室温后，继续在一般制冷设备或低温介质中冷却，使残留奥氏体转变为马氏体的工艺。对于高碳钢及一些合金钢，由于马氏体转变终止点 M_f 位于 0℃以下，钢件淬火后组织中含有大量的残留奥氏体。采用冷处理可以消除和减少钢中的残留奥氏体数量，使钢件获得更多的马氏体，提高钢件的硬度与耐磨性，稳定钢件尺寸，如量具、精密轴承、精密丝杠、精密刀具、枪杆等要求形状精确和尺寸稳定的工件，均应在淬火之后进行冷处理，以消除或减少残留奥氏体数量，稳定钢件的尺寸。目前常用的低温介质有：干冰（固体 CO_2），其最低温度是 -78℃；液氮，用于 -130℃ 以下的深冷处理。

五、淬透性与淬硬性

淬透性是评定钢的淬火质量的一个重要参数，它对于钢材选择、编制热处理工艺具有重要意义。淬透性是指以规定条件下钢试样淬硬深度和硬度分布表征的材料特性。换句话说，淬透性是钢材的一种属性，是钢淬火时获得马氏体的能力。对于亚共析钢，随着碳的质量分数的提高，其淬透性提高；但对于过共析钢，随着碳的质量分数的提高，其淬透性却降低。

钢淬火后可以获得较高硬度，但不同化学成分的钢淬火后所得马氏体组织的硬度值是不相同的。以钢在理想条件下淬火所能达到的最高硬度来表征的材料特性称为淬硬性。淬硬性主要与钢中碳的质量分数有关，与合金元素含量没有多大关系，更确切地说，它取决于淬火加热时固溶于奥氏体中的碳的质量分数。奥氏体中碳的质量分数越高，则钢的淬硬性越高，钢淬火后的硬度值也越高。

【提示】　淬硬性和淬透性是两个不同的概念，必须注意：淬火后硬度高的钢，不一定淬透性就高，淬火后硬度低的钢，不一定淬透性就低。

六、淬火缺陷

工件在淬火加热和冷却过程中，由于加热温度高，冷却速度快，很容易产生某些缺陷。

因此，在热处理生产过程中设法减轻各种缺陷的影响，对提高产品质量有实际意义。

1. 过热与过烧

工件加热温度偏高，而使晶粒过度长大，以致力学性能显著降低的现象称为过热。钢件过热后，形成的粗大奥氏体晶粒可以通过正火和退火来消除。

工件加热温度过高，致使晶界氧化和部分熔化的现象称为过烧。过烧钢件淬火后强度低、脆性很大，并且无法补救，只能报废。

过热和过烧主要是由于加热温度过高或高温下保温时间过长引起的，因此，合理确定加热规范，严格控制加热温度和保温时间可以防止过热和过烧发生。

2. 氧化与脱碳

工件加热时，介质中的氧、二氧化碳、水蒸气等与之反应生成氧化物的过程称为氧化。工件加热时介质与工件中的碳发生反应，使表层碳的质量分数降低的现象称为脱碳。

氧化使钢件表面烧损，增大表面粗糙度 Ra 值，减小钢件尺寸，甚至使钢件报废。脱碳使钢件表面碳的质量分数降低，进而使其力学性能下降，容易引起钢件早期失效。防止氧化与脱碳的措施主要有两大类：第一类是控制加热介质的化学成分和性质，抑制氧化与脱碳反应，如采用可控气氛、氮基气氛等；第二类是钢件表面进行涂层保护和真空加热。

3. 硬度不足和软点

钢件淬火后较大区域内硬度达不到技术要求的现象，称为硬度不足。加热温度过低或保温时间过短，淬火冷却介质冷却能力不够，钢件表面氧化、脱碳等，均容易使钢件淬火后达不到要求的硬度值。

钢件淬火硬化后，其表面许多小区域存在硬度偏低的现象称为软点。

若工件产生硬度不足和大量的软点，可经退火或正火后重新进行正确的淬火，即可消除钢件表面的硬度不足和大量的软点。

4. 变形和开裂

变形是淬火时钢件产生形状或尺寸偏差的现象。开裂是淬火时钢件表层或内部产生裂纹的现象。钢件产生变形与开裂的主要原因是钢件在热处理过程中其内部产生了较大的内应力（包括热应力和相变应力）。

热应力是指钢件加热和（或）冷却时，由于不同部位出现温差而导致热胀和（或）冷缩不均所产生的内应力。相变应力是指热处理过程中，因钢件不同部位组织转变不同步而产生的内应力。热应力和相变应力使工件产生变形的情况如图 2-17 所示。

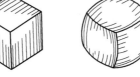

a) 工件原形　　b) 热应力产生的变形　　c) 相变应力产生的变形

图 2-17　热应力和相变应力
使工件产生变形的情况

钢件在淬火时，热应力和相变应力同时存在，这两种应力总称为淬火应力。当淬火应力大于钢的屈服强度时，钢件就发生变形；当淬火应力大于钢件的抗拉强度时，钢件就产生开裂。

为了减少钢件淬火时产生开裂现象，可以从两方面采取措施：第一，淬火时正确编制加热温度、保温时间和冷却方式，可以有效地减少钢件变形和开裂现象；第二，淬火后及时进行回火处理。

第五节　回　火

一、回火时的组织转变

回火是指工件淬硬后，加热到 Ac_1 以下的某一温度，保温一定时间，然后冷却到室温的热处理工艺。淬火钢的组织主要由马氏体和少量残留奥氏体组成（有时还有未溶碳化物），其中的马氏体和残留奥氏体都是不稳定组织，它们有自发地向稳定组织转变的趋势，如马氏体中过饱和的碳原子要析出、残留奥氏体要分解等。回火就是为了促进这种转变。回火过程是一个由非平衡组织向平衡组织转变的过程，这个过程是依靠原子的迁移和扩散进行的，所以，回火温度越高，则原子扩散速度越快；反之，原子扩散速度越慢。另外，淬火钢内部存在很大的内应力，脆性大，韧性低，一般不能直接使用，如不及时消除，将会引起工件的变形，甚至开裂。回火是在淬火之后进行的，通常也是零件进行热处理的最后一道工序，其目的是消除和减小内应力，稳定组织，调整性能，以获得较好的强度和韧性配合。

一般来说，随着回火温度的升高，淬火组织将发生一系列变化，回火时的组织转变过程一般分为四个阶段：

第一阶段（≤200℃）——马氏体分解，淬火组织经过回火转变为回火马氏体组织。

第二阶段（200～300℃）——残留奥氏体分解，淬火组织经过回火转变为回火马氏体组织。

第三阶段（250～400℃）——碳化物析出，淬火组织经过回火形成回火托氏体或下贝氏体组织。

第四阶段（＞400℃）——碳化物聚集长大与铁素体的再结晶，淬火组织经过回火最终形成回火索氏体组织。

由图 2-18 可以看出，淬火钢材随回火温度的升高，强度与硬度降低而塑性与韧性提高。

二、回火方法及其应用

根据钢材在回火时的加热温度不同，可将回火分为低温回火、中温回火和高温回火三种。

1. 低温回火

低温回火的温度范围是 250℃以下。淬火钢经低温回火后，获得的组织为回火马氏体（M′）。回火马氏体是过饱和度较低的马氏体和极细微碳化物的混合组织。回火马氏体保持了淬火组织的高硬度和耐磨性，降低了钢的淬火应力，减小了钢的脆性。淬火钢经低温回火后，钢的硬度一般为 58～62HRC。低温回火主要用于由高碳钢、合金工具钢制造的刀具、量具、冷作模

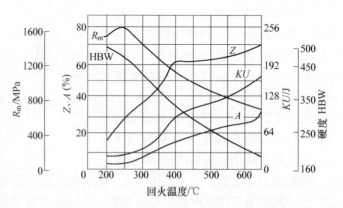

图 2-18　40 钢（$w(C)=0.4\%$）回火后其力学性能与温度的关系

具、滚动轴承及渗碳件、表面淬火件等。

2. 中温回火

中温回火的温度范围是 250~450℃。淬火钢经中温回火后，获得的组织为回火托氏体（T'）。回火托氏体是铁素体基体内分布着细小粒状（或片状）碳化物的混合组织。淬火钢经中温回火降低了淬火应力，可以使钢获得较高弹性极限和屈服强度，并具有一定的韧性，钢的硬度一般为 35~50HRC。中温回火主要用于处理钢制弹性元件，如各种卷簧、板簧、弹簧钢丝等。对于有些受小能量多次冲击载荷作用的结构件，为了提高强度，增加小能量多次冲击抗力，也采用中温回火进行处理。

3. 高温回火

高温回火的温度范围是 500℃以上。淬火钢经高温回火后，获得的组织为回火索氏体（S'）。回火索氏体是铁素体基体上分布着粒状碳化物的组织。淬火钢经高温回火后，钢的淬火应力完全消除，强度较高，塑性和韧性提高，具有良好的综合力学性能，钢的硬度一般为 200~330HBW。

钢件淬火加高温回火的复合热处理工艺又称为调质处理，它主要用于处理轴类、连杆、螺栓、齿轮等工件。同时，钢件经过调质处理后，不仅具有较高的强度和硬度，而且塑性和韧性也明显比经正火处理后高，因此，一些重要的钢制零件一般都采用调质处理，而不采用正火处理。

调质处理一般作为最终热处理。钢经过调质处理后，钢的硬度不高，便于切削加工，并能得到较好的表面质量，故调质处理也可作为表面淬火和化学热处理的预备热处理。

第六节　金属的时效

固溶处理是指工件加热至适当温度并保温，使过剩相充分溶解，然后快速冷却以获得过饱和固溶体的热处理工艺。金属材料经过冷加工、热加工或固溶处理后，在室温下放置或适当升温加热时，发生力学性能和物理性能随着时间而变化的现象，称为时效。在时效过程中金属材料的显微组织并不发生明显的变化。机械制造过程中常用的时效方法主要有：自然时效、热时效、变形时效、振动时效和沉淀硬化时效等。

一、自然时效

自然时效是指金属材料经过冷加工、热加工或固溶处理后，在室温下发生性能随着时间而变化的现象。例如，钢铁铸件、锻件、焊接件等在室温下长时间（半年或几年）在户外或室内堆放，就是自然时效。利用自然时效可以消除工件内的部分残余应力（大约消除 10%~12%），稳定工件的形状和尺寸。自然时效的优点是不使用任何设备，不消耗能源，但时效周期长，工件内部的残余应力不能完全消除。

二、热时效

热时效是指随着温度的不同，α-Fe 中碳的溶解度发生变化，使钢的性能发生改变的过程。例如，低碳钢在 A_1 之下加热，并较快冷却时，三次渗碳体（Fe_3C_{III}）来不及析出，形成过饱和的固溶体。在室温放置过程中，由于碳的溶解度较低，碳以 Fe_3C_{III} 的形式，具有从过饱和的固溶体中析出的自然趋势。由于析出 Fe_3C_{III} 从而使钢的硬度和强度上升，而塑性和韧性下降，如图 2-19 所示。

从图 2-19 中可以看出，虽然低碳钢中碳的质量分数并不高，但经过时效后，其硬度有时会提高 50%，这对低碳钢进行锻压加工是不利的。同时，随着热时效温度的提高，热时效过程中碳的扩散速度也会越来越快，则热时效的时间也会大大缩短。

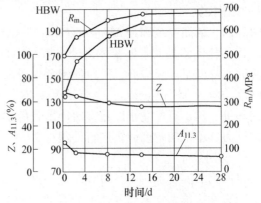

图 2-19　低碳钢时效后力学性能的变化

三、变形时效

变形时效是指钢在冷变形后进行的时效。钢经冷变形后，在室温下进行自然时效，一般需要放置 15 ~ 16d（较大钢件需要半年或更长时间）；在 300℃ 左右进行热时效时，则仅需几分钟（较大钢件仅需几小时）。变形时效也降低钢（尤其是汽车用板材）的锻压加工性能，因此，对于重要的工件，在制造之前需要对所选钢材进行变形时效倾向试验。

【现象分析】　产生变形时效的原因是：钢材在冷塑性变形时，α-Fe（铁素体）中的个别晶格空隙被碳、氮饱和（或占据），但钢材在放置过程中则析出了碳化物和氮化物，从而导致钢材的强度、硬度提高，塑性和韧性降低。

四、振动时效

振动时效是指通过机械振动（如超声波）的方式消除、降低或均匀工件内残余应力的工艺，又称振动消除应力法。振动时效工艺适用于重要的铸件、锻件和焊接件等，在国内外已获得广泛应用。振动时效是借助专用设备对需要时效的工件施加周期性的动载荷，迫使工件在共振频率范围内振动，并释放出内部残余应力，从而达到提高工件的抗疲劳性能和尺寸精度。振动时效具有节能、效率高（时间仅需 10 ~ 60min）、无氧化与变形等特点，且不受工件尺寸和重量的限制，工件内部的残余应力可消除 30%，可代替人工时效和自然时效。

五、沉淀硬化时效

沉淀硬化时效是在过饱和固溶体中形成或析出弥散分布的强化相而使金属材料硬化的热处理工艺。它是不锈钢、高温耐热合金、高强度铝合金等的重要强化方法。

第七节　表面热处理与化学热处理

生产中有些零件如齿轮、花键轴、活塞销、凸轮等，要求其表面具有高硬度和高耐磨性，而心部具备一定的强度和足够的韧性。在这种情况下，单从材料方面去解决是比较困难的。如果选用高碳钢制作这些零件，经过淬火后虽然表面硬度很高，但其心部韧性严重不足，不能满足特殊需要；相反，如果采用低碳钢制作这些零件，经过淬火后虽然其心部韧性好，但其表面硬度和耐磨性均较低，也不能满足特殊需要。这时可通过对零件进行表面热处理或化学热处理，以满足上述"表里不一"的性能要求。

【观察与思考】　在机械制造过程中，由于零件的工作环境和受力条件存在差别，因此，零件出现性能"表里不一"的现象很多，如某些零件表面要求具有较高的耐蚀性，或者具有较高的抗氧化性，或者具有较高的抗咬合性，或者具有良好的润滑性等。此外，还有一种情况是：某些零件的局部技术要求不同，可对该部分进行热处理，而另一部分不进行热处理，如局部退火、局部淬火、局部回火、局部渗碳等。

一、表面热处理

表面热处理是为改变工件表面的组织和性能，仅对其表面进行热处理的工艺。

1. 表面淬火和回火

表面淬火是指仅对工件表层进行淬火的工艺。其目的是使工件表面获得高硬度和高耐磨性，而心部保持较好的塑性和韧性，以提高其在扭转、弯曲、循环应力或在摩擦、冲击、接触应力等工作条件下的使用寿命，是最常用的表面热处理工艺之一。

表面淬火不改变工件表面化学成分，它是采用快速加热方式，使工件表层迅速奥氏体化，使心部仍处于临界点 Ac_1 以下，并随之淬火，从而使工件表面硬化。按加热方法的不同，表面淬火方法主要有：感应淬火、火焰淬火、接触电阻加热淬火等。目前生产中应用最多的是感应淬火和火焰淬火。

（1）感应淬火　利用感应电流通过工件所产生的热效应，使工件表面、局部或整体加热并进行快速冷却的淬火工艺称为感应淬火。

1）感应加热基本原理。当将一个用薄壁纯铜管制作的加热感应器（或线圈）通以交流电流时，就会在加热感应器内部和周围产生与电流频率相同的交变磁场。此时如果将钢件置于此交变磁场中，钢件受交变磁场的影响，将产生与加热感应器频率相同的、交变的感应电流，并在钢件中形成一闭合回路，称为"涡流"。但是，"涡流"在钢件内的分布是不均匀的，"涡流"在钢件表面密度大，而在钢件心部密度却很小或几乎没有。通入加热感应器线圈的电流频率越高，"涡流"越集中于钢件的表层，这种现象称为"集肤效应"。依靠钢件表面强大的感应电流产生的热效应，可以使钢件表层在几秒钟内快速加热到淬火温度（约900℃左右），而钢件的心部温度基本不变，然后迅速喷水冷却，就可以淬硬钢件表层，这就是感应淬火的基本原理，如图 2-20 所示。

2）感应淬火的特点。感应淬火具有工件加热速度快、时间短，变形小，基本无氧化和无脱碳的特点；工件表面经感应淬火后，在淬硬的表面层中存在较大的残余压应力，可以有效地提高工件的疲劳强度；生产率高，易实现机械化、自动化，适于大批量生产。

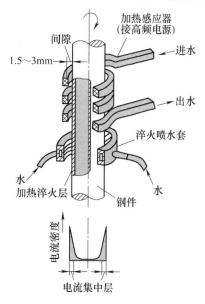

图 2-20　感应淬火示意图

3) 感应淬火的应用。感应淬火主要用于中碳钢和中碳合金钢制造的工件，如40钢、45钢、40Cr钢、40MnB钢等。感应淬火时工件表面的加热层深度主要取决于交流电流频率的高低。生产上可通过调整交流电流频率获得不同的淬硬层深度。

根据交流电流频率的不同，感应淬火分为高频感应淬火、中频感应淬火和工频感应淬火三类。表2-4为感应淬火的应用范围。

表2-4　感应淬火的应用范围

分类	频率范围/kHz	淬火深度/mm	应用范围
高频感应淬火	50～300	0.3～2.5	中小型轴、销、套等圆柱形零件，小模数齿轮
中频感应淬火	1～10	3～10	尺寸较大的轴类，大、中模数齿轮
工频感应淬火	0.05	10～20	大型零件（>φ300mm）表面淬火或棒料穿透加热

钢件感应淬火后，需要进行低温回火，其回火温度比普通低温回火温度稍低。生产中有时采用自回火法，即当工件淬火冷至200℃左右时，停止喷水，利用工件中的淬火余热达到低温回火目的。

【实践经验】　一般感应淬火零件的加工工艺流程是：毛坯锻造（或轧材下料）→退火或正火→粗加工→调质→精加工→感应淬火→低温回火→磨削加工→检验→投入使用。

（2）火焰淬火　火焰淬火是利用乙炔-氧或其他可燃气燃烧的火焰对工件表层进行加热，随之快速冷却的淬火工艺，如图2-21所示。

火焰淬火的淬硬层深度一般为2～6mm，若淬硬层过深，往往会引起工件表面产生过热，甚至产生变形与裂纹。火焰淬火操作简便，不需要特殊设备，生产成本低，但工件表面淬火质量难以控制，生产率低，主要用于单件或小批量生产的各种齿轮、轴、轧辊等。

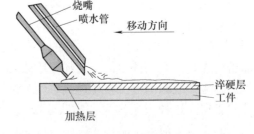

图2-21　火焰淬火示意图

2. 气相沉积

气相沉积是利用气相中发生的物理、化学过程，改变工件表面成分，在工件表面形成具有特殊性能的金属或化合物涂层的表面处理技术。气相沉积按照过程的本质可分为化学气相沉积和物理气相沉积两大类。

（1）化学气相沉积　化学气相沉积是利用气态物质在一定的温度下，在固体表面上进行化学反应，并在其表面上生成固态沉积膜的过程。化学气相沉积反应一般在900～1 000℃的真空下进行，目前已在硬质合金刀具涂层、钢制模具涂层以及耐磨件涂层等方面得到应用，而且其使用寿命较未涂层前提高3～10倍。

（2）物理气相沉积　物理气相沉积是通过真空蒸发、电离或溅射等过程，产生金属离子并沉积在工件表面，形成金属涂层或与反应气体反应生成化合物涂层的过程。物理气相沉积一般在低于600℃的温度下进行，沉积速度比化学气相沉积快，它适用于钢铁材料、非铁金属、陶瓷、玻璃、塑料等。物理气相沉积方法有真空蒸镀、真空溅射和离子镀三类。

如图2-22所示，基板置于高真空（10^{-3}Pa）的玻璃容器中，将欲蒸镀的金属放在蒸发源上，通电加热蒸镀金属，使镀膜金属的蒸气凝结沉积在基板表面上，这种方法称为真空蒸镀。铝、铜、镍、银、金等均可作蒸镀金属，真空蒸镀技术可用于制作半导体器件、制造切削刀具、生活用品表面装饰等。

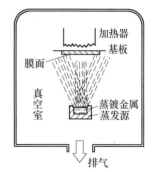

图2-22　真空蒸镀原理示意图

二、化学热处理

化学热处理是将工件置于适当的活性介质中加热、保温，使一种或几种元素渗入到它的表层，以改变其化学成分、组织和性能的热处理工艺。化学热处理与表面淬火相比，其特点是表层不仅有组织的变化，而且还有化学成分的变化。

化学热处理方法很多，通常以渗入元素来命名工艺名称，如渗碳、渗氮、碳氮共渗、渗硼、渗硅、渗金属等。由于渗入元素不同，工件表面处理后获得的性能也不相同。渗碳、渗氮、碳氮共渗是以提高工件表面硬度和耐磨性为主；渗金属的主要目的是提高工件表面的耐蚀性和抗氧化性等。

化学热处理由分解、吸收和扩散三个基本过程组成。分解是指渗入介质在高温下通过化学反应进行分解，形成渗入元素的活性原子；吸收是指渗入元素的活性原子被钢件表面吸附，进入晶格内形成固溶体或形成化合物；扩散是指被吸附的渗入原子由工件表层逐渐向内扩散，形成一定深度的扩散层。目前在机械制造业中，最常用的化学热处理是渗碳、渗氮和碳氮共渗。

1. 渗碳

为提高工件表层碳的质量分数并在其中形成一定的碳含量梯度，将工件在渗碳介质中加热、保温，使碳原子渗入的化学热处理工艺称为渗碳。渗碳层深度一般为0.5~2.5mm，渗碳层的碳的质量分数$w(C)=0.8\%~1.1\%$。

渗碳所用钢种一般是碳的质量分数为0.10%~0.25%的低碳钢和低合金钢，如15钢、20钢、20Cr钢、20CrMnTi钢等。工件经渗碳后，表面硬度等性能并不能达到技术要求，还需要进行淬火和低温回火，才能使工件表面获得高硬度（56~64HRC）、高耐磨性和高疲劳强度，而心部仍保持一定的强度和良好的韧性。渗碳工艺被广泛用于要求表面硬而心部韧的工件上，如齿轮、凸轮轴、活塞销等工件。

根据渗碳介质的物理状态不同，渗碳可分为气体渗碳、固体渗碳和液体渗碳，其中气体渗碳应用最广泛。气体渗碳温度一般为920~930℃。气体渗碳是工件在气体渗碳介质（甲烷、丙烷、煤油、丙酮、甲醇、天然气等）中进行的渗碳工艺。它是将工件放入密封的加热炉中（如井式气体渗碳炉），通入气体渗碳剂进行渗碳的，如图2-23所示。渗碳时渗碳剂在炉内高温下，分解出的活性碳原子被工件表面吸收，通过碳原子的扩散，在工件表面形成一定深度的渗碳层。

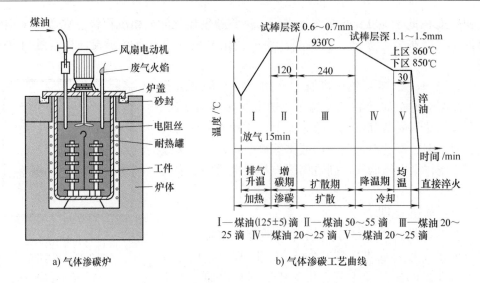

a) 气体渗碳炉　　　　　b) 气体渗碳工艺曲线

Ⅰ—煤油(125±5)滴　Ⅱ—煤油 50~55 滴　Ⅲ—煤油 20~
25 滴　Ⅳ—煤油 20~25 滴　Ⅴ—煤油 20~25 滴

图 2-23　20CrMnTi 钢制拖拉机油泵齿轮的气体渗碳炉及气体渗碳工艺曲线

渗碳时间根据工件所要求的渗碳层深度来确定。一般按每小时渗 0.2 ~ 0.25mm 的速度进行估算。实际生产中常用检验试棒来确定渗碳的时间。

【实践经验】　一般渗碳零件的加工工艺流程是：毛坯锻造（或轧材下料）→正火→粗加工、半精加工→渗碳→淬火→低温回火→精加工（磨削加工）→检验→投入使用。

2. 渗氮

在一定温度下于一定渗氮介质中，使氮原子渗入工件表层的化学热处理工艺称为渗氮。渗氮介质有：无水氨气、氨气与氢气、氨气与氮气。渗氮层深度一般为 0.6 ~ 0.7mm。渗氮的目的是为了提高工件表层的硬度、耐磨性、热硬性、耐蚀性和疲劳强度。

渗氮处理广泛用于各种高速传动的精密齿轮、高精度机床主轴、受循环应力作用下要求高疲劳强度的零件（如高速柴油机曲轴）以及要求变形小和具有一定耐热、耐蚀能力的耐磨零件（如阀门）等。但是渗氮层薄而脆，不能承受冲击和振动，而且渗氮处理生产周期长，生产成本较高。钢件渗氮后不需淬火就可达到 68 ~ 72HRC 的硬度，目前常用的渗氮方法主要有气体渗氮和离子渗

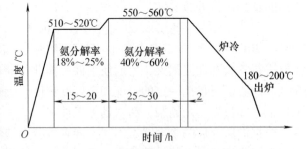

图 2-24　38CrMoAl 钢制机床主轴
的两段气体渗氮工艺曲线

氮两种。图 2-24 所示是 38CrMoAl 钢制机床主轴两段气体渗氮工艺曲线。

对于零件上不需要渗氮的部分可以采用镀锡或镀铜保护措施，也可以预留 1mm 的加工余量，在渗氮后磨去。

【实践经验】　一般渗氮件的加工工艺流程是：毛坯锻造→退火→粗加工→调质→精加工→去应力退火→粗磨→镀锡（非渗氮面）→渗氮→精磨或研磨→去应力退火→检验→投入使用。

【史海考证】　中国出土的西汉（公元前206年~公元24年）中山靖王墓中的宝剑，其心部碳的质量分数是0.15%~0.4%，而其表面碳的质量分数却达0.6%以上，说明当时已应用了渗碳工艺。但是当时人们将渗碳工艺作为个人"手艺"，秘密而不传，因而影响了渗碳工艺的发展。

3. 碳氮共渗

在奥氏体状态下同时将碳、氮原子渗入工件表层，并以渗碳为主的化学热处理工艺称为碳氮共渗。根据共渗温度不同，可分为低温（520~580℃）、中温（760~880℃）和高温（900~950℃）碳氮共渗。碳氮共渗的目的主要是提高工件表层的硬度和耐磨性，其共渗层比渗碳层的硬度、耐磨性和抗疲劳性更高，因此碳氮共渗广泛应用于自行车、缝纫机、仪表零件，齿轮、轴类、模具、量具等的表面处理。

第八节　热处理新技术简介

一、形变热处理

形变热处理是将塑性变形与热处理工艺结合，以提高工件力学性能的复合工艺。工件经形变热处理后，可以获得形变强化和相变强化综合效果。这种工艺既可提高钢的强度，改善其塑性和韧性，又可节能，因此，在生产中得到了广泛的应用。例如，将钢加热至Ac_3以上（图2-25），获得奥氏体组织，保持一定时间后，冷至一定温度范围进行形变，然后马上淬火获得马氏体组织，最后在适当温度回火，可获得很高的强韧性。钢件形变热处理后一般可将其强度提高10%~30%，塑性提高40%~50%，冲击韧度提高1~2倍，并使钢件具有高的抗脆断能

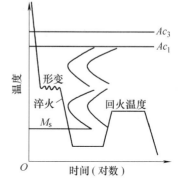

图2-25　形变热处理工艺示意图

力，该工艺方法广泛用于结构钢、工具钢工件，用于工件锻后余热淬火、热轧淬火等工艺。

二、真空热处理

在低于一个大气压（10^{-1}~10^{-3}Pa）的环境中加热的热处理工艺，称为真空热处理。它包括真空退火、真空淬火、真空回火、真空渗碳等。真空热处理可以避免氧化、脱碳，可以实现光亮处理。真空热处理的特点是：第一，热处理变形小。因为真空加热缓慢而且均匀，故热处理变形小；第二，提高工件表面力学性能，延长工件使用寿命；第三，节省能源，减少污染，劳动条件好；第四，真空热处理设备造价较高，主要用于工模具、精密零件的热处理。

三、可控气氛热处理

为了达到无氧化、无脱碳或按要求增碳，工件在炉气成分可控的加热炉中进行的热处理称为可控气氛热处理。它的主要目的是减少和防止工件加热时的氧化和脱碳，提高工件尺寸精度和表面质量，节约钢材，控制渗碳时渗层碳的质量分数，而且还可使脱碳工件重新复碳。

可控气氛热处理设备通常由制备可控气氛的发生器和进行热处理的加热炉两部分组成。目前应用较多的是吸热式气氛、放热式气氛及滴注式气氛等。

【拓展知识——穿透渗碳处理】　某些形状复杂且要求高弹性或高强度的工件，如果用高碳钢制造时，成形加工难度较大，而用低碳钢冲压成形后，再进行穿透渗碳处理，就可获得高碳钢的性能，这样就可以代替高碳钢，革新某些零件的加工流程。

四、激光热处理

激光是一种具有极高能量密度、高亮度性、高单色性和高方向性的光源。利用激光作为热源的热处理称为激光热处理，其中应用最多是激光淬火。激光淬火是以激光作为能源，以极快的速度加热工件的自冷淬火。目前激光淬火广泛应用于汽车制造工业，如内燃机缸套、曲轴、活塞环、换向器、齿轮等零部件的表面淬火等。

激光淬火具有工件处理质量高，表面光洁，变形极小，且无工业污染，易实现自动化的特点。激光淬火适用于各种复杂工件的表面淬火，还可以进行工件局部表面的合金化处理等。但是，激光器价格昂贵，生产成本较高，故其应用受到一定限制。同时在生产过程中不够安全，容易对人的眼睛造成危害，操作时要注意安全。

五、电子束淬火

电子束淬火是以电子束作为热源，以极快的速度加热工件的自冷淬火。电子束的能量远高于激光，而且其能量利用率也高于激光热处理，可达80%。此外，电子束表面淬火质量高，淬火过程中工件基体性能几乎不受影响，因此是很有前途的热处理新技术。

第九节　热处理工艺应用

热处理工艺是改善金属或合金性能的主要方法之一，广泛应用于机械制造中。此外，在进行零件的结构设计、材料选择、制定零件的加工工艺流程以及分析零件质量时，也经常涉及热处理问题。热处理工艺穿插在机械零件制造过程的加工工序之间，因此，科学合理地安排热处理的工序位置和相关技术以及对零件热处理结构工艺性进行优化设计是非常重要的。

一、热处理的技术条件

设计人员在设计零件时，首先应根据零件的工作条件和环境，选择材料，提出零件的性能要求，然后根据这些要求选择热处理工序及其相关技术条件，来满足零件的使用性能要求。因此，在零件图上应标出热处理工艺的名称及有关应达到的力学性能指标。对于一般零件仅需标注出硬度值，对于重要的零件则还应标注出强度、塑性、韧性指标或金相组织状态等要求；对于化学热处理零件不仅要标注出硬度值，还应标注出渗层部位和渗层深度。

【热处理技术条件实例分析】 图 2-26 所示为某一部件上的螺钉定位器零件，分析图中技术要求含义。

分析：①定位器零件要求用 45 钢 $[w(C) = 0.45\%]$ 制造；②螺钉定位器零件需要进行整体调质处理，调质后的布氏硬度应达到 230～250HBW；③螺钉定位器零件尾部进行表面火焰淬火和低温回火，其热处理后的表面硬度应达到 42～48HRC。

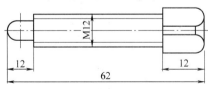

技术要求

1. 材料：45 钢；

2. 整体：调质处理，230～250HBW；

3. 尾部：表面火焰淬火加低温回火，42～48HRC。

图 2-26 螺钉定位器零件热处理技术要求标注

二、热处理的工序位置

机械零件的加工是按照一定的加工工艺流程进行的。合理安排热处理的工序位置，对于保证零件的加工质量和改善其性能具有重要作用。热处理按其工序位置和目的的不同，可分为预备热处理和最终热处理。预备热处理是指为调整原始组织，以保证工件最终热处理或（和）切削加工质量，预先进行的热处理工艺，如退火、正火、调质等；最终热处理是指使钢件达到使用性能要求的热处理，如淬火与回火、表面淬火、渗氮等。下面以车床齿轮为例分析热处理的工序位置和作用。

【热处理工艺应用实例分析】 车床齿轮是传递力矩和转速的重要零件，它主要承受一定的弯曲力和周期性冲击力作用，转速中等，一般选择 45 钢制造。其性能要求是：齿表面耐磨，工作过程中平稳，噪声小。其热处理技术条件是：整体调质处理，硬度 220～250HBW，齿面表面淬火，硬度 50～54HRC。车床齿轮的加工工艺流程如下：

下料→锻造→正火→粗加工→调质→精加工→高频感应淬火→低温回火→精磨→检验→投入使用。

正火的作用是消除齿轮锻造时产生的内应力，细化组织，改善切削加工性。调质的主要作用是保证齿轮心部有足够的强度和韧性，能够承受较大的弯曲应力和冲击载荷，并为表面淬火做好组织准备。高频感应淬火的作用是提高齿表面的硬度、耐磨性和疲劳强度；低温回火的目的是消除淬火应力，防止齿轮磨削加工时产生裂纹，并使齿表面保持高硬度（符合硬度 50～54HRC）和高耐磨性。

三、热处理零件的结构工艺性

零件在热处理过程中，影响其处理质量的因素比较多，如零件的结构工艺性就是主要因素之一。零件在进行热处理时，发生质量问题的主要表现形式是变形与开裂。因此，为了减少零件在热处理过程中发生变形与开裂，在进行零件结构工艺性设计时应注意以下几个方面：

1）避免截面厚薄悬殊，合理设计孔洞和键槽结构。

2）避免尖角与棱角结构。

3）合理采用封闭、对称结构。

4）合理采用组合结构。

图 2-27 列举了几种零件因结构设计不合理导致易开裂的部位以及如何正确设计零件结构的示意图。

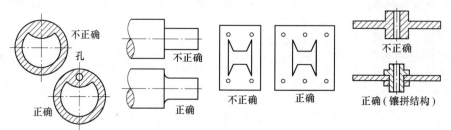

图 2-27　热处理零件结构工艺性示意图

复习与思考

一、填空题

1. 热处理工艺过程由_____、_____和_____三个阶段组成。

2. 整体热处理分为_____、_____、_____和_____等。

3. 共析钢在等温转变过程中，其高温转变产物有：_____、_____和_____。

4. 贝氏体分为_____和_____两种。

5. 常用的退火方法有：_____、_____、_____、_____和_____等。

6. 淬火方法有：_____淬火、_____淬火、_____淬火和_____淬火等。

7. 常用的淬火冷却介质有_____、_____、_____等。

8. 常见的淬火缺陷有_____与_____、_____与_____、_____与_____、_____与_____。

9. 按回火温度范围可将回火分为_____回火、_____回火和_____回火三种。

10. 机械制造过程中常用的时效方法主要有：_____时效、_____时效、_____时效、_____时效和_____时效等。

11. 表面淬火方法有_____淬火、_____淬火、_____淬火、_____淬火等。

12. 感应淬火法，按电流频率的不同，可分为_____、_____和_____三种。而且感应加热电流频率越高，淬硬层越_____。

13. 化学热处理是由_____、_____和_____三个基本过程组成。

14. 化学热处理包括_____、_____、_____和_____等。

15. 根据渗碳时介质的物理状态不同，渗碳方法可分为_____渗碳、_____渗碳和_____渗碳三种。

16. 目前常用的渗氮方法主要有_____渗氮和_____渗氮两种。

二、单项选择题

1. 过冷奥氏体是_____温度下存在，尚未转变的奥氏体。

  A. M_s；   B. M_f；   C. A_1

  2. 为了改善高碳钢（$w(C) > 0.6\%$）的切削加工性能，一般选择_____作为预备热处理。

  A. 正火；   B. 淬火；   C. 退火；   D. 回火

  3. 过共析钢的淬火加热温度应选择在_____，亚共析钢的淬火加热温度则应选择在_____。

  A. $Ac_1 + (30 \sim 50)℃$； B. Ac_{cm}以上； C. $Ac_3 + (30 \sim 50)℃$

  4. 调质处理就是_____的热处理。

  A. 淬火 + 低温回火； B. 淬火 + 中温回火； C. 淬火 + 高温回火

  5. 化学热处理与其他热处理方法的基本区别是_____。

  A. 加热温度；   B. 组织变化；   C. 改变表面化学成分

  6. 零件渗碳后，一般需经_____处理，才能达到表面高硬度和高耐磨性目的。

  A. 淬火 + 低温回火； B. 正火；   C. 调质

三、判断题

1. 高碳钢可用正火代替退火，以改善其切削加工性。（ ）

2. 钢的质量分数越高，其淬火加热温度越高。（ ）

3. 淬火后的钢，随回火温度的提高，其强度和硬度也提高。（ ）

4. 钢的最高淬火硬度，主要取决于钢中奥氏体的碳的质量分数。（ ）

5. 钢的晶粒因过热而粗化时，就有变脆的倾向。（ ）

6. 热应力是指钢件加热和（或）冷却时，由于不同部位出现温差而导致热胀和（或）冷缩不均所产生的内应力。（ ）

7. 自然时效是指金属材料经过冷加工、热加工或固溶处理后，在室温下发生性能随着时间而变化的现象。（ ）

四、简答题

1. 指出 Ac_1、Ac_3、Ac_{cm}；Ar_1、Ar_3、Ar_{cm} 及 A_1、A_3、A_{cm} 之间的关系。

2. 控制奥氏体晶粒长大的措施有哪些？

3. 简述共析钢过冷奥氏体在 $A_1 \sim M_f$ 温度之间不同温度等温时的转变产物及基本性能。

4. 奥氏体、过冷奥氏体与残余奥氏体三者之间有何区别？

5. 完全退火、球化退火与去应力退火在加热温度、室温组织和应用上有何不同？

6. 正火和退火有何差别？简单说明两者的应用范围？

7. 现有经退火后的 45 钢，其室温组织是 F + P，在 700℃、760℃、840℃加热，保温一段时间后水冷，所得到的室温组织各是什么？

8. 淬火的目的是什么？亚共析钢和过共析钢的淬火加热温度应如何选择？

9. 回火的目的是什么？工件淬火后为什么要及时进行回火？

10. 叙述常见的三种回火方法所获得的室温组织、性能及其应用。

11. 渗碳的目的是什么？为什么渗碳后要进行淬火和低温回火？

12. 用低碳钢（20 钢）和中碳钢（45 钢）制造传动齿轮，为了获得表面具有高硬度和高耐磨性，心部具有一定的强度和韧性，各需采取怎样的热处理工艺？热处理后的室温组织有何差别？

13. 为了减少零件在热处理过程中发生变形与开裂，在零件结构工艺性设计时应注意哪些方面？

14. 利用所学知识，解释图 2-28 中热处理工艺曲线的含义。

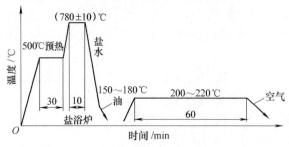

图 2-28　冷冲模淬火工艺曲线

15. 以手锯锯条（T10 钢）或錾子（T8 钢）为例，分析其应该具备的使用性能，并利用本章所学知识，简单地为其制定合理的热处理工艺。

16. 有一磨床用齿轮，采用 45 钢制造，其性能要求是：齿部表面硬度是 52 ~ 58HRC，齿轮心部硬度是 220 ~ 250HBW。齿轮加工工艺流程是：下料→锻造→热处理→切削加工→热处理→切削加工→检验→成品。试分析其中的"热处理"具体指何种工艺？其目的是什么？

五、课外探讨与交流

通过相互交流和讨论，谈谈热处理在日常生活和生产中的应用，必要时可通过生活用品和生产中的实际零件为实例，对其材质、热处理工艺及其所需性能进行综合分析，以提高自己对实际问题的分析能力，并加深对所学知识的理解。

第三章 钢铁材料

【学习目标与学习方法】

本章主要介绍钢铁材料中非合金钢、低合金钢、合金钢、铸铁的分类、牌号、性能及其应用等内容。在学习过程中，第一，要了解钢铁材料的分类和牌号的命名方法；第二，要了解钢铁材料的化学成分与组织和性能之间的一般定性关系，为认识和分析钢铁材料的性能和加工工艺建立感性认识；第三，了解部分钢铁材料在典型零件生产中的应用，为制订加工工艺建立感性经验。

钢铁材料（包括铸铁）是现代工业的骨架，也是应用最广泛的金属材料。钢材按化学成分可分为非合金钢、低合金钢和合金钢三大类。其中非合金钢是指以铁为主要元素，碳的质量分数一般在 2.11% 以下并含有少量其他元素的钢铁材料。为了改善钢的某些性能或使之具有某些特殊性能（如耐蚀、抗氧化、耐磨、热硬性、高淬透性等），在炼钢时有意加入的元素，称为合金元素。含有一种或数种有意添加的合金元素的钢，称为合金钢。

铸铁是碳的质量分数 $w(C) > 2.11\%$，在凝固过程中经历共晶转变，含有较高硅元素及杂质元素含量较多的铁基合金的总称。从化学成分看，铸铁与钢的主要区别在于铸铁比钢含有较高的碳和硅，并且硫、磷杂质含量较高。为了提高铸铁的力学性能或获得某种特殊性能，可通过加入铬、钼、钒、铜、铝等合金元素，形成合金铸铁。

第一节 杂质元素对钢材性能的影响

实际生产中使用的非合金钢除含有碳元素之外，还含有少量的硅、锰、硫、磷、氢等元素。其中硅和锰是钢在冶炼过程中由于加入脱氧剂时残余下来的，而硫、磷、氢等则是从炼钢原料或大气中带入的。这些元素的存在对于钢的组织和性能都有一定的影响，它们通称为杂质元素。

一、硅对钢性能的影响

硅是作为脱氧剂带进钢中的。硅的脱氧作用比锰强，可防止钢中形成 FeO，有利于改善钢的质量。此外，硅能溶于铁素体中，并使铁素体强化，提高钢的强度、硬度和弹性，但降低了钢的塑性和韧性。因此，总的来说，硅是钢中的有益元素。

二、锰对钢性能的影响

锰是炼钢时用锰铁脱氧后残留在钢中的杂质元素。锰具有一定的脱氧能力，能把钢中的 FeO 还原成铁，改善钢的质量。锰还可以与硫化合成 MnS，以减轻硫的有害作用，降低钢的脆性，改善钢的热加工性能。锰能大部分溶解于铁素体中，形成置换固溶体，并使铁素体强化，提高钢的强度和硬度。总的来说，锰也是钢中的有益元素。

三、硫对钢性能的影响

硫是在炼钢时由矿石和燃料带进钢中的，在炼钢时难以除尽。总的来说，硫是钢中的有害杂质元素。在固态下硫不溶于铁，而以 FeS 的形式存在。FeS 与 Fe 能形成低熔点的共晶体（Fe + FeS），其熔点为 985℃，而且分布在晶界上。当钢材在 1 000 ~ 1 200℃进行热压力加工时，由于共晶体熔化，导致钢在热加工时开裂。这种钢在高温时出现脆裂的现象，称为"热脆"。因此，钢中硫的质量分数必须严格控制，我国一般控制在 0.050% 以下。但在易切削钢中可适当地提高硫的质量分数，其目的在于提高钢材的切削加工性。此外，硫对钢的焊接性有不良的影响，容易导致焊缝产生热裂、气孔和疏松。

四、磷对钢性能的影响

磷是由矿石带入钢中的。一般来说，磷在钢中能全部溶于铁素体中，提高铁素体的强度和硬度。但在室温下磷却使钢的塑性和韧性急剧下降，产生低温脆性，这种现象称为"冷脆"。磷是有害元素，钢中磷的质量分数即使只有千分之几，也会因析出脆性金属化合物 Fe_3P 而使钢的脆性增加，在低温时更为显著，因此，要限制磷的质量分数。但在易切削钢中也可适当地提高磷的质量分数，以脆化铁素体，改善钢材的切削加工性。此外，钢中加入适量的磷还可以提高钢材的耐大气腐蚀性能，尤其是在钢中含有适量的铜元素时，其耐大气腐蚀性能更为显著。

五、非金属夹杂物的影响

在炼钢过程中，由于少量炉渣、耐火材料及冶炼中的反应物融入钢液中，形成氧化物、硫化物、硅酸盐、氮化物等非金属夹杂物。非金属夹杂物会降低钢的力学性能，特别是降低塑性、韧性及疲劳强度。严重时还会使钢在热加工与热处理时产生裂纹，或使用时造成钢突然脆断。非金属夹杂物也促使钢形成热加工纤维组织与带状组织，使钢材具有各向异性。严重时横向塑性仅为纵向塑性的一半，并使钢的韧性大大降低。因此，对于弹簧钢、滚动轴承钢、渗碳钢等重要用途的钢，需要检查非金属夹杂物的数量、形状、大小与分布情况，并按相应的等级标准进行评定。

此外，钢在整个冶炼过程中，由于与空气接触，钢液中会吸收一些气体，如氮、氧、氢等。这些气体对钢的质量会产生不良的影响。尤其是氢对钢的危害很大，它使钢变脆（称氢脆），也可使钢产生微裂纹（称白点），严重影响钢的力学性能，使钢容易产生脆断。

【史海考证——泰坦尼克号】　1909 年 3 月 31 日泰坦尼克号（图 3-1）开始建造，1912 年 4 月 10 日从英国南安普敦港出发，向着计划中的目的地美国纽约，开始了"梦幻客轮"的处女航。泰坦尼克号被认为是一个技术成就的杰作。它有两层船底，带 15 道自动水密门隔墙，其中任意 2 个隔舱灌满了水，仍能行驶，4 个隔舱灌满了水，也可以保持漂浮状态。在当时被认为是"根本不可能沉没的船"。1912 年 4 月 14 日晚 11 点 40 分，泰坦尼克号在北大西洋撞上冰山，仅 2 小时 40 分钟后就沉没了，造成了当时最严重的一次航海事故。关于泰坦尼克号迅速沉没的原因有多种，其中之一就是：当时的炼钢技术并不十分成熟，炼出的钢铁按现代的标准就根本不能造船。泰坦尼克号上所使用的钢板含有许多化学杂质硫化锌，再加上长期浸泡在冰冷的海水中，使得钢板更加脆弱。因此，即使设计先进，也未能防止它的沉没。

图 3-1 泰坦尼克号

第二节 非合金钢的分类、牌号及用途

一、非合金钢的分类

非合金钢分类方法有多种，常用的分类方法有以下几种。

1. 按非合金钢的碳的质量分数分类

按碳的质量分数高低分类，非合金钢可分为低碳钢、中碳钢和高碳钢三类（见表3-1）。

表 3-1 低碳钢、中碳钢和高碳钢的定义和典型牌号

名称	定 义	典型牌号
低碳钢	碳的质量分数 w（C）<0.25% 的钢铁材料	08 钢、10 钢、15 钢、20 钢等
中碳钢	碳的质量分数 w（C）=0.25% ~0.60% 的钢铁材料	35 钢、40 钢、45 钢、50 钢、55 钢等
高碳钢	碳的质量分数 w（C）=0.60% ~2.11% 的钢铁材料	65 钢、70 钢、75 钢、80 钢、85 钢等

2. 按非合金钢主要质量等级和主要性能或使用特性分类

按主要质量等级和主要性能或使用特性分类，非合金钢可分为：普通质量非合金钢、优质非合金钢和特殊质量非合金钢三类（见表3-2）。

表 3-2 普通质量非合金钢、优质非合金钢和特殊质量非合金钢的定义和典型牌号

名称	定 义	典型牌号
普通质量非合金钢	对生产过程中控制质量无特殊规定的一般用途的非合金钢	Q195、Q215A、Q215B、Q235A、Q235B、Q275 等
优质非合金钢	除普通质量非合金钢和特殊质量非合金钢以外的非合金钢	35 钢、40 钢、45 钢、50 钢、55 钢、65 钢、70 钢、75 钢、80 钢、85 钢等
特殊质量非合金钢	在生产过程中需要特别严格控制质量和性能（如控制淬透性和纯洁度）的非合金钢	T7、T7A、T8、T8A、T9、T10、T10A、T12、T12A 等

3. 按非合金钢的用途分类

按非合金钢的用途分类，可分为碳素结构钢和碳素工具钢。

（1）碳素结构钢　碳素结构钢主要用于制造各种机械零件和工程结构件，其碳的质量分数一般都小于 0.70%。此类钢常用于制造齿轮、轴、螺母、弹簧、连杆等机械零件，用于制作桥梁、船舶、建筑等工程结构件。

（2）碳素工具钢　碳素工具钢主要用于制造工具，如制作刃具、模具、量具等，其碳的质量分数一般都大于 0.70%。

4. 非合金钢的其他分类方法

非合金钢还可以从其他角度进行分类，例如，按专业分类，可分为：锅炉用钢、桥梁用钢、矿用钢等；按冶炼方法等进行分类，可分为：氧气转炉钢、电弧炉钢等。

二、普通质量非合金钢的牌号及用途

普通质量非合金钢中应用最多的是碳素结构钢，其牌号由屈服强度字母、屈服强度数值、质量等级符号、脱氧方法等四部分按顺序组成。质量等级分 A、B、C、D 四级，质量依次提高。屈服强度用"屈"的汉语拼音字母"Q"和一组数字表示；脱氧方法用 F、Z、TZ 分别表示沸腾钢、镇静钢、特殊镇静钢。在牌号中"Z"可以省略。例如，Q235-AF，表示屈服强度大于 235MPa，质量为 A 级的沸腾碳素结构钢。碳素结构钢的牌号、化学成分、力学性能及用途见表 3-3。

表 3-3　碳素结构钢的牌号、化学成分和力学性能（板材厚度小于 16mm）

牌号	质量等级	$w(C)(\%)$	R_{eH}/MPa	R_m/MPa	$A(\%)$	脱氧方法
Q195		≤0.12	≥(195)	315～430	≥33	F、Z
Q215A	A	≤0.15	≥215	335～450	≥31	F、Z
Q215B	B	≤0.15	≥215	335～450	≥31	F、Z
Q235A	A	≤0.22	≥235	370～500	≥26	F、Z
Q235B	B	≤0.20	≥235	370～500	≥26	F、Z
Q235C	C	≤0.17	≥235	370～500	≥26	Z
Q235D	D	≤0.17	≥235	370～500	≥26	TZ
Q275	A	≤0.24	≥275	410～540	≥22	F、Z

碳素结构钢的碳的质量分数 $w(C) = 0.06\% \sim 0.38\%$，通常轧制成板材、线材（图 3-2）及各种型材（图 3-3），是用量最大的钢种。碳素结构钢中有害杂质相对较多，价格便宜，多用于制作要求不高的机械零件和一般结构件。Q195 系列和 Q215 系列塑性好，常用于制作薄板、焊接钢管、铁丝、铁钉、铆钉、垫圈、地脚螺栓、冲压件、屋面板、烟囱等；Q235系列常用于制作薄板、中板、型钢、钢筋、钢管、铆钉、螺栓、连杆、销、小轴、法兰盘、机壳、桥梁与建筑结构件、焊接结构件等；Q275 系列强度较高，常用于制作要求高强度的拉杆、连杆、键、轴、销钉等。

三、优质非合金钢的牌号及用途

优质非合金钢中应用最多的是优质碳素结构钢，其牌号用两位数字表示，两位数字表示该钢的平均碳的质量分数的万分之几（以 0.01% 为单位），如 45 钢表示平均碳的质量分数 $w(C) = 0.45\%$ 的优质碳素结构钢；08 表示平均碳的质量分数 $w(C) = 0.08\%$ 的优质碳素结构钢。如果是沸腾钢，则在数字后分别加"F"，如 08F 等。

图 3-2　线材

图 3-3　型材

优质碳素结构钢主要有：08F 钢或 08 钢、10F 钢或 10 钢、15 钢、20 钢、25 钢、30 钢、35 钢、40 钢、45 钢、50 钢、55 钢、60 钢、65 钢、70 钢、75 钢、80 钢和 85 钢。它们可分为：冷冲压钢、渗碳钢、调质钢和弹簧钢。

（1）冷冲压钢　冷冲压钢碳的质量分数低，塑性好，强度低，焊接性能好，主要用于制作薄板，用于制造冷冲压零件和焊接件，常用钢种有 08 钢、10 钢和 15 钢。

（2）渗碳钢　渗碳钢强度较低，塑性和韧性较高，冷冲压性能和焊接性能好，可以制造各种受力不大但要求高韧性的零件，如焊接容器与焊接件、螺钉、杆件、轴套、冷冲压件等。这类钢经渗碳淬火后，表面硬度可达 60HRC 以上，表面耐磨性较好，而心部具有一定的强度和良好的韧性，可用于制造要求表面硬度高、耐磨，并承受冲击载荷的零件。常用钢种有 15 钢、20 钢、25 钢等。

（3）调质钢　调质钢经过热处理后具有良好的综合力学性能，主要用于制作要求强度、塑性、韧性都较高的零件，如齿轮（图 3-4）、套筒、轴类等零件。这类钢在机械制造中应用广泛，特别是 40 钢、45 钢在机械零件中应用更广泛。常用钢种有 30 钢、35 钢、40 钢、45 钢、50 钢、55 钢等。

（4）弹簧钢　弹簧钢经热处理后可获得较高的弹性极限，主要用于制造尺寸较小的弹簧、弹性零件及耐磨零件，如机车车辆及汽车上的螺旋弹簧（图 3-5）、板弹簧、气门弹簧、弹簧发条等。常用钢种有 60 钢、65 钢、70 钢、75 钢、80 钢、85 钢等。

图 3-4　齿轮与齿轮轴

图 3-5　弹簧

【史海考证——交战中的尴尬局面】 古罗马军团的士兵（见图3-6）在战斗中往往要停下来重新校直他们的刀剑。这种现象可能与制作刀剑的钢的化学成分和内部组织有关。第一种可能是制作刀剑的钢的碳的质量分数低，钢的强度和硬度低；第二种可能是刀剑热处理不合理（淬火不正确），或没有淬火。

图3-6　古罗马军队

四、其他专用优质非合金钢的牌号及用途

在优质碳素结构钢基础上发展了一些专门用途的钢，如易切削钢、锅炉用钢、矿用钢、钢轨钢、桥梁钢等。专门用途钢的牌号表示方法是在钢号的首部或尾部用符号标明其用途，如25MnK即表示在25Mn钢的基础上发展起来的矿用钢，钢中平均碳的质量分数 $w(C) = 0.25\%$，锰的质量分数较高。常用钢材名称及其用途表示符号见表3-4。

表3-4　常用钢材名称及其用途表示符号

名称	汉字	符号	在钢号中的位置	名称	汉字	符号	在钢号中的位置
易切削钢	易	Y	头	碳素结构钢	屈	Q	头
钢轨钢	轨	U	头	低合金高强度钢	屈	Q	头
焊接用钢	焊	H	头	铸造用生铁	铸	Z	头
塑料模具钢	塑模	SM	头	矿用钢	矿	K	尾
地质钻探钢管用钢	地质	DZ	头	桥梁用钢	桥	Q	尾
车辆车轴用钢	辆轴	LZ	头	锅炉用钢（管）	锅	G	尾
机车车轴用钢	机轴	JZ	头	锅炉和压力容器用钢	容	R	尾
（滚珠）轴承钢	滚	G	头	汽车大梁用钢	梁	L	尾
低温压力容器用钢	低容	DR	尾	耐候钢	耐候	NH	尾
非调质机械结构钢	非	F	头	焊接气瓶用钢	焊瓶	HP	头
电磁纯铁	电铁	DT	头	保证淬透性钢		H	尾
碳素工具钢	碳	T	头	沸腾钢	沸	F	尾
冷镦钢（铆螺钢）	铆螺	ML	头	镇静钢	镇	Z	尾
船用锚链钢	船锚	CM	头	半镇静钢	半	b	尾
管线用钢	管线	L	头	特殊镇静钢	特镇	TZ	尾
船用钢		用国际符号					

1. 易切削钢

易切削钢是钢中加入一种或几种元素，利用其本身或与其他元素形成一种对切削加工有利的夹杂物，来改善钢材的切削加工性的钢材。易切削钢中常加入的元素有：硫（S）、磷（P）、铅（Pb）、钙（Ca）、硒（Se）、碲（Te）、锰（Mn）等，它们使钢内形成大量的夹杂物（如 MnS 等），切削时这些夹杂物可起断屑的作用，从而减少动力损耗。另外，硫化物在切削过程中还有一定的润滑作用，可以减小刀具与零件表面的摩擦，延长刀具的使用寿命。适当提高磷的质量分数，可以使铁素体脆化，也能提高钢材的切削性能。易切削钢适合在自动机床上进行高速切削制作通用零件，如 Y45Ca 钢适合于高速切削加工，其生产率比45 钢提高一倍以上，常用于制造齿轮轴、外花键等零件。

易切削钢的牌号以"Y＋数字"表示，Y 是"易"字汉语拼音首位字母，数字为钢中平均碳的质量分数的万分之几，如 Y12 表示其平均碳的质量分数 $w(C) = 0.12\%$ 的易切削钢；锰的质量分数较高的易切削钢，在钢号后附加 Mn，如 Y40Mn 等。

目前，易切削钢主要用于制造受力较小、不太重要的大批生产的标准件，如螺钉（图3-7）、螺母，垫圈、垫片，缝纫机、计算机和仪表零件等。此外，还用于制造炮弹的弹头、炸弹壳（图3-8）等，使之在爆炸时碎裂成更多的弹片来杀伤敌人。常用易切削钢有：Y12 钢、Y20 钢、Y30 钢、Y35 钢、Y40Mn 钢、Y45Ca 钢等。

图3-7 螺钉

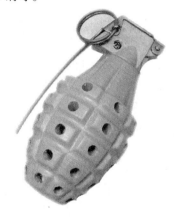

图3-8 手雷

2. 锅炉用钢

锅炉用钢是在优质碳素结构钢的基础上发展起来的专门用于制作锅炉构件的钢种，如20G、22MnG、16MnG 等。锅炉用钢要求化学成分与力学性能均匀，经冷成形后在长期存放和使用过程中，仍能保证足够高的韧性。

3. 焊接用钢

焊接用钢（焊芯、实芯焊丝）牌号用"H"表示，"H"后面的一位或两位数字表示碳的质量分数的万分数；化学符号及其后面的数字表示该元素平均质量分数的百分数（若含量小于1%，则不标明数字）；"A"表示优质（即焊接用钢中 S、P 含量比普通钢低）；"E"表示高级优质（即焊接用钢中 S、P 含量比普通钢更低）。例如，H08MnA 中，H 表示焊接用钢，08 表示碳的质量分数为 0.08%，Mn 表示锰的质量分数为 1%，A 表示优质焊接用钢。常用焊接用钢有：H08、H08E、H08MnA、H08Mn2、H10MnSi 等。

4. 铸造非合金钢

在生产中有许多形状复杂的零件，很难用锻压等方法成形，用铸铁铸造又难以满足力学性能要求，这时常选用铸钢，并采用铸造成形方法来获得铸钢件。铸造非合金钢包括一般工程用铸造碳钢和焊接结构用碳素铸钢。铸造非合金钢广泛用于制造重型机械的结构件，如箱体、曲轴、连杆（图3-9）、轧钢机机架、水压机横梁、锻锤砧座等。铸造非合金钢碳的质量分数一般在 0.20% ~ 0.60% 之间，若碳的质量分数过高，则钢的塑性差，且铸造时易产生裂纹。

图3-9　连杆

一般工程用铸造碳钢的牌号是用"铸钢"两字的汉语拼音字首"ZG"后面加两组数字组成，第一组数字代表屈服强度的最低值，第二组数字代表抗拉强度的最低值。例如，ZG200-400 表示屈服强度不小于200MPa，抗拉强度不小于400MPa 的一般工程用铸造碳钢。一般工程用铸造碳钢的牌号有：ZG200-400、ZG230-450、ZG270-500、ZG310-570 和ZG340-640。

焊接结构用碳素铸钢的牌号表示方法与一般工程用铸造碳钢的牌号基本相同，所不同的是需要在数字后面加注字母"H"，如 ZG200-400H、ZG230-450H、ZG275-485H 等。

五、特殊质量非合金钢的牌号及用途

特殊质量非合金钢中应用最多的是碳素工具钢。碳素工具钢是用于制造刀具、模具和量具的钢。由于大多数工具都要求高硬度和耐磨性好，故碳素工具钢碳的质量分数都在 0.7% 以上，而且此类钢都是优质钢和高级优质钢，有害杂质元素（S、P）含量较少，质量较高。

碳素工具钢的牌号以碳的汉语拼音字首"T"开头，其后的数字表示平均碳的质量分数的千分数。例如，T8 表示平均碳的质量分数为 $w(C) = 0.80\%$ 的碳素工具钢。如果是高级优质碳素工具钢，则在钢的牌号后面标以字母 A，如 T12A 表示平均碳的质量分数为 $w(C) = 1.20\%$ 的高级优质碳素工具钢。碳素工具钢随着碳的质量分数的增加，其硬度和耐磨性提高，韧性下降。高级优质碳素工具钢由于含杂质和非金属夹杂物少，适于制造重要的要求较高的工具。碳素工具钢的牌号、成分、硬度和用途见表3-5。

表3-5　碳素工具钢的牌号、化学成分、硬度及用途

牌号	化学成分(质量分数,%)			试样淬火水冷	用途举例
	$w(C)$	$w(Si)$	$w(Mn)$		
T7 T7A	0.65 ~ 0.74	≤0.35	≤0.40	800 ~ 820℃ ≥62HRC	用做能承受冲击、韧性较好、硬度适当的工具,如扁铲、手钳、大锤、旋具、木工工具等
T8 T8A	0.75 ~ 0.84	≤0.35	≤0.40	800 ~ 820℃ ≥62HRC	用做能承受冲击、要求具有较高硬度与耐磨性的工具,如冲头、压缩空气锤工具及木工工具等
T10 T10A	0.95 ~ 1.04	≤0.35	≤0.40	760 ~ 780℃ ≥62HRC	用做不受剧烈冲击、要求具有高硬度与耐磨性的工具,如车刀、刨刀、冲头、丝锥、钻头、手锯锯条等
T12 T12A	1.15 ~ 1.24	≤0.35	≤0.40	760 ~ 780℃ ≥62HRC	用做不受冲击、要求具有高硬度、高耐磨性的工具,如锉刀、刮刀、精车刀、丝锥、量规等

第三节 合金元素在钢材中的作用

对于要求高强度、高淬透性、高耐磨性或特殊性能要求的零件，必须采用性能优异的低合金钢和合金钢。低合金钢和合金钢中加入的合金元素主要有：硅（Si）、锰（Mn）、铬（Cr）、镍（Ni）、钨（W）、钼（Mo）、钒（V）、钛（Ti）、铌（Nb）、钴（Co）、铝（Al）、硼（B）及稀土元素（RE）等。

一、合金元素在钢材中的存在形式及作用

合金元素在钢中主要以两种形式存在，一种形式是溶入铁素体中形成合金铁素体；另一种形式是与碳化合形成合金碳化物。

（一）合金铁素体

大多数合金元素都能不同程度地溶入铁素体中。溶入铁素体的合金元素，由于它们的原子大小及晶格类型与铁不同，使铁素体晶格发生不同程度的畸变，其结果使铁素体的强度、硬度提高，当合金元素超过一定的质量分数后，铁素体的韧性和塑性会显著降低。

与铁素体有相同晶格类型的合金元素（如 Cr、Mo、W、V、Nb 等）强化铁素体的作用较弱；而与铁素体具有不同晶格类型的合金元素（如 Si、Mn、Ni 等）强化铁素体的作用较强。

（二）合金碳化物

根据合金元素与碳之间的相互作用，可将合金元素分为形成碳化物的合金元素和不形成碳化物的合金元素。不形成碳化物的合金元素，如 Si、Al、Ni 及 Co 等，只以原子状态存在于铁素体或奥氏体中。形成碳化物的合金元素，按它们与碳结合的能力，由强到弱的排列次序是：Ti、Nb、V、W、Mo、Cr、Mn 和 Fe，所形成的合金碳化物有：TiC、NbC、VC、WC、Cr_7C_3、$(Fe,Cr)_3C$ 及 $(Fe,Mn)_3C$ 等。合金碳化物具有很高的硬度，提高了钢的强度、硬度和耐磨性。

二、合金元素对钢材的热处理和力学性能的影响

合金元素对钢的有利作用，主要是通过影响热处理工艺中的相变过程显示出来。因此，合金钢的优越性大多要通过热处理才能充分发挥出来。

（一）合金元素对钢加热转变的影响

合金钢的奥氏体形成过程，基本上与非合金钢相同，也包括奥氏体的晶核形成、晶核长大、合金碳化物的溶解和奥氏体的化学成分均匀化四个阶段。在奥氏体形成过程中，除 Fe、C 原子扩散外，还有合金元素原子的扩散。由于合金元素的扩散速度较慢，大多数合金元素（除 Ni、Co 外）均减慢碳的扩散速度，加之合金碳化物比较稳定，不易溶入奥氏体中，因此，合金元素在不同程度上减缓了奥氏体的形成过程。所以，为了获得均匀的奥氏体，大多数合金钢需加热到更高的温度，并保温更长的时间。

此外，大多数合金元素有阻碍奥氏体晶粒长大的作用（Mn 和 B 除外），而且合金元素阻碍奥氏体晶粒长大的过程是通过合金碳化物实现的。在合金钢中合金碳化物以弥散质点的形式分布在奥氏体晶界上，机械地阻碍奥氏体晶粒长大。因此，大多数合金钢在加热时不易过热，这样有利于合金钢淬火后获得细马氏体组织，也有利于通过适当提高加热温度，使奥氏体中溶入更多的合金元素，以提高钢的淬透性和力学性能。

（二）合金元素对回火转变的影响

合金元素对钢回火时组织与性能的变化有不同程度的影响，主要表现在合金元素可提高钢的耐回火性，有些合金元素还造成二次硬化现象和产生回火脆性。

1. 提高钢的耐回火性

合金钢与非合金钢相比，回火的各个转变过程都将推迟到更高的温度。在相同的回火温度下，合金钢的硬度高于非合金钢，使钢在较高温度下回火时仍能保持高硬度，这种淬火钢件在回火时抵抗软化的能力，称为耐回火性（或回火稳定性）。一般合金钢都有较好的耐回火性。合金钢可通过回火过程更好地消除内应力，提高钢的韧性，因此，合金钢具有更好的综合力学性能，如图 3-10 所示。

2. 产生二次硬化

某些含有较多 W、Mo、V、Cr、Ti 元素的合金钢，在 500～600℃ 高温回火时，高硬度的合金碳化物（W_2C、Mo_2C、VC、Cr_7C_3、TiC 等）以弥散的小颗粒状态析出，使钢的硬度升高。合金钢在一次或多次回火后提高其硬度的现象称为二次硬化，如图 3-11 所示。高速工具钢和高铬钢在回火时都会产生二次硬化现象，这种现象对于提高它们的热硬性具有重要作用。

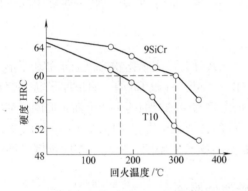

图 3-10　合金钢和非合金钢的硬度
与回火温度的关系

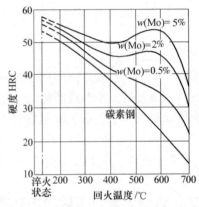

图 3-11　钼元素对钢回火硬度的
影响 $[w(C)=0.35\%]$

综上所述，合金钢的力学性能比非合金钢好，主要是因为合金元素提高了钢的淬透性和耐回火性以及细化了奥氏体晶粒，使铁素体固溶强化效果增强所致。由于合金元素的作用大多要通过热处理才能发挥出来，因此，合金钢在使用时大多要进行热处理。

【拓展知识——稀土】　我国是世界上稀土矿产资源最丰富的国家，工业储量是国外已探明的总储量的 5 倍。国内主要产地是内蒙古、山西、江西、湖南和广东。稀土是镧、铈、镨、钕、铕、钇等 17 种金属的总称。其中含量最高的是铈，这些元素总是共生在一起。稀土可以显著地提高耐热钢、不锈钢、工具钢、磁性材料、超导材料、铸铁等的使用性能，所以，材料专家称稀土是金属材料的"维生素"和"味精"，是未来的战略性资源。

第四节 低合金钢和合金钢的分类、牌号及用途

一、低合金钢和合金钢的分类

（一）低合金钢的分类

低合金钢的分类是按其主要质量等级和主要性能或使用特性分类的。

1. 低合金钢按主要质量等级分类

按主要质量等级分类，低合金钢可分为普通质量低合金钢、优质低合金钢和特殊质量低合金钢三类（见表3-6）。

表3-6 普通质量低合金钢、优质低合金钢和特殊质量低合金钢的定义和包含种类

名称	定 义	包 含 种 类
普通质量低合金钢	不规定在生产过程中需要特别控制质量要求的供作一般用途的低合金钢	一般用途低合金结构钢、低合金钢筋钢、铁道用一般低合金钢、矿用一般低合金钢等
优质低合金钢	除普通质量低合金钢和特殊质量低合金钢以外的低合金钢	可焊接的低合金高强度钢、锅炉和压力容器用低合金钢、造船用低合金钢、汽车用低合金钢、桥梁用低合金钢、自行车用低合金钢、低合金耐候钢、铁道用低合金钢、矿用低合金钢、输油、输气管线用低合金钢等
特殊质量低合金钢	在生产过程中需要特别严格控制质量和性能（特别是严格控制硫、磷等杂质含量和纯洁度）的低合金钢	核能用低合金钢、保证厚度方向性能低合金钢、铁道用低合金车轮钢、低温用低合金钢、舰船兵器等专用特殊低合金钢等

2. 低合金钢按主要性能及使用特性分类

按主要性能及使用特性分类，低合金钢可分为可焊接的低合金高强度结构钢、低合金耐候钢（如 Q295GNH、Q235NH 等）、低合金钢筋钢（如 20MnSi 等）、铁道用低合金钢（如低合金重轨钢 U70Mn、U71MnSiCu 等，铁路用异型钢等）、矿用低合金钢（如 20MnVK 等）和其他低合金钢。

（二）合金钢的分类

合金钢中合金元素规定质量分数界限值总量是 $w(\mathrm{Me}) \geqslant 5.43\%$。合金钢按其主要质量等级和主要性能或使用特性分类。

1. 合金钢按主要质量等级分类

按主要质量等级分类，合金钢可分为优质合金钢和特殊质量合金钢两类（见表3-7）。

表3-7 优质合金钢和特殊质量合金钢的定义和包含种类

名称	定 义	包 含 种 类
优质合金钢	在生产过程中需要特别控制质量和性能，但其生产控制和质量要求不如特殊质量合金钢严格的合金钢	一般工程结构用合金钢、合金钢筋钢、不规定磁导率的电工用硅（铝）钢、铁道用合金钢、地质、石油钻探用合金钢、耐磨钢和硅锰弹簧钢

（续）

名称	定　　义	包　含　种　类
特殊质量合金钢	在生产过程中需要特别严格控制质量和性能的合金钢。除优质合金钢以外的所有其他合金钢都为特殊质量合金钢	压力容器用合金钢,经热处理的合金钢筋钢,经热处理的地质、石油钻探用合金钢,合金结构钢,合金弹簧钢,不锈钢,耐热钢,合金工具钢,高速工具钢,轴承钢,高电阻电热钢和合金,无磁钢,永磁钢

2. 合金钢按主要性能及使用特性分类

按主要性能及使用特性分类,合金钢可分为工程结构用合金钢（如一般工程结构用合金钢、合金钢筋钢、高锰耐磨钢等）;机结构用合金钢（如调质处理合金结构钢、表面硬化合金结构钢、合金弹簧钢等）;不锈、耐蚀和耐热钢（如不锈钢、抗氧化钢和热强钢等）;工具钢（如合金工具钢、高速工具钢）;轴承钢（如高碳铬轴承钢、不锈轴承钢等）;特殊物理性能钢,如软磁钢、永磁钢、无磁钢（如0Cr16Ni14）等;其他,如铁道用合金钢等。

二、低合金钢和合金钢的牌号

（一）低合金高强度结构钢的牌号

低合金高强度结构钢的牌号由代表屈服强度的汉语拼音首位字母、屈服强度数值、质量等级符号（A、B、C、D、E）三个部分按顺序组成。例如,Q390A 表示屈服强度≥390MPa,质量为 A 级的低合金高强度结构钢。

专用结构钢一般在低合金高强度结构钢牌号表示方法的基础上附加钢产品的用途符号,如 Q234HP 表示焊接气瓶用钢、Q345R 表示压力容器用钢、Q390G 表示锅炉用钢、Q420Q 表示桥梁用钢等。

（二）合金钢（包括部分低合金结构钢）的牌号

我国合金钢的编号是按照合金钢中碳的质量分数及所含合金元素的种类（元素符号）和其质量分数来编制的。一般牌号的首部是表示其平均碳的质量分数的数字,数字含义与优质碳素结构钢是一致的。对于结构钢,数字表示平均碳的质量分数的万分之几;对于工具钢数字表示平均碳的质量分数的千分之几。当合金钢中某种合金元素（Me）的平均质量分数 $w(Me) < 1.5\%$ 时,牌号中仅标出合金元素符号,不标明其含量;当 $1.5\% \leqslant w(Me) < 2.49\%$ 时,在该元素后面相应地用整数"2"表示其平均质量分数;当 $2.49\% \leqslant w(Me) < 3.49\%$ 时,在该元素后面相应地用整数"3"表示其平均质量分数,以此类推。

1. 合金结构钢的牌号

我国合金结构钢的牌号编写方法是采用"二位数字 + 合金元素符号 + 数字"。前面的"二位数字"表示合金结构钢的平均碳的质量分数的万分之几;后面的"数字"表示所含合金元素的平均质量分数的百分之几。例如,60Si2Mn 表示 $w(C) = 0.60\%$、$w(Si) = 2\%$、$w(Mn) < 1.5\%$ 的合金结构钢。钢中钒、钛、铝、硼、稀土等合金元素,虽然含量很低,仍然需要在钢中标出,如 40MnVB 钢、25MnTiBRE 钢等。

如果合金结构钢为高级优质钢,则在钢的牌号后面加"A",如 60Si2MnA;如果为特级优质钢,则在钢的牌号后面加"E"。

2. 合金工具钢的牌号

我国合金工具钢的牌号编写方法大致与合金结构钢相同，但碳的质量分数的表示方法有所不同。当合金工具钢中 $w(C) < 1.0\%$ 时，牌号前的"数字"以千分之几（一位数）表示；当合金工具钢中 $w(C) \geqslant 1\%$ 时，为了避免与合金结构钢相混淆，牌号前不标出碳的质量分数的数字。例如，9Mn2V 表示 $w(C) = 0.9\%$，$w(Mn) = 2\%$、$w(V) < 1.5\%$ 的合金工具钢；CrWMn 表示钢中 $w(C) \geqslant 1.0\%$、$w(Cr) < 1.5\%$、$w(W) < 1.5\%$、$w(Mn) < 1.5\%$ 的合金工具钢；高速钢的 $w(C) = 0.7\% \sim 1.5\%$，但在高速钢的牌号中不标出碳的质量分数值，如 W18Cr4V 钢。

3. 高碳铬轴承钢的牌号

高碳铬轴承钢牌号前面冠以汉语拼音字母"G"，其后为铬元素符号 Cr，铬的质量分数以千分之几表示，其余合金元素与合金结构钢牌号规定相同，如 GCr04 钢、GCr15 钢、GCr15SiMn 钢等。

4. 不锈钢和耐热钢的牌号

根据 GB/T 20878—2007 规定，不锈钢和耐热钢的牌号表示方法与合金结构钢基本相同，当 $w(C) \geqslant 0.04\%$ 时，推荐取两位小数，如 10Cr17Mn9Ni4N 钢；当 $w(C) \leqslant 0.03\%$ 时，推荐取 3 位小数，如 022Cr17Ni7N 钢。

三、钢铁及合金牌号统一数字代号体系（GB/T 17616—2013）

钢铁及合金牌号统一数字代号体系（GB/T 17616—2013），简称"ISC"。它规定了钢铁及合金产品统一数字代号的编制原则、结构分类、管理及体系表等内容。该标准适用于钢铁及合金产品牌号编制统一数字代号。凡列入国家标准和行业标准的钢铁及合金产品应同时列入产品牌号和统一数字代号，相互对照，两种表示方法均为有效。

统一数字代号由固定的 6 位数组成，如图 3-12 所示。左边第一位用大写的拉丁字母作前缀（一般不使用"I"和"O"字母），后接 5 位阿拉伯数字，如"A×××××"表示合金结构钢，"B×××××"表示轴承钢，"L×××××"表示低合金钢，"S×××××"表示不锈钢和耐热钢，"T×××××"表示工模具钢，"U×××××"表示非合金钢。

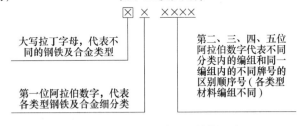

图 3-12　统一数字代号的结构型式

每一个数字代号只适用于一个产品牌号；反之，每一个产品牌号只对应于一个统一数字代号。当产品牌号取消后，一般情况下，原对应的统一数字代号不再分配给另一个产品牌号。

第一位阿拉伯数字有 0～9，对于不同类型的钢铁及合金，每一个数字所代表的含义各不相同。例如，在合金结构钢中，数字"0"代表 Mn（×）、MnMo（×）系钢，数字"1"代表 SiMn（×）、SiMnMo（×）系钢，数字"4"代表 CrNi（×）系钢等。

四、低合金钢

低合金钢是一类焊接性较好的低碳低合金结构用钢，大多数在热轧或正火状态下使用。

（一）低合金高强度结构钢

低合金高强度结构钢的合金元素以锰、钒、钛、铝、铌等元素为主，一般合金元素的总的质量分数不超过3%。与非合金钢相比，低合金高强度结构钢具有较高的强度、韧性、耐蚀性及良好的焊接性，而且其价格与非合金钢接近。低合金高强度结构钢广泛用于制造桥梁、车辆、船舶、建筑等。GB/T 1591—2008颁布了低合金高强度结构钢新标准，新旧标准对比及用途见表3-8。

表3-8 新标准低合金高强度结构钢与旧标准低合金高强度结构钢牌号对照及用途

新标准	旧标准	用　途
Q345	12MnV、14MnNb、16Mn、18Nb、16MnRE	船舶、铁路车辆、桥梁、管道、锅炉、压力容器、石油贮罐、起重及矿山机械、电站设备、厂房钢架等
Q390	15MnTi、16MnNb、10MnPNbRE、15MnV	中高压锅炉汽包、中高压石油化工容器、大型船舶、桥梁、车辆、起重机及其他较高载荷的焊接结构件等
Q420	15MnVN、14MnVTiRE	大型船舶、桥梁、电站设备、起重机械、机车车辆、中压或高压锅炉及容器的大型焊接结构件等
Q460		大型建筑钢结构，经淬火加回火后，用于大型挖掘机、起重机运输机械、钻井平台等

在GB/T 1591—2008中还设立了Q420、Q460、Q500、Q550、Q620、Q690六个牌号。

（二）低合金耐候钢

耐候钢是指耐大气腐蚀钢。它是在低碳非合金钢的基础上加入少量铜、铬、镍、钼等合金元素，使钢表面形成一层保护膜的钢材。为了进一步改善耐候钢的性能，还可加入微量的铌、钛、钒、锆等元素。我国目前使用的耐候钢分为焊接结构用耐候钢和高耐候性结构钢两大类。

焊接结构用耐候钢的牌号是由"Q＋数字＋NH"组成。其中"Q"是"屈"字汉语拼音字母的字首，数字表示钢的最低屈服强度数值，字母"NH"是"耐候"二字汉语拼音字母的字首，牌号后缀质量等级代号（C、D、E），如Q355NHC表示屈服强度大于355MPa，质量等级为C级的焊接结构用耐候钢。焊接结构用耐候钢适用于桥梁、建筑及其他要求耐候性的钢结构。

高耐候性结构钢的牌号是由"Q＋数字＋GNH"组成。与焊接结构用耐候钢不同的是"GNH"表示"高耐候"三字汉语拼音字母的字首。含Cr、Ni元素的高耐候性结构钢在其牌号后面后缀字母"L"，如Q345GNHL钢。高耐候性结构钢适用于机车车辆（图3-13）、塔架和其他要求高耐候性的钢结构，并可根据不同需要制成螺栓联接、铆接和焊接结构件。

（三）低合金专业用钢

为了适应某些专业的特殊需要，对低合金高强度结构钢的化学成分、加工工艺及性能作相应的调整和补充，从而发展了门类众多的低合金专业用钢，如锅炉用钢、压力容器用钢、船舶用钢、桥梁用钢、汽车用钢、铁道用钢、自行车用钢、矿山用钢、工程建设混凝土及预应力用钢和建筑结构用钢等，其中部分低合金专用钢已纳入国家标准。下面介绍几类专用钢。

图 3-13　和谐号动车组列车

1. 汽车用低合金钢

汽车用低合金钢是用量较大的专业用钢，它主要用于制造汽车大梁、轮辋、托架及车壳等结构件，如汽车大梁用钢 370L 钢、420L 钢、09MnREL 钢、06TiL 钢、08TiL 钢、16MnL 钢、16MnREL 钢等。

2. 低合金钢筋钢

低合金钢筋钢主要是指用于制作建筑钢筋结构的钢，如钢筋混凝土用热处理钢筋（20MnSi 钢）和预应力混凝土用热处理钢筋（如 40Si2Mn 钢、48Si2Mn 钢、45Si2Cr 钢）。

3. 铁道用低合金钢

铁道用低合金钢主要用于重轨（如 U70Mn 钢、U71Mn 钢、U70MnSi 钢、U70MnSiCu 钢、U75V 钢、U75NbRE 钢等）、轻轨（如 45SiMnP 钢、50SiMnP 钢、36CuCrP 等）和异型钢（09CuPRE 钢、09V 钢等）。

4. 矿用低合金钢

矿用低合金钢主要用于矿用结构件，如高强度圆环链用钢（如 20MnV 钢、25MnV 钢、20MnSiV 钢等）、巷道支护用钢（如 16MnK 钢、20MnVK 钢、25MnK 钢、25MnVK 钢等）、煤机用钢（如 M510 钢、M540 钢等）。

五、合金钢

（一）工程结构用合金钢

工程结构用合金钢主要用于制造工程结构，如建筑工程钢筋结构、压力容器、承受冲击的耐磨铸钢件等。工程结构用合金钢按其用途可分为一般工程用合金钢、压力容器用合金钢、合金钢筋钢、地质石油钻探用钢、高锰耐磨钢等。下面主要介绍高锰耐磨钢的化学成分、热处理特点和用途。

高锰耐磨钢使用距今已有 100 多年历史了。对于工作时承受很大压力、强烈冲击和严重磨损的机械零件，目前工业中多采用高锰耐磨钢来制造。常用高锰耐磨钢有 ZGMn13-1、ZGMn13-2、ZGMn13-3、ZGMn13-4 和 ZGMn13-5 等，其中 1、2、3、4、5 表示品种代号，适用范围分别是低冲击件、普通件、复杂件和高冲击件。高锰耐磨钢的 $w(C) = 1.0\% \sim 1.3\%$，$w(Mn) = 11\% \sim 14\%$。

将高锰耐磨钢加热到 1 000 ~ 1 100℃，保温一段时间，使碳化物全部溶解到奥氏体中，然后快速在水中冷却，使得碳化物来不及从奥氏体中析出，从而获得单一的奥氏体组织，这种处理方法称为"水韧处理"。水韧处理后高锰耐磨钢的韧性与塑性好，硬度低（180 ~

220HBW)。它在较大的压应力或冲击力的作用下，由于表面层的塑性变形，迅速产生冷变形强化，同时伴随有形变马氏体转变，使表面硬度急剧提高到 52 ~ 56HRC，但仍具有良好的韧性。高锰耐磨钢的耐磨性在高压应力作用下表现很好，比非合金钢高十几倍，但在低压应力作用下其耐磨性较差。

高锰耐磨钢不易切削加工，但其铸造性能好，可铸成复杂形状的铸件，故高锰耐磨钢一般是铸造后再经热处理后使用。高锰耐磨钢常用于制造拖拉机履带板、球磨机衬板、挖掘机铲齿与履带板（图 3-14）、破碎机牙板、铁路道岔等。

图 3-14　挖掘机

【拓展知识——耐磨钢的特殊用途】　用高锰耐磨钢可制作监狱的铁栅栏，这种铁栅栏是用普通钢包裹一根高锰耐磨钢芯制成的，要锉断这种铁栅栏十分费力。高锰耐磨钢芯有一个奇特现象，当用锤锻打时，锻打之处会提高硬度和强度，而且是越打越硬。如果用锉刀锉高锰耐磨钢芯栅栏，则是适得其反越锉越难，最终是锉不动。高锰耐磨钢只能用硬质合金刀具一片一片地进行加工。

（二）常用机械结构用合金钢

机械结构用合金钢属于特殊质量合金钢，它主要用于制造机械零件，如轴、连杆、齿轮、弹簧、轴承等，其质量等级属于特殊质量等级要求，一般需热处理，以发挥钢材的力学性能潜力。机械结构用合金钢按其用途和热处理特点，可分为合金渗碳钢、合金调质钢、合金弹簧钢和超高强度钢等。

1. 合金渗碳钢

用于制造渗碳零件的合金钢称为合金渗碳钢。合金渗碳钢的 $w(C) = 0.10\% ~ 0.25\%$，主要加入的合金元素是 Cr、Ni、Mn、B、W、Mo、V、Ti 等。部分渗碳零件（如齿轮、轴、活塞销等）要求表面具有高硬度（55 ~ 65HRC）和高耐磨性，心部具有较高的强度和足够的韧性。如果采用低碳钢制造这些零件，则淬透性和心部强度较差，采用合金渗碳钢则可以克服这些缺点。常用合金渗碳钢有：20Cr、20CrMnTi、20CrMnMo、20MnVB 钢等，主要用于制作齿轮、小轴、活塞销、球头销，汽车和拖拉机的各种变速齿轮、传动件等。

【实践经验】　合金渗碳钢的加工工艺流程是：下料→锻造→预备热处理→机械加工（粗加工、半精加工）→渗碳→机械加工（精加工）→淬火、回火→磨削→检验→入库。锻件毛坯预备热处理的目的是为了改善毛坯锻造后的不良组织，消除锻造内应力，并改善其切削加工性。

2. 合金调质钢

合金调质钢是在中碳钢（30 钢、35 钢、40 钢、45 钢、50 钢）的基础上加入一种或数种合金元素，以提高淬透性和耐回火性，使之在调质处理后具有良好的综合力学性能的钢。合金调质钢的 $w(C) = 0.25\% ~ 0.50\%$，常加入的合金元素有 Mn、Si、Cr、B、Mo 等。合金调质钢常用来制造负荷较大的重要零件，如发动机轴、连杆及传动齿轮等。常用合金调质钢有：40Cr、40MnB、40CrNi、40CrMnMo 钢等，主要用于制作齿轮、套筒、轴、进气阀、连杆，汽车转向轴、半轴、蜗杆，燃气轮机叶片、转子等。

对于表面要求高硬度、高耐磨性和高疲劳强度的零件，可采用渗氮钢 38CrMoAl，其热处理工艺是调质和渗氮处理，主要用于制作精密磨床主轴、精密镗床丝杠、精密齿轮、压缩机活塞杆等。

【实践经验】 合金调质钢的加工工艺流程是：下料→锻造→预备热处理→机械加工（粗加工、半精加工）→调质→机械加工（精加工）→表面淬火或渗氮→磨削→检验→入库。预备热处理的目的是为了改善锻造组织、细化晶粒、消除内应力，有利于切削加工，并为随后的调质处理作好组织准备。对于合金元素少的调质钢（如 40Cr）一般采用正火作为预备热处理；对于合金元素多的合金钢，采用退火作为预备热处理。对要求硬度较低（<30HRC）的调质零件，可采用"毛坯→调质→机械加工"的加工工艺流程。这样一方面可减少零件在机械加工工序与热处理工序之间的往返；另一方面有利于推广锻造余热淬火（高温形变热处理），即在锻造时控制锻造温度，利用锻后高温余热进行淬火，既简化热处理工序，节约能源，降低成本，又可提高钢的强韧性。

3. 合金弹簧钢

弹簧是各种机械和仪表中的重要零件，它主要利用其弹性变形时所储存的能量缓和机械设备的振动和冲击作用。中碳钢（如 55 钢）和高碳钢（如 65 钢、70 钢等）都可以作为弹簧材料，但因其淬透性差，强度低，只能用来制造截面积较小、受力较小的弹簧。而合金弹簧钢则可制造截面积较大、屈服强度较高的重要弹簧。合金弹簧钢的 $w(C) = 0.45\% \sim 0.70\%$，常加入的合金元素有 Mn、Si、Cr、V、Mo、W、B 等。弹簧按加工成形方法分类，可分为冷成形弹簧和热成形弹簧。

（1）冷成形弹簧 冷成形弹簧是指弹簧直径小于 10mm 的弹簧（如钟表弹簧、仪表弹簧、阀门弹簧等）。弹簧采用钢丝或钢带制作，成形前钢丝或钢带先经过冷拉（或冷轧）或者淬火加中温回火，使钢丝或钢带具有较高的弹性极限和屈服强度，然后将其冷卷成形。弹簧冷成形后在 250～300℃进行去应力退火，以消除冷成形时产生的内应力，稳定弹簧尺寸和形状。

【实践经验】 冷成形弹簧的一般加工工艺流程是：下料→冷拉（或冷轧）或者淬火加中温回火→卷簧成形→去应力退火→试验→验收→入库。

（2）热成形弹簧 热成形弹簧是指弹簧直径大于 10mm 的弹簧，其热成形后进行淬火和中温回火，以提高弹簧钢的弹性极限和疲劳强度，如汽车板弹簧、火车缓冲弹簧等多用 60Si2Mn、50CrVA 来制造。

【实践经验】 热成形弹簧的一般加工工艺流程是：下料→加热→卷簧成形→淬火→中温回火→喷丸→试验→验收→入库。

弹簧的表面质量对弹簧的使用寿命影响很大。表面氧化、脱碳、划伤和裂纹等缺陷都会使弹簧的疲劳强度显著下降，应尽量避免。喷丸处理是改善弹簧表面质量的有效方法，它是将直径 0.3～0.5mm 的铁丸或玻璃珠高速喷射在弹簧表面，使表面产生塑性变形而形成残余压应力，从而提高弹簧的疲劳寿命。常用合金弹簧钢有：55Si2Mn、60Si2Mn、60Mn、50CrVA 钢等，主要用于制作冷卷弹簧、阀门弹簧、离合器簧片、制动弹簧、活塞弹簧、安全阀弹簧，汽车、拖拉机、机车车辆的减振板簧和螺旋弹簧等。

4. 超高强度钢

超高强度钢一般是指 $R_{eL} > 1370MPa$、$R_m > 1500MPa$ 的特殊质量合金结构钢。超高强度钢按其化学成分和强韧化机制分类，可分为低合金超高强度钢（如 30CrMnSiNi2A 等）、二次硬化型超高强度钢（如 4Cr5MoSiV 等）、马氏体时效钢（如 Ni25Ti2AlNb 等）和超高强度不锈钢四类。超高强度钢主要用于航空和航天工业，如 35Si2MnMoVA 钢的抗拉强度可达 1700MPa，用于制造飞机的起落架、框架、发动机曲轴等；40SiMnCrWMoRE 钢工作在 300～500℃时仍能保持高强度、抗氧化性和抗热疲劳性，用于制造超音速飞机的机体构件。

（三）高碳铬轴承钢

高碳铬轴承钢属于特殊质量合金钢，它主要用于制造滚动轴承（图 3-15）的滚动体和内圈、外圈，也用于制作量具、模具、低合金刃具等。这些零件要求具有均匀的组织、高硬度、高耐磨性、高耐压强度和高疲劳强度等。高碳铬轴承钢的 $w(C) = 0.95\% ～ 1.10\%$，钢中 $w(Cr) = 0.4\% ～ 1.65\%$，目的在于增加钢的淬透性，并使碳化物呈均匀而细密状态分布，提高高碳铬轴承钢的耐磨性。对于大型滚动轴承，还需加入 Si、Mn 等合金元素进一步提高高碳铬轴承钢的淬透性。

图 3-15　滚动轴承

最常用的高碳铬轴承钢是 GCr15。高碳铬轴承钢的热处理主要是锻造后进行球化退火，制成滚动轴承后进行淬火和低温回火，得到回火马氏体及碳化物组织，硬度大于 62HRC。常用高碳铬轴承钢有：GCr4、GCr15、GCr15SiMn、GCr15SiMo 等。

【实践经验】　滚动轴承钢的加工工艺路线是：下料→锻造→预备热处理（球化退火）→机械加工→淬火→低温回火→机械加工（精加工）→低温回火→检验→入库。

（四）合金工具钢

合金工具钢是用于制造刃具、耐冲击工具、模具、量具等的钢种。合金工具钢的牌号较多，它们之间由于加入的合金元素种类、数量以及碳的质量分数的各不相同，因此，其性能和用途也有所不同。合金工具钢与高速钢的质量等级都属于特殊质量等级要求。下面介绍常用合金工具钢和高速钢的主要性能特点、热处理及用途。

1. 制作量具及刃具用的合金工具钢

制作量具及刃具用的合金工具钢主要用于制造金属切削刀具（刃具）、量具和冷冲模。这些工具要求高硬度（大多数大于60HRC）和高耐磨性；足够的强度（尤其是尺寸小的刀具和冲模）及韧性；淬火变形小。制作量具及刃具用的合金工具钢的碳的质量分数较高，$w(C) = 0.95\% \sim 1.10\%$，主要加入的合金元素有Mn、Si、Cr、V、Mo、W等，以保证钢材获得高淬透性、高耐回火性、高硬度和高耐磨性。由于制作量具及刃具用的合金工具钢中合金元素加入量不多，其热硬性只稍高于碳素工具钢，一般仅能在250℃以下保持高硬度和高耐磨性。

常用的制作量具及刃具用的合金工具钢是9SiCr钢、9Cr2钢、CrWMn钢、Cr2钢和9Mn2V钢等，主要用来制造淬火变形小、精度高的低速切削工具（冷剪切刀、板牙、丝锥、铰刀、搓丝板、拉刀、圆锯）、冷冲模、量具（量规、精密丝杠）和耐磨零件。

制作量具及刃具用的合金工具钢的热处理工艺是：锻造后进行球化退火，加工成零件后进行淬火，淬火冷却介质一般用油或盐浴进行马氏体分级淬火或贝氏体等温淬火，淬火后再进行低温回火。

2. 制作耐冲击工具的合金工具钢

耐冲击工具主要是指风动工具、金属冷剪刀片、铆钉冲头、冲孔冲头等。此类工具不仅要求高硬度和高耐磨性，而且还要求有良好的冲击韧度，此类钢一般需要经过淬火加中温回火后使用。常用的制作耐冲击工具的合金工具钢有：4CrW2Si钢、5CrW2Si钢、6CrW2Si钢等。

3. 制作冷作模具的合金工具钢

冷作模具主要是指冷冲模（图3-16）、冷拔模、冷挤压模等。此类模具要求高硬度和高耐磨性，还要求有一定的冲击韧度和抗疲劳性。制作冷作模具的合金工具钢的碳的质量分数较高，$w(C) = 0.95\% \sim 2.0\%$，主要加入的合金元素有Cr、Mo、W、V等，以保证钢材获得高淬透性、高耐回火性、高硬度和高耐磨性。此类钢一般需要淬火加低温回火后使用，而且热处理后变形小。常用的制作冷作模具的合金工具钢有：Cr12MoV钢、Cr12钢、CrWMn钢等。

4. 制作热作模具用的合金工具钢

热作模具主要是指热锻模、压铸模、热挤压模等。此类模具要求高强度、较好的韧性和耐磨性以

图3-16　冷冲模

及较好的抗热疲劳性能。制作热作模具的合金工具钢的碳的质量分数较高，$w(C) = 0.3\% \sim 0.6\%$，主要加入的合金元素有Cr、Mn、Ni、Mo、W、V、Si等，以保证钢材获得高淬透性、高耐回火性、高抗热疲劳性能，并防止回火脆性。此类钢一般需要调质处理或淬火加中温回火后使用，而且热处理后变形小。常用的制作热作模具的合金工具钢有：5CrNiMo钢、5CrMnMo钢、3Cr2W8V钢、8Cr3钢等。

5. 高速工具钢（高速钢）

高速工具钢用于制作中速或高速切削工具（车刀、铣刀、麻花钻头、齿轮刀具、拉刀等）。高速工具钢的$w(C) = 0.7\% \sim 1.65\%$，含有W、Mo、Cr、V、Co等贵重元素，合金元素含量达10% ～25%，可形成大量的碳化物。高速工具钢经过科学的热处理后，可以获得高硬度、高耐磨性和高热硬性（能够在600℃以下保持高硬度和耐磨性）。用高速工具钢制作的刀具的切削速度比一般工具钢高得多，其强度也比碳素工具钢和低合金工具钢约高

30% ~50%。此外，高速工具钢还具有很好的淬透性，在空气冷却的条件下也能淬硬。但高速工具钢导热性差，在热加工时要特别注意。常用高速工具钢的牌号、化学成分、热处理规范及硬度见表 3-9。

表 3-9　常用高速工具钢的牌号、化学成分、热处理规范及硬度

牌号	化学成分(质量分数)(%)					热处理温度/℃			回火后硬度 HRC
	$w(C)$	$w(W)$	$w(Mo)$	$w(Cr)$	$w(V)$	预热	淬火	回火	
W18Cr4V	0.73 ~0.83	17.20 ~ 18.70	≤0.30	3.80 ~4.50	1.00 ~1.20	800 ~900	1260 ~1280	550 ~570 (三次)	≥63
W6Mo5Cr4V2	0.80 ~0.90	5.50 ~6.75	4.50 ~5.50	3.80 ~4.40	1.75 ~2.20	800 ~900	1210 ~1230	540 ~560 (三次)	≥64

高速工具钢锻造后一般进行等温退火。高速钢淬火时一般要经过预热，淬火温度高，一般为 1 200 ~1 285℃。提高淬火温度的目的是使难溶的合金碳化物更多地溶解到奥氏体中去。淬火冷却介质一般用油，也可用盐浴进行马氏体分级淬火，以减小变形。高速工具钢淬火组织为马氏体 + 未溶合金碳化物 + 残留奥氏体（25% ~35%）。高速钢淬火后一般要经550 ~570℃三次回火。如果淬火后先经冷处理，则回火一次即可。回火的目的是减少残留奥氏体数量，并且在回火过程中高速工具钢会产生"二次硬化"现象，使钢的硬度略有提高。此外，高速工具钢刀具在淬火、回火后，也可进行气体渗氮、硫氮共渗、气相沉积 TiC、TiN 等工艺，进一步提高其使用寿命。

高速工具钢主要用于制造各种切削刀具，也可用于制造某些重载冷作模具和结构件（如柴油机的喷油嘴偶件）。但是，高速工具钢价格高，热加工工艺复杂，因此，应尽量节约使用。

（五）不锈钢与耐热钢

1. 不锈钢

不锈钢属于特殊质量合金钢。不锈钢是指以不锈、耐蚀性为主要特性，且铬含量至少为10.5%，碳的质量分数最大不超过 1.2% 的钢。按不锈钢使用时的组织特征分类，可分为奥氏体型不锈钢、铁素体型不锈钢、马氏体型不锈钢、奥氏体-铁素体型不锈钢和沉淀硬化型不锈钢五类。常用不锈钢的牌号、化学成分及用途见表 3-10。

表 3-10　几种常用不锈钢的牌号、化学成分及用途举例

组织类型	牌号	化学成分(质量分数)(%)				用途举例
		$w(C)$	$w(Ni)$	$w(Cr)$	$w(Mo)$	
奥氏体型	12Cr18Ni9	0.15	8.0 ~10.0	17.0 ~19.0		制作建筑装饰品,制作耐硝酸、冷磷酸、有机酸及盐碱溶液腐蚀部件
	06Cr19Ni10	0.08	8.0 ~11.0	18.0 ~20.0		制作食品用设备,抗磁仪表,医疗器械,原子能工业设备及部件,化工部件等

（续）

组织类型	牌号	化学成分(质量分数)(%)				用途举例
		$w(C)$	$w(Ni)$	$w(Cr)$	$w(Mo)$	
铁素体型	10Cr17	0.12		16.0～18.0		制作重油燃烧部件,建筑装饰品,家用电器部件,食品用设备
	008Cr30Mo2	0.01		28.5～32.0	1.50～2.50	制作耐乙酸、乳酸等有机酸腐蚀的设备,耐苛性碱腐蚀设备
马氏体型	68Cr17	0.60～0.75	0.60	16.0～18.0		制作刀具、量具、滚珠轴承、手术刀片等
奥氏体-铁素体型	022Cr19Ni5Mo3Si2N	0.030	4.5～5.5	18.00～19.50	2.50～3.00	用于炼油、化肥、造纸、化工等工业中的热交换器和冷凝器等
	14Cr18Ni11Si4AlTi	0.10～0.18	10.00～12.00	17.50～19.50		用于抗高温浓硝酸腐蚀的设备及零件等
沉淀硬化型	05Cr17Ni4Cu4Nb	0.07	3.00～5.00	15.00～17.50		用于制作高硬度、高强度及耐腐蚀的化工机械设备及零件,如轴、弹簧、容器、汽轮机部件、离心机转鼓、结构件等
	07Cr15Ni7Mo2Al	0.09	6.50～7.75	14.00～16.00	2.00～3.00	

不锈钢的化学成分特点是铬和镍的质量分数较高,一般 $w(Cr) \geqslant 10.5\%$,这样可以使不锈钢中的铬元素在氧化性介质中形成一层致密的具有保护作用的 Cr_2O_3 薄膜,覆盖住整个不锈钢表面,防止不锈钢被不断地氧化和腐蚀。

【实践经验】 日常生活中使用的不锈钢主要有两种产品:第一种是含铬的不锈钢,具有吸磁性;第二种是含镍的不锈钢,不具有吸磁性,具有良好的耐蚀性,价格高。因此,你在选购不锈钢制品时可以用磁铁进行鉴别或注意观察含镍的不锈制品上一般标有"18-8"标志。

2. 耐热钢

耐热钢属于特殊质量合金钢。耐热钢是指在高温下具有良好的化学稳定性或较高强度的钢。钢的耐热性包括钢在高温下具有抗氧化性（热稳定性）和高温热强性（蠕变强度）两个方面。高温抗氧化性是指钢在高温下对氧化作用的抗力;热强性是指钢在高温下对机械载荷作用的抗力。

一般来说,钢材的强度随着温度的升高会逐渐下降,而且不同的钢材在高温条件下其强度下降的程度不同,一般结构钢比耐热钢下降得快些。在耐热钢中主要加入铬、硅、铝等合金元素。这些元素在高温下与氧作用,在钢材表面会形成一层致密的高熔点氧化膜（如 Cr_2O_3、Al_2O_3、SiO_2）,能有效地保护钢材在高温下不被氧化。另外,加入 Mo、W、Ti 等元素可以阻碍晶粒长大,提高耐热钢的高温热强性。耐热钢分为抗氧化钢、热强钢和气阀钢。

抗氧化钢是指在高温下能够抵抗气体腐蚀而不会使氧化皮剥落的钢,主要用于长期在高温下工作但强度要求低的零件,如各种加热炉内结构件、渗碳炉构件、加热炉传送带料盘、燃气轮机的燃烧室等。常用的钢种有:26Cr18Mn12Si2N 钢、22Cr20Mn10Ni2Si2N 钢等。

热强钢是指在高温条件下能够抵抗气体腐蚀而又有强度的钢。常用热强钢如 12CrMo

钢、15CrMo 钢、15CrMoV 钢、24CrMoV 钢等都是典型的锅炉用钢，可制造在 350℃ 以下工作的零件（如锅炉钢管等）。

气阀钢是指热强性较高的钢，主要用于高温下工作的气阀，如 14Cr11MoV 钢、158Cr12MoV 钢用于制造 540℃ 以下工作的汽轮机叶片、发动机排气阀、螺栓紧固件等；42Cr9Si2 钢是目前应用最多的气阀钢，用于制造工作温度不高于 800℃ 的内燃机重载排气阀。

（六）特殊物理性能钢

特殊物理性能钢属于特殊质量合金钢，它包括永磁钢、软磁钢、无磁钢、高电阻钢及其合金。下面主要介绍永磁钢、软磁钢和无磁钢的性能和应用。

1. 永磁钢

永磁钢（硬磁钢）是指钢材被磁化后，除去外磁场后仍然具有较高剩磁的钢材。永磁钢具有与高碳工具钢类似的化学成分 $[w(C)=1\%$ 左右$]$，常加入的合金元素是铬、钨、钴和铝等，经淬火和回火后硬度和强度提高。永磁钢主要用于制造无线电及通信器材里的永久磁铁装置以及仪表中的马蹄形磁铁（图 3-17）。

2. 软磁钢（硅钢片）

软磁钢（硅钢片）是指钢材容易被反复磁化，并在外磁场除去后磁性基本消失的钢材。软磁钢是一种碳的质量分数 $[w(C)\leqslant0.08\%]$ 很低的铁、硅合金，硅的质量分数在 1%～4% 之间。加入硅是为了提高电阻率，减少涡流损失，使软磁钢能在较弱的磁场强度下具有较高的磁感应强度。通常软磁钢轧制成薄片，分为电动机硅钢片 $[w(Si)=1\%～2.5\%$，塑性好$]$ 和变压器硅钢片 $[w(Si)=3\%～4\%$，磁性较好，塑性差$]$，是重要的电工用钢，常用于制作电动机的转子与定子、电源变压器（图 3-18）、继电器等。软磁钢经去应力退火后不仅可以提高其磁性，而且还有利于其进行冲压加工。

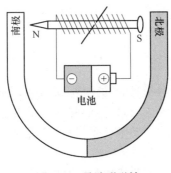

图 3-17　马蹄形磁铁

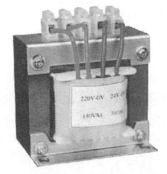

图 3-18　电源变压器

3. 无磁钢

无磁钢是指在电磁场作用下，不引起磁感或不被磁化的钢材，由于这类钢材不受磁感应作用，因此不干扰电磁场。无磁钢常用于制作无磁模具、无磁轴承、电动机绑扎钢丝绳与护环、变压器的盖板、电动仪表壳体与指针等，如 7Mn15Cr2Al3V2WMo 钢用于制作无磁模具和无磁轴承。

（七）低温钢

低温钢是指用于制作工作温度在 0℃ 以下的零件和结构件的钢种。它广泛用于低温下工作的设备，如冷冻设备、制药氧设备、石油液化气设备、航天工业用的高能推进剂液氢等液体燃料的制造设备、极地探险设备等。衡量低温钢的主要性能指标是低温冲击韧度和韧脆转变温度，即低温冲击韧度越高，韧脆转变温度越低，则其低温性能越好。常用的低温钢主要有：低碳锰钢、镍钢及奥氏体不锈钢。低碳锰钢适用于 –45 ~ –70℃ 范围，如 09MnNiR 钢、09Mn2VRE 钢等；镍钢使用温度可达 –196℃；奥氏体不锈钢可达 –269℃，如 06Cr19Ni10 钢、12Cr18Ni9 钢等。

（八）铸造合金钢

铸造合金钢包括一般工程与结构用低合金铸钢、大型低合金铸钢、特殊铸钢三类。一般工程与结构用低合金铸钢的牌号表示方法基本上与铸造非合金钢相同，所不同的是需要在"ZG"后加注字母"D"，如 ZGD270-480、ZGD290-510、ZGD345-570 等。大型低合金铸钢一般应用于较重要的、复杂的、具有较高强度、塑性与韧性以及特殊性能的结构件，如机架、缸体、齿轮、连杆等。大型低合金铸钢的牌号是在合金钢的牌号前加"ZG"，其后第一组数字表示低合金铸钢的名义万分数表示的碳的质量分数，随后排列的是各主要合金元素符号及其名义百分质量分数。常用的大型低合金铸钢（合金元素的质量分数小于3%）有：ZG35CrMnSi、ZG34Cr2Ni2Mo、ZG65Mn 等。

特殊铸钢是指具有特殊性能的铸钢，它包括耐磨铸钢（如 ZGMn13-1 等）、耐热铸钢（ZG30Cr7Si2 等）和耐蚀铸钢（ZG10Cr13 等），主要用于铸造成形的耐磨件、耐热件及耐蚀件。

第五节 铸铁的分类、牌号及用途

铸铁具有良好的铸造性能、减摩性能、吸振性能、切削加工性能及低的缺口敏感性，生产工艺简单、成本低廉，经合金化后还具有良好的耐热性和耐蚀性等，广泛应用于农业机械、汽车制造、冶金、矿山、石油化工、机械和国防等行业。特别是稀土镁球墨铸铁的出现，打破了钢与铸铁的使用界限，使不少过去采用非合金钢、低合金钢和合金钢制造的重要零件（如曲轴、连杆、齿轮等），已可采用球墨铸铁来制造。但铸铁由于强度较低，塑性与韧性较差，所以不能进行锻造、轧制、拉丝等加工。

一、铸铁的种类

铸铁的种类很多，根据碳在铸铁中存在形式的不同，铸铁可分为白口铸铁、灰铸铁、可锻铸铁、球墨铸铁、蠕墨铸铁、麻口铸铁和合金铸铁，见表3-11。

表3-11 各种铸铁的名称与定义

名称	定 义
白口铸铁	碳主要以游离碳化铁形式出现的铸铁，断口呈银白色，故称为白口铸铁
灰铸铁	碳主要以片状石墨形式析出的铸铁，断口呈灰色，故称为灰铸铁
可锻铸铁	白口铸铁通过石墨化或氧化脱碳退火处理，改变其金相组织或化学成分而获得的有较高韧性的铸铁，称为可锻铸铁
球墨铸铁	铁液经过球化处理而不是在凝固后经过热处理，使石墨大部分或全部呈球状，有时少量为团絮状的铸铁，称为球墨铸铁
蠕墨铸铁	金相组织中石墨形态主要为蠕虫状的铸铁，称为蠕墨铸铁

（续）

名称	定　义
麻口铸铁	碳部分以游离碳化铁形式析出,部分以石墨形式析出的铸铁,断口呈灰白色相间,故称麻口铸铁
合金铸铁	常规元素硅、锰高于普通铸铁规定含量或含有其他合金元素,具有较高力学性能或某种特殊性能的铸铁,称为合金铸铁

二、铸铁的石墨化及影响因素

铸铁中的碳以石墨形式析出的过程称为石墨化。在铁碳合金中，碳有两种存在形式：其一是渗碳体，其中 $w(C)=6.69\%$ ；其二是石墨，用符号 G 表示，其 $w(C)=100\%$ 。石墨具有特殊的简单六方晶格，如图 3-19 所示。

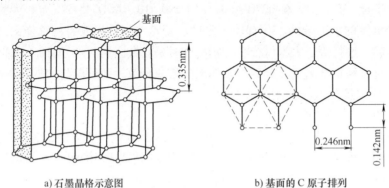

a) 石墨晶格示意图　　　　　　　　b) 基面的 C 原子排列

图 3-19　石墨的晶体结构

碳在铸铁中以何种形式存在，与铁液的冷却速度有关：缓慢冷却时，从液体或奥氏体中直接析出石墨；快速冷却时，形成渗碳体。渗碳体在高温下进行长时间加热时，可分解为铁和石墨（即 $Fe_3C \xrightarrow{\text{高温}} 3Fe+C$ ）。渗碳体是一种亚稳定相，而石墨则是一种稳定相。影响铸铁石墨化的因素较多，其中化学成分和冷却速度是影响石墨化的主要因素。

（1）化学成分的影响　化学成分是影响石墨化过程的主要因素之一。在化学成分中碳和硅是强烈促进石墨化的元素。铸铁中碳和硅的质量分数越大就越容易石墨化，但质量分数过大会使石墨数量增多并粗化，从而导致铸铁力学性能下降。因此，在铸件壁厚一定的条件下，调整铸铁中碳和硅的质量分数是控制其组织和性能的基本措施之一。

（2）冷却速度的影响　冷却速度是影响石墨化过程的工艺因素。若冷却速度较快，碳原子来不及充分扩散，石墨化难以充分进行，则容易产生白口铸铁组织；若冷却速度缓慢，碳原子有时间充分扩散，有利于石墨化过程充分进行，则容易获得灰铸铁组织。因此薄壁铸件容易产生白口铸铁组织，而厚壁铸件则容易获得灰铸铁组织。

三、常用铸铁的牌号、性能及用途

（一）灰铸铁的牌号、性能及用途

1. 灰铸铁的化学成分、显微组织和性能

（1）灰铸铁的化学成分　灰铸铁的化学成分大致是： $w(C)=2.5\%\sim4.0\%$ ， $w(Si)=1.0\%\sim2.5\%$ ， $w(Mn)=0.5\%\sim1.4\%$ ， $w(S)\leqslant0.15\%$ ， $w(P)\leqslant0.3\%$ 。

（2）灰铸铁的显微组织　由于化学成分和冷却条件的综合影响，灰铸铁在室温下的显微组织有三种类型：铁素体(F) + 片状石墨（G）；铁素体（F） + 珠光体（P） + 片状石墨（G）；珠光体（P） + 片状石墨（G）。图 3-20 所示为铁素体灰铸铁和珠光体灰铸铁的显微组织。

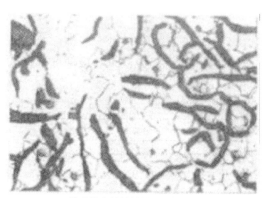
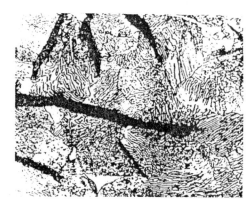

a) 铁素体灰铸铁的显微组织　　　　　　　　b) 珠光体灰铸铁的显微组织

图 3-20　铁素体灰铸铁和珠光体灰铸铁的显微组织

（3）灰铸铁的性能　灰铸铁的性能主要取决于其钢基体的性能和石墨的数量、形状、大小及分布状况。其中钢基体组织主要影响灰铸铁的强度、硬度、耐磨性及塑性。由于石墨本身的强度、硬度和塑性都很低，因此，灰铸铁中存在的石墨，就相当于在钢的基体上布满了大量的孔洞和裂纹，割裂了钢基体组织的连续性，从而减小了钢基体的有效承载面积。另外，在石墨的尖角处易产生应力集中，使铸件产生裂纹，裂纹会迅速扩展产生脆性断裂。这就是灰铸铁的抗拉强度和塑性比同样基体的钢低得多的原因。若片状石墨越多，越粗大，分布越不均匀，则灰铸铁的强度和塑性就越低。

灰铸铁由于石墨不会缩小有效承载面积和不产生缺口应力集中现象，故在承受压应力时，其抗压强度与钢材相近。灰铸铁的钢基体组织对灰铸铁力学性能的影响是：当石墨存在的状态一定时，铁素体灰铸铁具有较高的塑性，但强度、硬度和耐磨性较低；珠光体灰铸铁的强度和耐磨性较高，但塑性较低；铁素体-珠光体灰铸铁的力学性能则介于上述两类灰铸铁之间。

灰铸铁中的石墨有利的一面是使灰铸铁具有优良的铸造性、良好的吸振性、较低的缺口敏感性、良好的切削加工性、良好的减摩性。

【对比与分析】　实际上，通过分析与对比铸铁的显微组织，我们可以发现：灰铸铁的显微组织就是在钢的基体（如铁素体、铁素体 + 珠光体、珠光体）上分布着一些片状石墨而形成的。知道了这个特点，我们就很容易理解钢与铸铁在性能上的差异了，也很容易理解和分析铸铁所具有的性能。

2. 灰铸铁的孕育处理（变质处理）

为了细化石墨片，提高灰铸铁的力学性能，生产中常用孕育处理。即在铸铁液浇注之前，往铸铁液中加入少量的孕育剂（如硅铁或硅钙合金），使铸铁液内同时生成大量的和均匀分布的石墨晶核，改变铸铁液的结晶条件，使灰铸铁获得细晶粒的珠光体基体和细片状的石墨组织。经过孕育处理的灰铸铁称为孕育铸铁，也称为变质铸铁。经过孕育处理的灰铸铁，强度有很大的提高，塑性和韧性也有所提高。因此，孕育铸铁常用来制造力学性能要求较高、截面尺寸变化较大的大型铸件。

3. 灰铸铁的牌号及用途

灰铸铁的牌号用"HT"及数字组成。其中"HT"是"灰铁"两字汉语拼音的第一个字母，其后的数字表示灰铸铁的最低抗拉强度，如 HT150 表示灰铸铁，其最低抗拉强度是 150MPa。常用灰铸铁的牌号、力学性能及用途见表 3-12。

表 3-12　灰铸铁的牌号、力学性能及用途举例

类别	牌号	R_m/MPa	硬度 HBW	用途举例
铁素体灰铸铁	HT100	≥100	143～229	承受低载荷的零件和不重要零件,如盖、外罩、手轮、支架等
铁素体-珠光体灰铸铁	HT150	≥150	163～229	承受中等应力的零件,如底座、床身、齿轮箱、工作台、阀体、管路附件及一般工作条件要求的零件
珠光体灰铸铁	HT200	≥200	170～241	承受较大应力和重要的零件,如气缸体、齿轮、机座、床身、活塞、制动轮、液压缸等
	HT250	≥250	170～241	
孕育铸铁	HT300	≥300	187～255	床身导轨、车床、压力机等受力较大的床身、机座、主轴箱、卡盘、齿轮等,高压液压缸、泵体、阀体、衬套、凸轮、大型发动机的曲轴、气缸体等
	HT350	≥350	197～269	

4. 灰铸铁的热处理

热处理只能改变灰铸铁的钢基体组织，而不能改变石墨的形状、大小和分布情况。因此，灰铸铁的热处理一般是用于消除铸件的内应力和白口组织，稳定铸件尺寸和提高铸件工作表面的硬度及耐磨性。灰铸铁常用的热处理方法有：去内应力退火（时效处理）、软化退火、正火及表面淬火等。例如，一些大型、复杂或加工精度较高的铸铁件（如床身、机架等）在切削加工后进行的去内应力退火；消除铸铁件中的白口组织的软化退火；机床导轨采用接触电阻加热淬火提高其表面耐磨性等。

（二）球墨铸铁的牌号、性能及用途

球墨铸铁是 20 世纪 50 年代发展起来的一种铸铁，它是由普通灰铸铁熔化的铁液，经过球化处理得到的。球化处理的方法是在铁液出炉后，浇注前加入一定量的球化剂（稀土镁合金等）和等量的孕育剂，使石墨呈球状析出。

1. 球墨铸铁的化学成分、显微组织和性能

（1）球墨铸铁的化学成分　球墨铸铁的化学成分大致是：$w(C) = 3.6\% ～ 3.9\%$；$w(Si) = 2.0\% ～ 2.8\%$，$w(Mn) = 0.6\% ～ 0.8\%$，$w(S) < 0.04\%$，$w(P) < 0.1\%$，$w(Mg) = 0.03\% ～ 0.05\%$。

（2）球墨铸铁的显微组织　球墨铸铁按钢基体显微组织的不同，球墨铸铁可分为铁素体（F）＋球状石墨（G）；铁素体（F）＋珠光体（P）＋球状石墨（G），珠光体（P）＋球状石墨（G）三种。图 3-21 所示是铁素体球墨铸铁的显微组织。

（3）球墨铸铁的性能　球墨铸铁的力学性能与其钢基体的类型以及球状石墨的大小、

形状及分布状况有关。由于球状石墨对钢基体的割裂作用最小，又无应力集中作用，所以，钢基体的强度、塑性和韧性可以充分发挥。石墨球的圆整度越好，球径越小，分布越均匀，则球墨铸铁的力学性能越好。球墨铸铁与灰铸铁相比，有较高的强度和良好的塑性与韧性，而且球墨铸铁在某些性能方面可与钢相媲美，如屈服强度比碳素结构钢高，疲劳强度接近中碳钢。同时，球墨铸铁还具有与灰铸铁相类似的优良性能。此外，球墨铸铁通过各种热处理，可以明显地提高其力学性能。但是，球墨铸铁的收缩率较大，流动性稍差，对原材料及处理工艺要求较高。

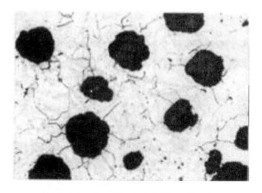

图3-21　铁素体球墨铸铁显微组织

2. 球墨铸铁的牌号及用途

球墨铸铁的牌号用"QT"符号及其后面两组数字表示。"QT"是"球铁"两字汉语拼音的第一个字母，两组数字分别代表其最低抗拉强度和最低伸长率。球墨铸铁的牌号、力学性能及用途见表3-13。

3. 球墨铸铁的热处理

球墨铸铁的热处理工艺性能较好，凡是钢可以进行的热处理工艺，一般都适合于球墨铸铁，而且球墨铸铁通过热处理改善性能的效果比较明显。球墨铸铁常用的热处理工艺有：退火、正火、调质、贝氏体等温淬火等。例如，通过调质可获得回火索氏体基体的球墨铸铁，从而使铸件获得较高的综合力学性能，如柴油机连杆、曲轴（图3-22）等零件。

表3-13　球墨铸铁的牌号、力学性能及用途

基体类型	牌号	R_m/MPa	$R_{r0.2}$/MPa	$A_{11.3}$（%）	硬度 HBW	应用举例
铁素体	QT400-15	≥400	≥250	≥15	130～180	阀体,汽车或内燃机车上的零件,机床零件,减速器壳,齿轮壳,汽轮机壳,低压气缸等
	QT450-10	≥450	≥310	≥10	160～210	
铁素体-珠光体	QT500-7	≥500	≥320	≥7	170～230	机油泵齿轮,水轮机阀门体,铁路机车车辆轴瓦,飞轮,电动机壳,齿轮箱,千斤顶座等
	QT600-3	≥600	≥370	≥3	190～270	
珠光体	QT700-2	≥700	≥420	≥2	225～305	柴油机曲轴、凸轮轴、气缸体、气缸套,活塞环,球磨机齿轮等
	QT800-2	≥800	≥480	≥2	245～335	
贝氏体或马氏体	QT900-2	≥900	≥600	≥2	280～360	汽车的曲线齿锥齿轮、转向节、传动轴,拖拉机减速齿轮,内燃机的凸轮轴或曲轴等

图3-22　球墨铸铁曲轴

（三）蠕墨铸铁的牌号、性能及用途

蠕墨铸铁是20世纪60年代开发的一种铸铁材料。它是用高碳、低硫、低磷的铁液加入蠕化剂（稀土镁钛合金、稀土镁钙合金、稀土硅铁合金等），经蠕化处理后获得的高强度铸铁。

1. 蠕墨铸铁的化学成分、显微组织和性能

（1）蠕墨铸铁的化学成分　蠕墨铸铁的原铁液一般属于含高碳硅的共晶合金或过共晶合金。

（2）蠕墨铸铁的显微组织　蠕墨铸铁显微组织中的石墨呈短小的蠕虫状，其形状介于片状石墨和球状石墨之间，如

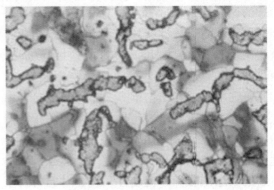

图3-23　铁素体蠕墨铸铁中的显微组织

图3-23所示。蠕墨铸铁的显微组织有三种类型：铁素体（F）+蠕虫状石墨（G）；珠光体（P）-铁素体（F）+蠕虫状石墨（G）；珠光体（P）-蠕虫状石墨（G）。

（3）蠕墨铸铁的性能　蠕虫状石墨对钢基体产生的应力集中与割裂现象明显减小，因此，蠕墨铸铁的力学性能优于钢基体相同的灰铸铁而低于球墨铸铁，在铸造性能、导热性能等方面优于球墨铸铁。

2. 蠕墨铸铁的牌号及用途

蠕墨铸铁的牌号用"RuT"符号及数字表示。"RuT"是"蠕铁"两字汉语拼音字母，其后数字表示最低抗拉强度。常用蠕墨铸铁牌号与力学性能见表3-14。

表3-14　蠕墨铸铁的牌号、力学性能及用途

基体类型	牌号	R_m/MPa	$R_{t0.2}$/MPa	$A_{11.3}$（%）	硬度 HBW	应用举例
珠光体	RuT420	≥420	≥335	≥0.75	200~280	用于制造要求强度或耐磨性的零件，如活塞环、气缸套、制动盘等
珠光体	RuT380	≥380	≥300	≥0.75	193~274	
铁素体-珠光体	RuT340	≥340	≥270	≥1.0	170~249	用于制造齿轮箱、飞轮、制动鼓等
铁素体-珠光体	RuT300	≥300	≥240	≥1.5	140~217	用于制造排气管、气缸盖、钢锭模
铁素体	RuT260	≥260	≥195	≥3.0	121~197	用于制造增压机废气进气壳体等

蠕墨铸铁常用于制造受热、要求组织致密、强度较高、形状复杂的大型铸件，如机床的立柱，柴油机的气缸盖、缸套和排气管等。

（四）可锻铸铁的牌号、性能及用途

可锻铸铁俗称马铁。它是由一定化学成分的白口铸铁经石墨化退火，使渗碳体分解而获得团絮状石墨的铸铁。

1. 可锻铸铁的化学成分、显微组织和性能

（1）可锻铸铁的化学成分　为了保证铸件在一般冷却条件下获得白口组织，又要在退火时容易使渗碳体分解，并呈团絮状石墨析出，要严格控制铁液的化学成分。与灰铸铁相比，可锻铸铁中碳、硅的质量分数相对低些，以保证铸件获得白口组织。可锻铸铁 $w(C)$ = 2.2%~2.8%，$w(Si)$ =0.7%~1.8%。

（2）可锻铸铁的显微组织　石墨化退火是将白口铸铁件加热到 900～980℃，经长时间保温，使组织中的渗碳体分解为奥氏体和石墨（团絮状）。然后缓慢降温，奥氏体将在已形成的团絮状石墨上不断析出石墨。当冷却至共析转变温度范围（720～770℃）时，如果缓慢冷却，得到以铁素体为基体的黑心可锻铸铁，也称为铁素体可锻铸铁，其工艺曲线如图 3-24①所示；如果在通过共析转变温度时的冷却速度较快，则得到以珠光体为基体的可锻铸铁，其工艺曲线如图 3-24②所示。黑心可锻铸铁的显微组织如图 3-25 所示。

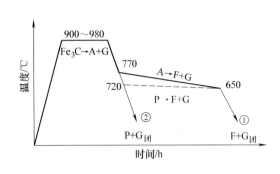

图 3-24　可锻铸铁石墨化退火工艺曲线　　　　　图 3-25　黑心可锻铸铁的显微组织

（3）可锻铸铁的性能　可锻铸铁中的石墨呈团絮状对其钢基体的割裂作用较小，力学性能比灰铸铁高，但可锻铸铁并不能进行锻压加工。同时，可锻铸铁的钢基体不同，其宏观性能也不一样，其中黑心可锻铸铁具有较高的塑性和韧性，而珠光体可锻铸铁则具有较高的强度、硬度和耐磨性。

2. 可锻铸铁的牌号及用途

可锻铸铁的牌号是由三个字母及两组数字组成。其中前两个字母“KT”是“可铁”两字汉语拼音的第一个字母；第三个字母代表类别，“H”表示“黑心”（即铁素体基体），“Z”表示珠光体基体，“B”表示白心（铸件中心是珠光体，表面是铁素体）；后两组数字分别表示可锻铸铁的最低抗拉强度和最低伸长率。表 3-15 列出了可锻铸铁的牌号、力学性能及主要用途。

表 3-15　可锻铸铁的牌号、力学性能及用途

类型	牌号	R_m/MPa	$A_{11.3}$（%）	硬度 HBW	应用举例
黑心可锻铸铁	KTH300-06	≥300	≥6	≤150	用于制作管道配件，如弯头、三通、管体、阀门等
	KTH330-08	≥330	≥8		用于制作钩形扳手、铁道扣板、车轮壳和农具等
	KTH350-10	≥350	≥10		汽车、拖拉机的后桥外壳、转向机构、弹簧钢板支座等，差速器壳，电动机壳，农具等
	KTH370-12	≥370	≥12		
珠光体可锻铸铁	KTZ550-04	≥550	≥4	180～230	用于制作曲轴，连杆，齿轮，凸轮轴，摇臂，活塞环，轴套，万向节头，农具等
	KTZ700-02	≥700	≥2	240～290	
白心可锻铸铁	KTB380-12	≥380	≥12	≤200	具有良好的焊接性和切削加工性能，用于制作壁厚小于 15mm 的铸件和焊接后不需进行热处理的铸件等
	KTB400-05	≥400	≥5	≤220	

可锻铸铁具有铁液处理简单、质量比球墨铸铁稳定、容易组织流水线生产、低温韧性好等优点，广泛应用于汽车、拖拉机、机械制造及建筑行业，用于制造形状复杂、承受冲击载荷的薄壁（厚度小于25mm）、中小型铸件。但可锻铸铁的石墨化退火时间较长（数十小时），能源消耗大，生产率低，成本高。

（五）合金铸铁

常用的合金铸铁有耐磨铸铁、耐热铸铁及耐蚀铸铁等。

1. 耐磨铸铁

不易磨损的铸铁称为耐磨铸铁。耐磨铸铁主要是通过激冷或加入某些合金元素在铸铁中形成一定数量的硬化相来提高其耐磨性。耐磨铸铁包括减摩铸铁和抗磨铸铁两大类。

（1）减摩铸铁　减摩铸铁是在润滑条件下工作的耐磨铸铁，如机床导轨，发动机的汽缸套、活塞环，轴承等。减摩铸铁要求磨损小、摩擦系数小、导热性好、切削加工性好。为了满足上述性能要求，减摩铸铁的组织应为软基体上均匀分布着硬组织。这种组织工作时，在摩擦力的作用下，软基体下凹，保存油膜，均匀分布的硬组织起耐磨作用。珠光体灰铸铁基本符合上述要求，在珠光体基体中铁素体为软基体，渗碳体为硬组织，石墨片本身是良好的润滑剂，并且由于石墨组织的"松散"特点，所以，石墨所在之处可以储存润滑油，从而达到润滑摩擦表面的效果。其他减摩铸铁还有磷铸铁（制作机床导轨和工作台）和铬钼铜铸铁（用于制作汽车的气缸和活塞环）等。

常用减摩铸铁是耐磨灰铸铁，其牌号用字母"HTM"表示，数字表示合金元素的百分质量分数，如HTMCu1CrMo等。

（2）抗磨铸铁　具有较好的抗磨料磨损的铸铁，称为抗磨铸铁。抗磨铸铁是在无润滑、干摩擦条件下工作的，如犁铧、轧辊、抛丸机叶片、球磨机磨球、拖拉机履带板、发动机凸轮等。抗磨铸铁要求具有均匀的高硬度组织，其内部组织一般是莱氏体、马氏体、贝氏体等。生产中通常采用激冷或向铸铁中加入铬、钨、钼、铜、锰、磷、硼等元素，在铸铁中形成一定数量的硬化相来提高其耐磨性，如合金白口铸铁、中锰球墨铸铁、冷硬铸铁等，都是较好的抗磨铸铁。

抗磨白口铸铁的牌号由"BTM"、合金元素符号和数字组成，如BTMCr15Mo等。如果是抗磨球墨铸铁，则牌号中用字母"QTM"表示，数字依次表示合金元素的百分质量分数和最低抗拉强度（MPa），如QTMMn8-30等。如果是冷硬灰铸铁，则牌号中用字母"HTL"表示，数字表示合金元素的百分质量分数，如HTLCr1Ni1Mo。

2. 耐热铸铁

在高温下使用、其抗氧化或抗生长性能符合使用要求的铸铁，称为耐热铸铁。铸铁在反复加热、冷却时产生体积长大的现象称为铸铁的生长。在高温下铸铁产生的体积膨胀是不可逆的，这是由于铸铁内部发生氧化现象和石墨化现象引起的。因此，铸铁在高温下损坏的形式主要是在反复加热、冷却过程中，发生相变（渗碳体分解）和氧化，引起铸铁生长以及产生微裂纹。

为了提高铸铁的耐热性，常向铸铁中加入硅、铝、铬等合金元素，使铸铁表面形成一层致密的 SiO_2、Al_2O_3、Cr_2O_3 氧化膜，阻止氧化性气体渗入铸铁内部产生内氧化，抑制铸铁的生长。耐热铸铁主要用于制作工业加热炉附件，如炉底板、炉条、烟道挡板、废气道、传递链构件、渗碳坩埚、热交换器、压铸模等。

常用耐热铸铁牌号有：HTRCr、HTRCr2、HTRSi5、QTRSi4、QTRAl22 等。牌号中的"HTR"和"QTR"分别表示耐热灰铸铁和耐热球墨铸铁，数字表示合金元素的百分质量分数。

3. 耐蚀铸铁

能耐化学、电化学腐蚀的铸铁，称为耐蚀铸铁。耐蚀铸铁中通常加入的合金元素是硅、铝、铬、镍、钼、铜等，这些合金元素能使铸铁表面生成一层致密稳定的氧化物保护膜，从而提高耐蚀铸铁的耐腐蚀能力。常用的耐蚀铸铁有：高硅耐蚀铸铁、高硅钼耐蚀铸铁、高铝耐蚀铸铁、高铬耐蚀铸铁、镍铸铁等。耐蚀铸铁主要用于化工机械，如管道、阀门、耐酸泵、离心泵、反应锅及容器等。

常用的高硅耐蚀铸铁的牌号有 HTSSi11Cu2CrRE、HTSSi15RE、HTSSi15Cr4MoRE、HTSSi15Cr4RE 等。牌号中的"HTS"表示耐蚀灰铸铁，RE 是稀土代号，数字表示合金元素的百分质量分数。如果牌号开头为"QTS"，则表示耐蚀球墨铸铁。

复习与思考

一、填空题

1. 钢中所含有害杂质元素主要是_____、_____。

2. 钢中非金属夹杂物主要有：_____、_____、_____、_____等。

3. 按碳的质量分数高低分类，非合金钢可分为_____碳钢、_____碳钢和_____碳钢三类。

4. 在非合金钢中按钢的用途可分为_____、_____两类。

5. 碳素结构钢质量等级可分为_____、_____、_____、_____四类。

6. T12A 钢按用途分类，属于_____钢；按碳的质量分数分类，属于_____、按主要质量等级分类，属于_____。

7. 45 钢按用途分类，属于_____钢；按主要质量等级分类，属于_____钢。

8. 合金元素在钢中主要以两种形式存在，一种形式是溶入铁素体中形成_____铁素体；另一种形式是与碳化合形成_____碳化物。

9. 低合金钢按主要质量等级分为_____钢、_____钢和_____钢。

10. 合金钢按主要质量等级可分为_____钢和_____钢。

11. 机械结构用钢按用途和热处理特点，分为_____钢、_____钢、_____钢和_____钢等。

12. 60Si2Mn 是_____钢，它的最终热处理方法是_____。

13. 超高强度钢按化学成分和强韧化机制分类，可分为_____钢、_____钢、_____钢和_____钢四类。

14. 高速钢刀具在切削温度达 600℃时，仍能保持_____和_____。

15. 按不锈钢使用时的组织特征分类，可分为_____钢、_____钢、_____钢、_____钢和_____钢五类。

16. 不锈钢是指以不锈、耐蚀性为主要特性，且铬含量至少为_____，碳的质量分数最大不超过_____的钢。

17. 钢的耐热性包括_____性和_____强性两个方面。

18. 特殊物理性能钢包括_____钢、_____钢、_____钢和_____钢及其合金。

19. 常用的低温钢主要有：_____钢、_____钢及_____钢。

20. 根据铸铁中碳的存在形式，铸铁分为_____铸铁、_____铸铁、_____铸铁、_____铸铁、_____铸铁、_____铸铁等。

21. 灰铸铁具有良好的_____性、_____性、_____性、_____性及低的_____性等。

22. 可锻铸铁是由一定化学成分的_____经石墨化_____，使_____分解获得_____石墨的铸铁。

23. 常用的合金铸铁有_____铸铁、_____铸铁及_____铸铁等。

二、单项选择题

1. 08F 牌号中，08 表示其平均碳的质量分数是_____。

A. 0.08%；　　　　　B. 0.8%；　　　　　C. 8%

2. 普通非合金钢、优质非合金钢和特殊质量非合金钢是按_____进行区分的。

A. 主要质量等级；　　　　　　　　B. 主要性能；
C. 使用特性；　　　　　　　　　　D. 前三者综合考虑

3. 在下列三种钢中，_____钢的弹性最好；_____钢的硬度最高；_____钢的塑性最好。

A. T12；　　　　　B. 15；　　　　　C. 65

4. 选择制造下列零件的钢材：冷冲压件用_____；齿轮用_____；小弹簧用_____。

A. 08F 钢；　　　　　B. 70 钢；　　　　　C. 45 钢

5. 选择制造下列工具所用的钢材：木工工具用_____；锉刀用_____；手锯锯条用_____。

A. T8A 钢；　　　　　B. T10 钢；　　　　　C. T12 钢

6. 合金渗碳钢渗碳后必须进行_____后才能使用。

A. 淬火加低温回火；　B. 淬火加中温回火；　C. 淬火加高温回火

7. 将合金钢牌号归类。

耐磨钢：_____；合金弹簧钢：_____；合金模具钢：_____；不锈钢：_____。

A. 60Si2MnA；　　　B. ZGMn13-2；　　　C. Cr12MoV；　　　D. 12Cr13

8. 为下列零件正确选材：机床主轴_____；汽车与拖拉机的变速齿轮_____；减振板弹簧_____；滚动轴承_____；储酸槽_____；坦克履带_____。

A. 12Cr18Ni9；　　　B. GCr15；　　　　C. 40Cr；
D. 20CrMnTi；　　　E. 60Si2MnA；　　　F. ZGMn13-3

9. 为下列工具正确选材：高精度丝锥_____；热锻模_____；冷冲模_____；医用手术刀片_____；麻花钻头_____。

A. Cr12MoV；　　B. CrWMn；　　C. 68Cr17；　　D. W18Cr4V；　　E. 5CrNiMo

10. 为提高灰铸铁的表面硬度和耐磨性，采用_____热处理方法效果较好。

A. 接触电阻加热淬火；　　　B. 等温淬火；　　　C. 渗碳后淬火加低温回火

11. 球墨铸铁经_____可获得铁素体基体组织；经_____可获得贝氏体基体组织。

A. 退火；　　　　　　B. 正火；　　　　　　C. 贝氏体等温淬火

12. 为下列零件正确选材：机床床身_____；汽车后桥外壳_____；柴油机曲轴_____；排气管_____。

A. RuT300；　　　　B. QT700-2；　　　　C. KTH350-10；　　　D. HT300

13. 为下列零件正确选材：轧辊_____；炉底板_____；耐酸泵_____。

A. HTSSi11Cu2CrRE；　　B. HTRCr16；　　　C. 抗磨铸铁

三、判断题

1. 氢对钢的危害很大，它使得钢变脆（称氢脆），也使钢产生微裂纹（称白点）。（　　）

2. T10 钢碳的质量分数是 10%。（　　）

3. 高碳钢的质量优于中碳钢，中碳钢的质量优于低碳钢。（　　）

4. 碳素工具钢都是高级优质钢。（　　）

5. 碳素工具钢的碳的质量分数一般都大于 0.7%。（　　）

6. 一般合金钢都有较好的耐回火性。（　　）

7. 大部分低合金钢和合金钢的淬透性比非合金钢好。（　　）

8. 3Cr2W8V 钢一般用来制造冷作模具。（　　）

9. GCr15 钢是高碳铬轴承钢，其铬的质量分数是 15%。（　　）

10. Cr12MoVA 钢是不锈钢。（　　）

11. 40Cr 钢是最常用的合金调质钢。（　　）

12. 热处理可以改变灰铸铁的基体组织，但不能改变石墨的形状、大小和分布情况。（　　）

13. 可锻铸铁比灰铸铁的塑性好，因此，可以进行锻压加工。（　　）

14. 可锻铸铁一般只适用于制作薄壁小型铸件。（　　）

15. 白口铸铁件的硬度适中，易于进行切削加工。（　　）

四、简答题

1. 碳素工具钢随着碳的质量分数的提高，其力学性能有何变化？

2. 与非合金钢相比，合金钢有哪些优点？

3. 说明在一般情况下非合金钢用水淬火，而合金钢用油淬火的道理。

4. 耐磨钢常用牌号有哪些？它们为什么具有良好的耐磨性和良好的韧性？并举例说明其用途。

5. 比较冷作模具钢与热作模具钢碳的质量分数、性能要求、热处理工艺有何不同？

6. 高速工具钢有何性能特点？回火后为什么硬度会增加？

7. 不锈钢和耐热钢有何性能特点？并举例说明其用途。

8. 说明下列钢材牌号属何类钢？其数字和符号各表示什么？

① Q460B；② Q355NHC；③ 20Cr；④ GCr15SiMn；⑤ 9CrSi；⑥ Cr12；⑦ 10Cr17；⑧W6Mo5Cr4V2

9. 什么是铸铁？它与钢相比有什么优点？

10. 影响铸铁石墨化的因素有哪些?

11. 球墨铸铁是如何获得的? 它与相同钢基体的灰铸铁相比, 其突出性能特点是什么?

12. 说明下列铸铁牌号属何类铸铁? 其数字和符号各表示什么?

①HT250; ②QT400-15; ③KTH350-10; ④KTZ550-04; ⑤KTB380-12; ⑥RuT420; ⑦HTRSi5

五、课外探讨与交流

1. 通过看报纸或查阅有关资料, 调研典型的非合金钢、低合金钢与合金钢的应用和实际价格。

2. 查阅有关资料分析与交流铸铁在推进社会文明进步中的地位和作用。

第四章　非铁金属及其合金

【学习目标与学习方法】

本章主要介绍非铁金属材料的分类、性能和应用等内容。学习过程中，第一，要了解非铁金属材料的分类、性能特点和应用，并与钢铁材料进行对比；第二，要了解部分非铁金属材料的强化手段和热处理特点，分析其与钢铁材料的不同之处。

非铁金属（或有色金属）是除钢铁材料以外的其他金属材料的总称，如铝、镁、铜、锌、锡、铅、镍、钛、金、银、铂、钒、钼等金属及其合金就属于非铁金属。非铁金属种类较多，冶炼比较难，成本较高，故其产量和使用量远不如钢铁材料多。但是由于非铁金属具有钢铁材料所不具备的某些物理性能和化学性能，因而是现代工业中不可缺少的重要金属材料，广泛应用于机械制造、航空、航海、汽车、石化、电力、电器、核能及计算机等行业。常用的非铁金属有：铝及铝合金、铜及铜合金、钛及钛合金、滑动轴承合金、硬质合金等。

第一节　铝及铝合金

铝及铝合金是非铁金属中应用最广的金属材料，其在地球的储存量比铁多，其产量仅次于钢铁材料，广泛用于电气、汽车、车辆、化工、航空等行业。

根据 GB/T 16474—2011《变形铝及铝合金牌号表示方法》的规定，我国变形铝及铝合金牌号表示采用国际四位数字体系牌号和四位字符体系牌号两种命名方法。在国际牌号注册组织中注册命名的铝及铝合金，直接采用四位数字体系牌号，按化学成分在国际牌号注册组织未命名的，应按四位字符体系牌号命名。两种牌号命名方法的区别仅在第二位。牌号第一位数字表示变形铝及铝合金的组别，见表4-1所示；牌号第二位数字（国际四位数字体系）或字母（四位字符体系，除字母 C、I、L、N、O、P、Q、Z 外）表示对原始纯铝或铝合金的改型情况，数字"0"表示原始合金，数字"1~9"表示对铝合金的修改次数，或是对纯铝中某一种或几种杂质或合金元素加以专门的控制；字母"A"表示原始合金，字母"B~Y"则表示对原始合金的改型情况；最后两位数字用以标识同一组中不同的铝合金，对于纯铝则表示铝的最低质量分数中小数点后面的两位数。

表 4-1　铝及铝合金的组别分类

组　别	牌号系列
纯铝（铝的质量分数不小于99.00%）	1 × × ×
以铜为主要合金元素的铝合金	2 × × ×
以锰为主要合金元素的铝合金	3 × × ×
以硅为主要合金元素的铝合金	4 × × ×

（续）

组　　别	牌号系列
以镁为主要合金元素的铝合金	$5 \times \times \times$
以镁和硅为主要合金元素并以 Mg_2Si 为强化相的铝合金	$6 \times \times \times$
以锌为主要合金元素的铝合金	$7 \times \times \times$
以其他合金元素为主要合金元素的铝合金	$8 \times \times \times$
备用合金组	$9 \times \times \times$

一、纯铝的性能、牌号及用途

1. 纯铝的性能

铝的质量分数不低于 99.00% 时为纯铝。纯铝是银白色的轻金属，其密度是 $2.7g/cm^3$，约为铁的 1/3；铝的熔点是 660℃，结晶后具有面心立方晶格，无同素异构转变现象，无铁磁性；纯铝有良好的导电和导热性能，仅次于银和铜，室温下导电能力约为铜的 60% ~ 64%；铝和氧的亲和力强，容易在其表面形成致密的 Al_2O_3 薄膜，该薄膜能有效地防止内部金属继续氧化，故纯铝在非工业污染的大气中有良好的耐蚀性，但纯铝不耐碱、酸、盐等介质的腐蚀；纯铝的塑性好（$A_{11.3} \approx 40\%$，$Z \approx 80\%$），但强度低（$R_m \approx 80 \sim 100MPa$）；纯铝不能用热处理进行强化，合金化和冷变形是其提高强度的主要手段，纯铝经冷变形强化后，其强度可提高到 150 ~ 250MPa，而塑性则下降到 $Z = 50\% \sim 60\%$。

2. 纯铝的牌号及用途

纯铝牌号用 $1 \times \times \times$ 四位数字或四位字符表示，牌号的最后两位数字表示最低铝的质量分数。当最低铝的质量分数精确到 0.01% 时，牌号的最后两位数字就是最低铝的质量分数中小数点后面的两位数。例如，1A99（原 LG5），其 $w(Al) = 99.99\%$；1A97（原 LG4），其 $w(Al) = 99.97\%$。

纯铝主要用于熔炼铝合金，制造电线、电缆、电器元件、换热器件以及要求制作质轻、导热与导电、耐大气腐蚀但强度要求不高的机电构件等。

【拓展知识——铝的诞生】 1825 年丹麦人汉斯·克利斯蒂安·奥斯台德在实验室里成功地制造出铝来。1855 年人们第一次把几千克的铝带到巴黎世界博览会，它就像一个神童展现在成千上万的观众眼前。在当时 1kg 铝的价值是 1 000 马克，相当于当时银价的 5 倍。直到 1886 年人们发明了用熔盐电解法炼制铝时，它才开始得到普遍应用，其价格才逐渐下降，到 1897 年 1kg 铝的价格只有 2.5 马克了。

二、铝合金

铝合金是以铝为基础，加入一种或几种其他元素（如铜、镁、硅、锰、锌等）构成的合金。向纯铝中加入适量的铜、镁、硅、锰、锌等合金元素，可得到具有较高强度的铝合金。若再经过冷加工或热处理，其抗拉强度可进一步提高到 500MPa 以上，而且铝合金的比强度（抗拉强度与密度的比值）高，有良好的耐蚀性和可加工性，因此，在航空和航天工业中得到广泛应用。

1. 铝合金的分类

铝合金分为变形铝合金和铸造铝合金两类。图 4-1 所示是铝合金的相图，图中的 DF 线

是合金元素在 α 固溶体中的溶解度变化曲线，D 点是合金元素在 α 固溶体中的最大溶解度。合金元素含量低于 D 点化学成分的合金，当加热到 DF 线以上时，能形成单相固溶体（α）组织，因而其塑性较高，适于压力加工，故称为变形铝合金。其中合金元素含量在 F 点以左的合金，由于其固溶体化学成分不随温度而变化，不能进行热处理强化，故称为热处理不能强化铝合金。而化学成分在 F 点以右的铝合金（包括铸铝合金），其固溶体化学成分随温度变化而沿 DF 线变化，可以用热处理的方法使合金强化，故称为热处理能强化铝合金。合金元素含量超过 D 点化学成分的铝合金，具有共晶组织，适合于铸造加工，不适于压力加工，故称为铸造铝合金。铝合金的分类如图 4-2 所示。

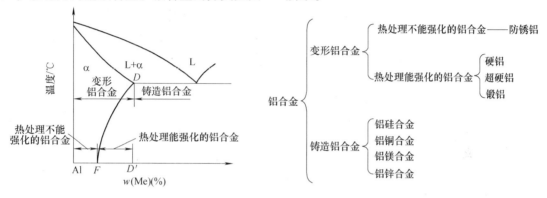

图 4-1　二元铝合金相图的一般类型　　　　图 4-2　铝合金分类

2. 变形铝合金

变形铝合金一般由冶金厂加工成各种规格的型材（板、带、管、线等）供应给用户。

（1）防锈铝　它属于热处理不能强化的变形铝合金，可通过冷压力加工提高其强度，主要是 Al-Mn 系和 Al-Mg 系合金，如 5A02、3A21 等。防锈铝具有比纯铝更好的耐蚀性，具有良好的塑性及焊接性能，强度较低，易于成形和焊接。防锈铝主要用于制造要求具有较高耐蚀性的油箱、导油管、生活用器皿、窗框、铆钉、防锈蒙皮、中载荷零件和焊接件等。

（2）硬铝　它属于 Al-Cu-Mg 系合金，如 2A11、2A12 等。硬铝具有强烈的时效硬化能力，在室温具有较高的强度和耐热性，但其耐蚀性比纯铝差，尤其是耐海洋大气腐蚀的性能较低，可焊接性也较差，所以，有些硬铝的板材常在其表面包覆一层纯铝后使用。硬铝主要用于制作中等强度的构件和零件，如铆钉、螺栓，航空工业中的一般受力结构件（如飞机翼肋、翼梁等）。

（3）超硬铝　它属于 Al-Cu-Mg-Zn 系合金，这类铝合金是在硬铝的基础上再添加锌元素形成的，如 7A04、7A09 等。超硬铝经固溶处理和人工时效后，可以获得在室温条件下强度最高的铝合金，但应力腐蚀倾向较大，热稳定性较差。超硬铝主要用于制作受力大的重要构件及高载荷零件，如飞机大梁、桁架（图 4-3）、翼肋（图 4-4）、活塞、加强框、起落架、螺旋桨叶片等。

（4）锻铝　它属于 Al-Cu-Mg-Si 系合金，如 2A50、2A70 等。锻铝具有良好的冷热加工性能和焊接性能，力学性能与硬铝相近，适于采用压力加工（如锻压、冲压等），用来制作各种形状复杂的零件（如内燃机活塞、叶轮等）或棒材。

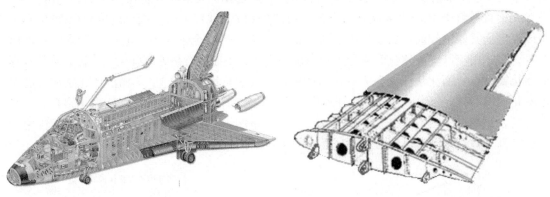

图 4-3　飞机桁架　　　　　　　　　　图 4-4　飞机翼肋

【拓展知识——发现硬铝的趣闻】 1906 年冶金工程师阿尔弗莱德·维尔姆 (1869—1937) 在柏林达勒姆国家材料检验所里研究铝合金的硬化问题。他将 Al-Cu-Mg-Mn 合金加热到快要熔化状态，紧接着使它激冷，然后检验该种铝合金的强度，结果发现该种铝合金的强度并不比激冷处理前高多少。第二天，阿尔弗莱德·维尔姆将试验交给所里的一个试验员，要求试验员重复上述实验。恰巧那天是星期六，天气特别好，试验员想准时下班，便决定把试验拖到下星期一进行。可是，到了星期一，阿尔弗莱德·维尔姆发现他原先处理过的铝合金的强度高得异乎寻常。后来人们知道铝合金经过淬火后，再进行时效处理，可以提高铝合金的强度和硬度，这种铝合金就是现在广泛使用的硬铝。

3. 铸造铝合金

铸造铝合金是指可采用铸造成形方法直接获得铸件的铝合金。铸造铝合金与变形铝合金相比，一般含有较高的合金元素，具有良好的铸造性能，但塑性与韧性较低，不能进行压力加工。按其所加合金元素的不同，铸造铝合金主要有：Al-Si 系；Al-Cu 系；Al-Mg 系；Al-Zn 系合金等。

铸造铝合金牌号由铝和主要合金元素的化学符号以及表示主要合金元素名义质量分数的数字组成，并在其牌号前面冠以"铸"字的汉语拼音字母的字首"Z"。例如，ZAlSi12，表示 $w(Si) = 12\%$，$w(Al) = 88\%$ 的铸造铝合金。

（1）Al-Si 系铸造铝合金　铸造铝硅合金分为两种，第一种是仅由铝、硅两种元素组成的铸造铝合金，该类铸造铝合金为热处理不能强化的铝合金，强度不高，如 ZAlSi2 等；第二种是除铝硅外再加入其他元素的铸造铝合金，该类铸造铝合金因加入铜、镁、锰等元素等，可使合金得到强化，并可通过热处理进一步提高其力学性能，如 ZAlSi7Mg、ZAlSi7Cu4 等。Al-Si 系铸造铝合金具有良好的铸造性能、力学性能和耐热性，可用来制作内燃机活塞、气缸体（图 4-5）、气缸头、气缸套、风扇叶片、箱体、框架、仪表外壳、油泵壳体等工件。

图 4-5　铸造铝合金气缸

（2）Al-Cu 系铸造铝合金　铸造铝铜合金（如 ZAlCu5Mn 等）强度较高，加入镍、锰可提高其耐热性和热强性，但铸造性能和耐蚀性稍差些，可用于制作高强度或高温条件下工作的零件，如内燃机气缸、活塞、支臂等。

（3）Al-Mg 系铸造铝合金　铸造铝镁合金（如 ZAlMg10 等）具有良好的耐蚀性、良好的综合力学性能和切削性加工性，可用于制作在腐蚀介质条件下工作的铸件，如氨用泵体、泵盖及舰船配件等。

（4）Al-Zn 系铸造铝合金　铸造铝锌合金（如 ZAlZn11Si7 等）具有较高的强度，铸造性能好，力学性能较高，价格便宜，用于制造医疗器械、仪表零件、飞机零件和日用品等。

铸造铝合金可采用变质处理细化晶粒，即在液态铝合金中加入氟化钠和氯化钠的混合盐（2/3NaF + 1/3NaCl），加入量为铝合金质量的 1% ~3%。这些盐和液态铝合金相互作用，因变质作用细化晶粒，从而提高铝合金的力学性能，使其抗拉强度提高 30% ~40%，伸长率提高 1% ~2%。

三、铝合金的热处理

1. 铝合金的热处理特点

铝合金的热处理机理与钢不同。能进行热处理强化的铝合金，淬火后塑性与韧性显著提高，硬度和强度不能立即提高，必须在室温放置一段时间后，发生时效现象，硬度和强度才会显著提高，但塑性与韧性亦随之明显下降，如图 4-6 所示。这是因为铝合金淬火后，获得的过饱和固溶体是不稳定的组织，有析出第二相金属化合物的趋势。铝合金的时效分为自然时效和人工时效两种。铝合金工件经固溶处理后，在室温下进行的时效称为"自然时效"；在加热条件（一般为 100 ~200℃）下进行的时效称为"人工时效"。

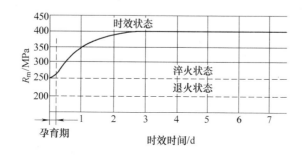

图 4-6　铝合金[w(Cu)=4%]自然时效曲线

2. 铝合金的热处理

铝合金常用的热处理方法有：退火，淬火加时效等。退火可消除铝合金的加工硬化，恢复其塑性变形能力，消除铝合金铸件的内应力和化学成分偏析。淬火也称"固溶处理"，其目的是使铝合金获得均匀的过饱和固溶体，时效处理是使淬火铝合金达到最高强度，淬火加时效是铝合金强化的主要方法。

第二节　铜及铜合金

铜元素在地球中的储量较少，但铜及其合金却是人类历史上使用最早的金属之一。目前工业上使用的铜及其合金主要有：加工铜（纯铜）、黄铜、青铜及白铜。

一、加工铜（纯铜）的性能、牌号及用途

加工铜呈玫瑰红色，其表面形成氧化铜膜后呈紫红色，俗称紫铜。由于加工铜是用电解方法提炼出来的，又称电解铜。

1. 加工铜的性能

加工铜的熔点为 1 083℃，密度是 $8.89 \sim 8.95 \text{g/cm}^3$，其晶胞是面心立方晶格。加工铜具有良好的导电性、导热性和抗磁性。加工铜在含有 CO_2 的湿空气中，其表面容易生成碱性碳酸盐类的绿色薄膜 $[CuCO_3 \cdot Cu(OH)_2]$，俗称铜绿。加工铜的抗拉强度（$R_m = 200 \sim 240 \text{MPa}$）不高，硬度（$30 \sim 40 \text{HBW}$）较低，塑性（$A_{11.3} = 45\% \sim 50\%$）与低温韧性较好，容易进行压力加工。加工铜没有同素异构转变现象，经冷塑性变形后可提高其强度，但塑性有所下降。

加工铜的化学稳定性较高，在非工业污染的大气、淡水等介质中均有良好的耐蚀性，在非氧化性酸溶液中也能耐腐蚀，但在氧化性酸（如 HNO_3、浓 H_2SO_4 等）溶液以及各种盐类溶液（包括海水）中则容易受到腐蚀。

2. 加工铜的牌号及用途

加工铜的牌号用汉语拼音字母"T"加顺序号表示，共有 T1（一号铜）、T2（二号铜）、T3（三号铜）三种，牌号中的顺序号数字越大，则其纯度越低。加工铜中常含有铅、铋、氧、硫和磷等杂质元素，它们对铜的力学性能和工艺性能有很大的影响，尤其是铅和铋的危害最大，容易引起"热脆"和"冷脆"现象。加工铜强度低，不宜作为结构材料使用，主要用于制造电线、电缆、电子器件、导热器件以及作为冶炼铜合金的原料等。无氧铜牌号也有 TU0（零号无氧铜）、TU1（一号无氧铜）、TU2（二号无氧铜）三种，主要用于制作电真空器件和高导电性导线。

二、铜合金的分类

工业上广泛使用的是铜合金，铜合金按合金的化学成分分类，可分为黄铜、白铜和青铜三类。

1. 黄铜

黄铜是指以铜为基体金属，以锌为主加元素的铜合金。黄铜包括普通黄铜和特殊黄铜。普通黄铜是由铜和锌组成的铜合金；在普通黄铜中再加入其他元素所形成的铜合金称为特殊黄铜，如铅黄铜、锰黄铜、铝黄铜、镍黄铜、铁黄铜、锡黄铜、加砷黄铜、硅黄铜等。根据生产方法的不同，黄铜又可分为加工黄铜与铸造黄铜两类。

2. 白铜

白铜是指以铜为基体金属，以镍为主加元素的铜合金。白铜包括普通白铜和特殊白铜。普通白铜是由铜和镍组成的铜合金；在普通白铜中再加入其他元素所形成的铜合金称为特殊白铜，如锌白铜、锰白铜、铁白铜、铝白铜等。根据生产方法的不同，白铜又可分为加工白铜与铸造白铜两类。

3. 青铜

青铜是指除黄铜和白铜以外的铜合金。例如，以锡为合金元素的青铜称为锡青铜，以铝为主要合金元素的青铜称铝青铜，此外，还有铍青铜、硅青铜、锰青铜等。与黄铜、白铜一样，各种青铜中还可加入其他合金元素，以改善其性能。根据生产方法的不同，青铜可分为加工青铜与铸造青铜两类。

三、加工黄铜

加工黄铜的牌号用"黄"字汉语拼音字首"H"加数字表示。对于普通黄铜来说，其牌号用"黄"字汉语拼音字首"H"加数字表示，其中数字表示平均铜的质量分数，如H80表示铜的质量分数为80%，锌的质量分数为20%的普通黄铜。对于特殊黄铜来说，其牌号用"黄"字汉语拼音字首"H"加主加元素（Zn除外）符号，加铜及相应主加元素的质量分数来表示，如HPb59-1表示铜的质量分数为59%，铅的质量分数为1%的特殊黄铜（或铅黄铜）。

1. 普通黄铜

普通黄铜色泽美观，具有良好的耐蚀性，加工性能较好。普通黄铜力学性能与化学成分之间的关系如图4-7所示。当锌的质量分数低于39%时，锌能全部溶于铜中，并形成单相α固溶体组织（称α黄铜或单相黄铜），如图4-8所示。随着锌的质量分数增加，固溶强化效果明显增强，使普通黄铜的强度、硬度提高，同时还保持较好的塑性，故单相黄铜适合于冷变形加工。当锌的质量分数在39%～45%时，黄铜的显微组织为α+β′两相组织（称双相黄铜）。由于β′相的出现，普通黄铜在强度继续升高的同时，塑性有所下降，故双相黄铜适合于热变形加工。当锌的质量分数高于45%时，因显微组织全部为脆性的β′相，致使普通黄铜的强度和塑性都急剧下降，因此应用很少。

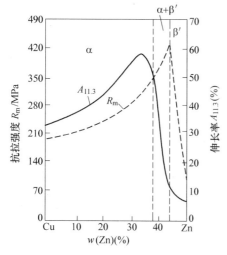

图4-7　普通黄铜的组织和力学性能
与锌的质量分数的关系

图4-8　单相黄铜显微组织

目前我国生产的普通黄铜有：H96、H90、H85、H80、H70、H68、H65、H63、H62、H59。普通黄铜主要用于制作导电零件、双金属、艺术品、奖章、弹壳（图4-9）、散热器、排水管、装饰品、支架、接头、油管、垫片、销钉、螺母、弹簧等。

2. 特殊黄铜

为了进一步提高普通黄铜的力学性能、工艺性能和化学性能，常在普通黄铜的基础上加入铅、铝、硅、锰、锡、镍、砷、铁等元素，分别形成铅黄铜、铝黄铜、硅黄铜、锰黄铜、锡黄铜等。加入铅可以改善黄铜的切削加工性，如铅黄铜 HPb59-1、HPb63-3 等；加入铝、镍、锰、硅等元素能提高黄铜的强度和硬度，改善黄铜的耐蚀性、耐热性和铸造性能，如铝黄铜 HAl60-1、镍黄铜 HNi65-5、锰黄铜 HMn58-2、硅黄铜 HSi80-3 等；加入锡能增加黄铜的强度和在海水中的耐蚀性，如锡黄铜 HSn90-1，因此，锡黄铜又有海军黄铜之称；加入砷可以减少或防止黄铜脱锌。

特殊黄铜常用于制作轴、轴套、齿轮（图4-10）、螺栓、螺钉、螺母、分流器、导电排、水管零件、耐磨零件、耐腐蚀零件。

图 4-9　弹壳

图 4-10　齿轮

四、加工白铜

1. 普通白铜

普通白铜是 Cu-Ni 二元合金。由于铜和镍的晶格类型相同，因此，在固态时能无限互溶，形成单相 α 固溶体组织。普通白铜具有优良的塑性、很好的耐蚀性、耐热性、特殊的电性能和冷热加工性能。普通白铜可通过固溶强化和冷变形强化提高强度。随着普通白铜中 Ni 的质量分数的增加，白铜的强度、硬度、电阻率、热电势、耐蚀性会显著提高，而电阻温度系数明显降低。普通白铜是制造精密机械零件、仪表零件、冷凝器、蒸馏器、热交换器和电器元件不可缺少的材料。普通白铜的牌号用"B + 数字"表示，其中"B"是"白"字的汉语拼音字首，数字表示镍的质量分数。例如，B19 表示镍的质量分数是 19%，铜的质量分数是 81% 的普通白铜。常用普通白铜有 B0.6、B5、B19、B25、B30 等。

2. 特殊白铜

特殊白铜是在普通白铜中加入锌、铝、铁、锰等元素而形成的白铜。合金元素的加入是为了改善白铜的力学性能、工艺性能和电热性能以及获得某些特殊性能，如锰白铜（又称康铜）具有较高的电阻率、热电势、较低的电阻温度系数、良好的耐热性和耐蚀性，常用来制造热电偶、变阻器及加热器等。特殊白铜的牌号用"B + 主加元素符号 + 几组数字"表示，数字依次表示镍和主加元素的质量分数，如 BMn3-12 表示平均镍的质量分数是 3%、锰的质量分数是 12% 的锰白铜。

常用特殊白铜有铝白铜（如 BAl6-1.5）、铁白铜（如 BFe30-1-1）、锰白铜（如 BMn3-12）等。

五、加工青铜

青铜是人类历史上应用最早的合金，因铜与锡的合金呈青黑色而得名。加工青铜的牌号用 "Q+第一个主加元素的化学符号及数字+其他元素符号及数字" 方式表示，"Q" 是"青"字汉语拼音字首，数字依次表示第一个主加元素和其他加入元素的平均质量分数。例如，QBe2 即为平均铍的质量分数是 2% 的铍青铜；QSn4-3 即为平均锡的质量分数是 4%，锌的质量分数是 3% 的锡青铜。

常用加工青铜主要有：锡青铜（如 QSn4-3）、铝青铜（如 QAl5）、铍青铜（如 QBe2）、硅青铜（如 QSi3-1）、锰青铜（如 QMn2）、铬青铜（如 QCr0.5）、锆青铜（如 QZr0.2）、镉青铜（如 QCd1）、镁青铜（如 QMg0.8）、铁青铜（如 QFe2.5）、碲青铜（如 QTe0.5）等。加工青铜主要用于制作弹性高、耐磨、抗腐蚀、抗磁的零件，如弹簧片、电极、齿轮、轴承（套）、轴瓦、蜗轮、电话线、输电线及与酸、碱、蒸汽等接触的零件等。

【史海考证】 根据考古显示，我国使用铜的历史约有 5 000 余年。大量出土的古代青铜器说明，我国在商代（公元前 1562 年—1066 年）就有了高度发达的青铜加工技术。河南安阳出土的司母戊大方鼎，带耳高 1.37m，长 1.1m，宽 0.77m，重达 875kg，该鼎是商殷时期祭器，体积庞大，花纹精巧、造型精美。要制造这么精美的青铜器，需要经过雕塑、制造模样与铸型、金属冶炼等工序，可以说司母戊大方鼎是古代雕塑艺术与金属冶炼技术的完美结合。同时，在当时条件下要浇铸这样庞大的器物，如果没有大规模的科学分工、精湛的雕塑艺术及铸造技术，是不可能完美地制造成功的。

六、铸造铜合金

铸造铜合金是指用以生产铸件的铜合金。铸造铜合金的牌号表示方法是用 "ZCu+主加元素符号+主加元素质量分数+其他加入元素符号和质量分数" 组成。例如，ZCuZn38 表示锌的质量分数为 38% 的铸造铜合金。常用的铸造黄铜合金有：ZCuZn38、ZCuZn16Si4、ZCuZn40Pb2、ZCuZn25AlFe3Mn3 等。常用的铸造青铜合金有：ZCuSn10Zn2、ZCuAl9Mn2、ZCuPb30 等。

铸造锡青铜的结晶温度间隔大，流动性较差，不易形成集中性缩孔，容易形成分散性的微缩孔，是非铁金属中铸造收缩率最小的合金，适合于铸造对外形及尺寸要求较高的铸件以及形状复杂、壁厚较大的零件。锡青铜是自古至今制作艺术品的常用铸造合金，但因锡青铜的致密度较低，不宜用做要求高密度和高密封性的铸件。

第三节 钛及钛合金

钛金属在 20 世纪 50 年代才开始投入工业生产和应用，但其发展和应用却非常迅速，广泛应用于航空、航天、化工、造船、机电产品、医疗卫生和国防等部门。由于钛具有密度小、强度高、比强度（抗拉强度除以密度）高、耐高温、耐腐蚀和良好的冷热加工性能等优点，并且矿产资源丰富，所以，钛金属主要用于制造要求塑性高、有适当的强度、耐腐蚀和可焊接的零件。

一、加工钛（纯钛）的性能、牌号及用途

1. 加工钛的性能

加工钛呈银白色，密度为 $4.51g/cm^3$，熔点为 1 668℃，热膨胀系数小，塑性好，强度低，容易加工成形。加工钛结晶后有同素异构转变现象，在 882℃以下为密排六方晶格结构的 α-Ti，882.5℃以上为体心立方晶格结构的 β-Ti。

钛与氧和氮的亲和力较大，非常容易与氧和氮结合形成一层致密的氧化物和氮化物薄膜，其稳定性高于铝及不锈钢的氧化膜，故在许多介质中钛的耐蚀性比大多数不锈钢更优良，尤其是抗海水的腐蚀能力非常突出。

2. 加工钛的牌号和用途

加工钛的牌号用"TA + 顺序号"表示，如 TA2 表示 2 号工业纯钛。工业纯钛的牌号有TA1、TA2、TA3、TA4 四个牌号，顺序号越大，杂质含量越多。加工钛在航空和航天部门主要用于制造飞机骨架、蒙皮、发动机部件等；在化工部门主要用于制造热交换器、泵体、搅拌器、蒸馏塔、叶轮、阀门等；在海水净化装置及舰船方面制造相关的耐腐蚀零部件。

二、钛合金

为了提高加工钛在室温时的强度和在高温下的耐热性等，常加入铝、锆、钼、钒、锰、铬、铁等合金元素，获得不同类型的钛合金。钛合金按退火后的组织形态可分为 α 型钛合金、β 型钛合金和（$\alpha + \beta$）型钛合金。

钛合金的牌号用"T + 合金类别代号 + 顺序号"表示。T 是"钛"字汉语拼音字首，合金类别代号分别用 A、B、C 表示 α 型钛合金、β 型钛合金、（$\alpha + \beta$）型钛合金。例如，TA7表示 7 号 α 型钛合金；TB2 表示 2 号 β 型钛合金；TC4 表示 4 号（$\alpha + \beta$）型钛合金。

α 型钛合金一般用于制造使用温度不超过 500℃的零件，如飞机蒙皮、骨架零件，航空发动机压气机叶片和管道，导弹的燃料缸，超音速飞机的涡轮机匣，火箭和飞船的高压低温容器等。常用的 α 型钛合金有：TA5、TA6、TA7、TA9、TA10 等。

β 型钛合金一般用于制造使用温度在 350℃以下的结构零件和紧固件，如压气机叶片、轴、轮盘及航空航天结构件等。常用的 β 型钛合金有：TB2、TB3、TB4 等。

（$\alpha + \beta$）型钛合金一般用于制造使用温度在 500℃以下和低温下工作的结构零件，如各种容器、泵、低温部件、舰艇耐压壳体、坦克履带、飞机发动机结构件和叶片，火箭发动机外壳、火箭和导弹的液氢燃料箱部件等。钛合金中（$\alpha + \beta$）型钛合金可以适应各种不同的用途，是目前应用最广泛的一种钛合金。常用的（$\alpha + \beta$）型钛合金有：TC1、TC2、TC3、TC4、TC6、TC8、TC9、TC10、TC11、TC12 等。

钛及其钛合金是一种很有发展前途的新型金属材料。我国钛金属的矿产资源丰富，其蕴藏量居世界各国前列，目前已形成了较完整的钛金属生产工业体系。

【拓展知识——金属中的骄子——钛】 在希腊神话里有个泰坦神族，是乌拉诺斯（天神）和该亚（地神）的孩子。在泰坦神族与奥林匹亚山诸神的 10 年大战中，最后宙斯所率领的奥林匹亚山诸神取得了胜利。泰坦神族被打入塔耳塔洛斯地狱最底层。德国化学家 M. H. 克拉普罗特（1743—1817）在 1795 年在金刚石里发现了一种不知名的新元

素，他根据泰坦神族（Titanen）的名字给这种不知名的新元素取名为钛（Titanium）。在金属发展史上，人们称钢铁为第一金属，铝为第二金属，钛为第三金属。钛具有许多的优良性能，是金属中的佼佼者，钛合金具有特殊的记忆功能和储氢功能。氢能是人类未来的理想能源，资源丰富、干净、无污染，利用氢能的关键是氢的制备技术和高密度的安全储运。人们利用钛铁系列、钛锰系列等储氢合金，可以实现氢能的安全利用。

第四节　滑动轴承合金

滑动轴承一般由轴承体和轴瓦构成，轴瓦直接支承转动轴。与滚动轴承相比，由于滑动轴承具有制造、修理和更换方便，与轴颈接触面积大，承受载荷均匀，工作平稳，无噪声等优点，广泛应用于机床、汽车发动机、各类连杆、大型电动机等动力设备上。因此，为了确保轴的磨损量最小，需要在滑动轴承内侧浇注或轧制一层耐磨和减摩的滑动轴承合金（图 4-11），形成均匀的内衬。滑动轴承合金具有良好耐磨性和减摩性，是用于制造滑动轴承轴瓦及其内衬的铸造合金。

图 4-11　滑动轴承合金

一、滑动轴承合金的理想组织

滑动轴承合金的理想显微组织是：在软的基体上分布着硬质点，或是在硬的基体上分布着软质点。这两种显微组织都可以使滑动轴承在工作时，软的显微组织部分很快地被磨损，形成下凹区域并储存润滑油，使磨合表面形成连续的油膜，硬质点则凸出并支承轴颈，使轴与轴瓦的实际接触面积减少，从而减少对轴颈的摩擦和磨损。软基体组织有较好的磨合性、抗冲击性和抗振动能力，但是，这类显微组织的承载能力较低。属于此类显微组织的滑动轴承合金有锡基滑动轴承合金和铅基滑动轴承合金，其理想的组织如图 4-12 所示。在硬基体（其硬度低于轴颈硬度）上分布着软质

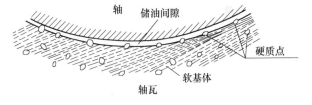

图 4-12　滑动轴承合金的理想组织示意图

点的显微组织，能承受较高的负荷，但磨合性较差，属于此类显微组织的滑动轴承合金有铜基滑动轴承合金和铝基滑动轴承合金等。

二、常用滑动轴承合金

常用滑动轴承合金有：锡基、铅基、铜基、铝基滑动轴承合金。铸造滑动轴承合金牌号由字母"Z + 基体金属元素 + 主添加合金元素的化学符号 + 主添加合金元素平均百分质量分数的数字 + 辅添加合金元素的化学符号 + 辅添加合金元素平均百分质量分数的数字"组成。如果合金元素的百分质量分数不小于 1%，该数字用整数表示，如果合金元素的百分质量分数小于 1%，一般不标数字，必要时可用一位小数表示。例如，ZSnSb11Cu6 表示平均锑的质量分数是 11%、铜的质量分数是 6%、其余锡的质量分数是 83% 的铸造锡基滑动轴承合金。

1. 锡基滑动轴承合金（或锡基巴氏合金）

锡基滑动轴承合金是以锡为基，加入锑（Sb）、铜等元素组成的合金，锑能溶入锡中形成 α 固溶体，又能生成化合物（SnSb），铜与锡也能生成化合物（Cu_6Sn_5）。图 4-13 为锡基滑动轴承合金的显微组织。图中暗色基体为 α 固溶体，作为软基体；白色方块为 SnSb 化合物，白色针状或星状的组织为 Cu_6Sn_5 化合物，它们作为硬质点。

锡基滑动轴承合金具有适中的硬度、低的摩擦系数、较好的塑性和韧性、优良的导热性和耐蚀性，常用于制造重要的滑动轴承，如制造汽轮机、发动机、压缩机等高速滑动轴承。由于锡是稀缺贵金属，成本较高，因此，其应用受到一定限制。常用锡基滑动轴承合金有：ZSnSb12Pb10Cu4、ZSnSb8Cu4、ZSnSb11Cu6、ZSnSb4Cu4 等。

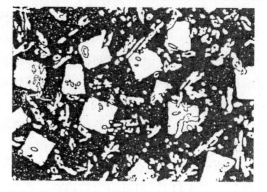

图 4-13　ZSnSb11Cu6 的显微组织

2. 铅基滑动轴承合金（铅基巴氏合金）

铅基滑动轴承合金是以铅为基，加入锑、锡、铜等元素组成的滑动轴承合金。它的组织中软基体为共晶组织（α + β），硬质点是白色方块状的 SnSb 化合物及白色针状的 Cu_3Sn 化合物。铅基滑动轴承合金的强度、硬度、韧性均低于锡基滑动轴承合金，摩擦系数较大，故只用于制作中等负荷的低速滑动轴承，如汽车、拖拉机中的曲轴滑动轴承和电动机、空压机、减速器中的滑动轴承等。铅基滑动轴承合金价格便宜，应尽量用它来代替锡基滑动轴承合金。常用铅基滑动轴承合金有：ZPbSb16Sn16Cu2、ZPbSb15Sn10、ZPbSb15Sn5、ZPbSb10Sn6 等。

3. 铜基滑动轴承合金（锡青铜和铅青铜）

铜基滑动轴承合金是指以铜合金作为滑动轴承材料的合金，如锡青铜、铅青铜、铝青铜、铍青铜、铝铁青铜等均可作为滑动轴承材料。

铜基滑动轴承合金是锡基滑动轴承合金的代用品。常用牌号是 ZCuPb30、ZCuSn10Pb1、ZCuSn5Pb5Zn5 等。其中铸造铅青铜 ZCuPb30 的 $w(Pb) = 30\%$，铅和铜在固态时互不溶解，室温显微组织是 $Cu + Pb$，Cu 为硬基体，颗粒状 Pb 为软质点，是硬基体加软质点类型的滑动轴承合金，可以承受较大的压力。铅青铜具有良好的耐磨性、高导热性（是锡基滑动轴承合金的 6 倍）、高疲劳强度，并能在较高温度下（300 ~ 320℃）工作。广泛用于制造高速、重载荷下工作的滑动轴承，如航空发动机、大功率汽轮机、高速柴油机等机器的主滑动轴承和连杆滑动轴承。

4. 铝基轴承合金

铝基滑动轴承合金是以铝为基体元素，加入锑、锡或镁等合金元素形成的滑动轴承合金。与锡基、铅基滑动轴承合金相比，铝基滑动轴承合金具有原料丰富、价格低廉、导热性好、疲劳强度高和耐蚀性好等优点，而且能轧制成双金属，故广泛用于高速重载下工作的汽车、拖拉机及柴油机的滑动轴承。它的主要缺点是线膨胀系数较大，运转时易与轴咬合，尤其在冷起动时危险性更大。同时铝基滑动轴承合金硬度相对较高，轴易磨损，需相应提高轴的硬度。常用铝基滑动轴承合金有铝锑镁合金和铝锡合金，如高锡铝基轴承合金 ZAl-Sn6Cu1Ni1 就是以 Al 为硬基体，粒状的 Sn 为软质点的滑动轴承合金。

除上述滑动轴承合金外，灰铸铁也可以用于制造低速、不重要的滑动轴承。其组织中的钢基体为硬基体，石墨为软质点并起一定的润滑作用。

【拓展知识——关注重金属污染】 说起铅、汞、镉、铊、铬等重金属，大多数人觉得很遥远。但是，它们正悄悄地给我们的生活带来负面影响。例如，房间内的墙壁、家具、玩具上的油漆等可散发出含铅物质；一些化妆品、染发剂、釉彩碗碟等日用品含铅；用含铅生铁铸成的爆米花炉膛以及含铅原料制成的皮蛋等食品均含有铅；热水龙头放出的水也较冷水龙头的含铅量高。具有漂白、祛斑作用的化妆品多含有汞；室内使用的荧光灯、五彩缤纷的霓虹灯等都需要汞作放电气体，这些灯具报废后，一旦破碎，所含的汞将全部进入环境，造成土地绝收。废旧电池、电脑等中含有铅、汞、镉、铊、铬等重金属，因此不要乱丢，以免对环境造成污染。

第五节　硬　质　合　金

随着现代工业的飞速发展，机械切削加工对刀具材料、模具材料等提出了更高的要求。例如，用于高速切削的高速钢刀具，其热硬性已不能满足更高的使用要求；此外，一些生产中使用的冷冲模，即使是采用合金工具钢制造，其耐磨性也显得不足。因此，必须开发和使用更为优良的新型材料——硬质合金。

一、硬质合金生产简介

硬质合金是由作为主要组元的一种或几种难熔金属碳化物和金属粘结剂相组成的烧结材料。难熔金属碳化物主要以碳化钨（WC）、碳化钛（TiC）、碳化钽（TaC）、碳化铌（NbC）等粉末为主要成分，金属粘结剂主要以钴（Co）粉末为主，经混合均匀后，放入压模中压制成形，最后经高温（1 400～1 500℃左右）烧结后形成硬质合金材料。

二、硬质合金的性能特点

硬质合金的硬度高（最高可达92HRA），高于高速钢（63～70HRC）；热硬性高，在800～1 000℃时，硬度可保持60HRC以上，远高于高速钢（500～650℃）；耐磨性好，比高速钢要高15～20倍。由于这些特点，使得硬质合金刀具的切削速度比高速钢高4～10倍，刀具寿命可提高5～80倍。这是因为组成硬质合金的主要成分WC、TiC、TaC和NbC都具有很高的硬度、耐磨性和热稳定性。各种刀具材料的硬度和热硬性温度比较如图4-14所示。

硬质合金的抗压强度高（比高速钢高，可达6 000MPa），但抗弯强度低（只有高速钢的1/3～1/2左右）；冲击吸收能量 K 较低，仅为1.6～4.8J，约为淬火钢的30%～50%；线膨胀系数小，导热性差。此外，硬质合金还具有抗腐蚀、抗氧化和热膨胀系数比钢低等特点。

使用硬质合金可以大幅度地提高工具和零件的使用寿命，降低消耗，提高生产率和产品质量。但由于硬质合金中含有大量的 W、Co、Ti、Ni、Mo、Ta、Nb 等贵重金属，价格较贵，应节约使用。

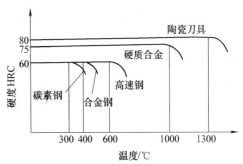

图4-14　各种刀具材料的硬度和热硬性温度比较

硬质合金主要用于制造切削刀具、冷作模具、量具及耐磨零件。由于硬质合金的导热性很差，在室温下几乎没有塑性，因此，在磨削和焊接时，急热和急冷都会形成很大的热应力，甚至产生表面裂纹。硬质合金一般不能用切削方法进行加工，可采用特种加工（如电火花加工、线切割等）或专门的砂轮磨削。通常硬质合金刀片是采用钎焊、粘接或机械装夹方法固定在刀柄或模具体上使用。另外，在采矿、采煤、石油和地质钻探等行业，也使用硬质合金制造凿岩用钎头和钻头等。

三、硬质合金的分类和代号

硬质合金按用途范围不同，可分为切削加工用硬质合金，地质、矿山工具用硬质合金，耐磨零件用硬质合金。

1. 切削加工用硬质合金

切削加工用硬质合金的牌号按使用领域的不同，可分为 P、M、K、N、S、H 六类，并在其后缀以两位数字组 10、20、30……等构成组别号，如 P20、M30、K10，根据需要还可在两个组别号之间插入一个中间代号，以中间数字 15、25、35……等表示；如果需要再细分时，则可在组代号后加一位阿拉伯数字 1、2、3……或英文字母作细分号，并用小数点"."隔开，以区别组别中的不同牌号。

2. 地质、矿山工具用硬质合金

地质、矿山工具用硬质合金用 G 表示，并在其后缀以两位数字组 10、20、30……等构成组别号，如 G20、G30、G40 等，根据需要还可在两个组别号之间插入一个中间代号，以中间数字 15、25、35……等表示；如果需要再细分时，则可在组代号后加一位阿拉伯数字 1、2、3……或英文字母作细分号，并用小数点"."隔开，以区别组别中的不同牌号。

3. 耐磨零件用硬质合金

耐磨零件用硬质合金用 LS、LT、LQ、LV 分别表示金属线、棒、管拉制用硬质合金，冲压模具用硬质合金，高温高压构件用硬质合金和线材轧制辊环用硬质合金，并在其后缀以两位数字组 10、20、30……等构成组别号，如 LS20、LT30、LQ30、LV40 等，根据需要还可在两个组别号之间插入一个中间代号，以中间数字 15、25、35……等表示；如果需要再细分时，则可在组代号后加一位阿拉伯数字 1、2、3……或英文字母作细分号，并用小数点"."隔开，以区别组别中的不同牌号。

【拓展知识——穿甲弹】 穿甲弹（图 4-15）是主要依靠弹丸的动能穿透装甲摧毁目标的炮弹。其特点是初速高，直射距离大，射击精度高，是坦克炮和反坦克炮的主要弹种，也配用于舰炮、海岸炮、高射炮和航空机关炮，用于毁伤坦克、自行火炮、装甲车辆、舰艇、飞机、破坏坚固防御工事等装甲目标。穿甲弹的弹丸一般采用比坦克装甲硬得多的硬质合金材料制造。一触及目标，就会把钢甲表面打个凹坑，并且将凹坑底面的钢甲像冲塞子一样给顶出去。这时候，弹丸头部虽然已经破裂，而弹体在强大惯性力的冲击下，仍会继续前冲。当撞击力达到一定数值时，引信被触发点燃，就引起弹丸炸药爆炸。这时在每平方厘米面积上，可产生数十吨至数百吨的高压，从而杀伤坦克内的乘员、破坏武器装备。

图 4-15　穿甲弹

复习与思考

一、填空题

1. 纯铝具有_____小、_____低、良好的_____性和_____性，在大气中具有良好的_____性。

2. 变形铝合金可分为_____铝、_____铝、_____铝和_____铝。

3. 铸造铝合金有：_____系、_____系_____系和_____系合金等。

4. 按照铜合金的化学成分，铜合金可分为_____铜、_____铜和_____铜三类。

5. 普通黄铜是_____、_____二元合金，在普通黄铜中再加入其他元素所形成的铜合金称为_____黄铜。

6. 普通黄铜当锌的质量分数小于39%时，称为_____黄铜，由于其塑性好，适宜_____加工；当锌的质量分数大于39%时，称为_____黄铜，其强度高，热态下塑性较好，故适合于_____加工。

7. 钛也有_____现象，882℃以下为_____晶格，称为_____钛；882℃以上为_____晶格，称为_____钛。

8. 工业钛合金按其使用状态组织的不同，可分为：_____钛合金、_____钛合金和_____钛合金。其中_____钛合金应用最广。

9. 锡基滑动轴承合金是以_____为基础，加入_____、_____等元素组成的滑动轴承合金。

10. 常用的滑动轴承合金有：_____基、_____基、_____基、_____基滑动轴承合金等。

11. 硬质合金按用途范围不同，可分为_____用硬质合金，_____用硬质合金，_____用硬质合金。

12. 切削加工用硬质合金的牌号按使用领域的不同，可分为 P、M、K、_____、_____、_____六类。

二、单项选择题

1. 将相应牌号填入空格内：硬铝_____；防锈铝_____；超硬铝_____；铸造铝合金_____；铅黄铜_____；铝青铜_____。

A. HPb59-1；　　　　　B. 5A02；　　　　　C. 2A11；

D. ZAlSi7Cu4；　　　　E. 7A09；　　　　　F. QAl9-4

2. 3A21 按工艺特点分，是_____铝合金，属于热处理_____的铝合金。

A. 铸造；　　B. 变形；　　C. 能强化；　　D. 不能强化

3. 某一金属材料的牌号是 T3，它是_____。

A. 碳的质量分数为3%的碳素工具钢；　　B. 3号加工铜；　　C. 3号工业纯钛

4. 将相应牌号填入空格内：普通黄铜_____；特殊黄铜_____；锡青铜_____；硅青铜_____。

A. H90；　　B. QSn4-3；　　C. QSi3-1；　　D. HAl77-2

三、判断题

1. 纯铝中杂质含量越高，其导电性、耐蚀性及塑性越低。（　　　）

2. 变形铝合金都不能用热处理强化。（　　）

3. 特殊黄铜是不含锌元素的黄铜。（　　）

4. H80 属双相黄铜。（　　）

5. 钛合金的牌号用"T＋合金类别代号＋顺序号"表示，如 TA7 表示 7 号 α 型钛合金。（　　）

四、简答题

1. 铝合金热处理强化的原理与钢热处理强化原理有何不同？

2. 滑动轴承合金应具备哪些主要性能？具备什么样的理想组织？

3. 硬质合金的性能特点有哪些？

4. 为什么在砂轮上磨淬过火的 W18Cr4V、9SiCr、T12A 等钢制工具时，要经常用水进行冷却？而磨硬质合金材料制成的刀具时，却不能用水急冷？

五、课外探讨与交流

1. 观察非铁金属在生活和生产中的应用，撰写一篇非铁金属对科技发展作用的小论文。

2. 针对硬质合金的特点，你认为硬质合金还可以在哪些方面扩大应用范围？

第五章 非金属材料

【学习目标与学习方法】

本章主要介绍高分子材料基础知识，介绍塑料、胶粘剂、橡胶、合成纤维、陶瓷和复合材料的定义、分类、基本特性及应用等知识。在学习过程中，第一，要了解高分子材料的有关名词与概念；第二，要了解塑料、胶粘剂、橡胶、合成纤维、陶瓷和复合材料的分类方法；第三，要了解部分典型塑料、胶粘剂、橡胶、陶瓷和复合材料的特性和应用范围。必要时可以利用表格进行归纳、总结，做到提纲挈领，突出重点，以点带面。

非金属材料是指金属及其合金以外的一切材料总称。近几十年来，非金属材料在产品数量和品种方面都取得了快速增长，尤其是人工合成高分子材料的迅速发展，其产量（体积）已远远超过钢产量（体积），而且随着高分子材料、陶瓷材料和复合材料的发展，非金属材料越来越多地应用于工业、农业、国防和科学技术等领域，使非金属材料应用的领域不断扩大。目前在机械工程中广泛使用的非金属材料主要有塑料、橡胶、胶粘剂、合成纤维、陶瓷和复合材料等，它们已经成为机械工程制造中不可缺少的重要组成部分。

第一节 高分子材料

一、高分子材料基础知识

高分子化合物是指相对分子质量很大的化合物，通常将相对分子质量大于 5 000 的化合物称为高分子化合物；将相对分子质量小于 1 000 的化合物称为低分子化合物。高分子材料分为有机高分子材料和无机高分子材料两类。其中有机高分子材料是由相对分子质量大于 10^4 并以碳、氢元素为主的有机高分子化合物（又称高聚物）组成的。一般说来，有机高分子化合物具有较好的强度、弹性和塑性，本章主要介绍有机高分子材料。有机高分子材料按来源分为天然高分子化合物和人工合成高分子化合物两大类。天然高分子材料有松香、蛋白质、天然橡胶、皮革、蚕丝、木材等；人工合成高分子材料有塑料、合成橡胶、合成胶粘剂、合成纤维、高分子涂料和高分子基复合材料等，目前广泛使用的高分子材料主要是人工合成的。

（一）有机高分子材料的合成

有机高分子材料的相对分子质量大，但化学组成并不复杂，都是由一种或几种简单的低分子化合物重复连接而成。例如，聚乙烯是由低分子乙烯组成，聚氯乙烯是由低分子氯乙烯组成。

$$n\text{CH}_2\!\!=\!\!\text{CH} \xrightarrow{\text{聚合}} \!-\!\!\left[\text{CH}_2\!-\!\text{CH}\right]\!\!-_n$$
$$\qquad\quad | \qquad\qquad\qquad\quad |$$
$$\qquad\quad \text{Cl} \qquad\qquad\qquad\quad \text{Cl}$$

氯乙烯　　　　　聚氯乙烯

由低分子化合物聚合起来形成有机高分子化合物的过程称为聚合反应。因此，有机高分子化合物亦称高聚物，意思是相对分子质量很大的聚合物，聚合以前的低分子化合物称为单体。由单体聚合为有机高分子化合物（或高聚物）的基本方法有两种，一种是加聚反应；另一种是缩聚反应。

加聚反应是指一种或几种单体相互加成而连接成有机高分子化合物（或高聚物）的反应。加聚反应过程中没有副产物生成，因此，生成的聚合物与其单体具有相同的化学成分。加聚反应是高分子材料合成的基础，约有 80% 的高分子材料是由加聚反应得到的，如聚乙烯、聚氯乙烯、聚苯乙烯、聚丙烯腈等。

缩聚反应是指一种或几种单体相互作用连接成聚合物，同时析出（缩去）新的低分子化合物（如水、氨、醇、卤化物等）的反应。其单体是含有两种或两种以上的低分子化合物，生成物的化学成分与单体不同。由缩聚反应得到的高聚物有酚醛树脂、环氧树脂、聚酰胺、有机硅树脂等。

（二）有机高分子化合物分子链的几何形状和特点

有机高分子化合物的分子链按几何形状一般分为线型分子链、支化型分子链和网型分子链三种。

1. 线型分子链

线型分子链是指由高分子的基本结构单元（链节）以共价键相互连接成线型长链分子，其直径小于 1nm，而长度达几百至几千纳米，像一根呈卷曲状或线团状的长线，如图 5-1a 所示。

2. 支化型分子链

支化型分子链是指在主链的两侧以共价键连接着相当数量的长短不一的支链，其形状分树枝形、梳形、线团支链型等，如图 5-1b 所示。这种结构也可归入线型结构中，其性质和线型结构基本相同。

线型分子链和支化型分子链在非拉伸状态下通常卷曲成不规则的线团状，在外力作用下可以伸长，在外力去除后又恢复到原来卷曲的线团状。线型分子链的高分子化合物特点是它可以溶解在一定的溶剂中，加热时可以熔化，易于其加工成形并能反复使用。具有线型分子链特点的高聚物又称为热塑性高聚物，如聚乙烯、聚氯乙烯、聚苯乙烯、聚丙烯、聚酰胺（尼龙）、涤纶、未硫化橡胶等。

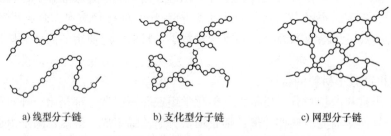

a) 线型分子链　　　　b) 支化型分子链　　　　c) 网型分子链

图 5-1　有机高分子化合物的分子链的几何形状示意图

3. 网型分子链

网型分子链是指线型分子链或支化型分子链之间通过化学键或链段连接成一个三维空间网状的分子结构，如图 5-1c 所示。网型分子链的高聚物的特点是加热时不熔化，只能软化，不溶于任何溶剂，最多只能溶胀，不能重复加工和使用，这种现象称为热固性。具有这种结构特点的高聚物又称为热固性高聚物，如酚醛树脂、氨基树脂、硫化橡胶、脲醛树脂等。热固性高聚物只能在形成交联结构之前一次性热模压成形，而且成形之后不可逆变。

二、塑料

（一）塑料的组成

塑料是指以树脂为主要成分，再加入其他添加剂（如增塑剂、稳定剂、润滑剂、着色剂、填料等），在一定温度与压力下塑制成形的材料或制品的总称。树脂是指受热时有软化或熔融范围，在软化时受外力作用下有流动倾向的有机高分子化合物，它是组成塑料的最基本成分，其质量分数为30%～40%，起着胶粘剂的作用，能将塑料的其他组分粘结成一个整体，故又称为粘料。树脂的种类、性质及加入量对塑料的性能起着很大的作用。因此，许多塑料就以所用树脂的名称来命名，如聚氯乙烯塑料就是以聚氯乙烯树脂为主要成分。目前采用的树脂主要是合成树脂或称高聚物，其性能与天然树脂相似，通常呈黏稠状液体或固体。

部分合成树脂可直接用做塑料，如聚乙烯、聚苯乙烯、尼龙（聚酰胺）、聚碳酸酯等。有些合成树脂不能单独用做塑料，必须在其中加入一些添加剂后才能形成塑料，如酚醛树脂、氨基树脂、聚氯乙烯等。

增塑剂是用来提高树脂可塑性与柔软性的一种添加剂。稳定剂（又称防老化剂）是用来防止树脂在受热、光和氧气等作用时发生过早老化，延长塑料制品使用寿命所加入的物质。润滑剂是为防止塑料在成形过程中粘在模具或其他设备上而加入的物质。着色剂是为了使塑料制品具有美丽的色彩需要在塑料中加入的物质。填料是为弥补树脂在某些性能方面的不足而加入的物质。

塑料的添加剂除上述几种外，还有发泡剂、防老化剂、抗静电剂、阻燃剂等。各种添加剂在塑料中均有不同的作用，应根据塑料品种及使用要求选择所需的添加剂。

（二）塑料的分类

塑料的品种很多，工业上分类方法主要有以下两种。

1. 按塑料的热性能分类

根据树脂在加热和冷却时所表现的性质，可将塑料分为热塑性塑料和热固性塑料两类。

（1）热塑性塑料　热塑性塑料主要由聚合树脂加入少量稳定剂、润滑剂等制成。这类塑料受热软化，冷却后变硬，再次加热又软化，冷却后又硬化成形，可多次重复。它的变化只是一种物理变化，化学结构基本不变。常用的热塑性塑料有聚乙烯塑料、聚氯乙烯塑料、聚丙烯塑料、聚苯乙烯、聚酰胺塑料（或称尼龙）、聚甲醛、聚碳酸酯、聚四氟乙烯、ABS塑料、聚砜等。

（2）热固性塑料　热固性塑料大多是以缩聚树脂为基础，加入各种添加剂而成。这类塑料加热时软化，可塑制成形，但固化后的塑料既不溶于溶剂，也不再受热软化（但温度过高时则发生分解），只能塑制一次。常用的热固性塑料有酚醛塑料、氨基塑料、环氧塑料等。

2. 按塑料的应用范围分类

按塑料的应用范围可分为通用塑料、工程塑料和耐高温塑料。

（1）通用塑料　它主要是指产量大、用途广、价格低的一类塑料。主要包括六大品种：聚乙烯、聚氯乙烯、聚苯乙烯、聚丙烯、酚醛塑料和氨基塑料。这类塑料的产量占塑料总产量的75%以上，构成了塑料工业的主体，用于社会生活的各个方面。

（2）工程塑料　它是指能在较宽温度范围内和较长使用时间内保持优良性能，能承受机械应力并作为结构材料使用的一类塑料。这类塑料力学性能好，主要品种有聚乙烯、聚酰胺塑料、聚甲醛、聚碳酸酯、聚四氟乙烯、ABS塑料、聚砜、酚醛塑料、环氧塑料等。

（3）耐高温塑料　该塑料的特点是耐高温、产量小、价格贵，适用于特殊用途，如聚四氟乙烯、环氧塑料和有机硅塑料等都能在100~200℃范围内工作。耐高温塑料在发展国防工业和尖端技术中有着重要作用。

（三）塑料的特性和应用

塑料与金属材料相比，具有密度小，比强度高（抗拉强度除以密度），化学稳定性好，电绝缘性好，减振，耐磨，隔声性能好、自润滑性能好等特性。另外，塑料在绝热性、透光性、工艺性能、加工生产率、加工成本等方面也比一般金属材料优越。因此，广泛应用于电子工业、交通、航空工业、农业等部门，并且随着塑料性能的不断改进和更新，正逐步替代部分金属、木材、水泥、皮革、陶瓷、玻璃及搪瓷等材料。

（四）塑料的成形加工

塑料的成形是将各种形态（粉状、粒状、液态、糊状等）的塑料制成具有一定形状和尺寸的制品的工艺过程。成形的塑料制品大都可以直接使用。一些要求表面光洁、精度高的塑料零件在成形后还需进行切削加工等，如机械加工、连接、喷涂、电镀等，以满足某些特殊性能要求。

塑料的成形工艺简便，形式多样。常用的成形方法有注射成形（图5-2）、模压成形（图5-3）、浇铸成形、挤出成形和吹塑成形等。其中注射成形、挤出成形和吹塑成形主要用于热塑性塑料制品的成形；模压成形是热固性塑料制品的主要成形方法；浇铸成形对于热塑性和热固性塑料制品都适用。

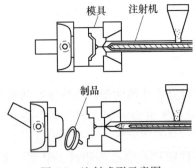

图 5-2　注射成形示意图

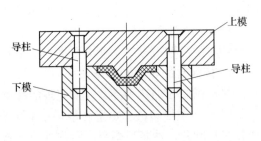

图 5-3　模压成形示意图

【拓展知识——自毁塑料】　塑料优点之一是不会生锈和受腐蚀，但这也成为污染环境的主要问题，如废塑料杯、塑料袋、塑料包装纸和塑料容器遍及全世界城乡和海滨，年复一年地大量堆积，污染环境。为了对付这个问题，科学家研制出了各种类型的自毁塑料，其方法是在塑料中加入某种化学物，使其能被光、细菌或其他化学物溶解乃至消灭。目前已经开发出的自毁塑料有：生物自毁塑料、化学自毁塑料、光学自毁塑料、医用自毁塑料等。例如，生物自毁塑料就是在塑料中加入淀粉，把这种塑料埋进土壤后，以淀粉为食的细菌便会把它一点一点地破坏掉，最终无害地消失在土壤中。化学自毁塑料是在塑料上喷上一种溶剂，就可以使它们溶解。光学自毁塑料是含有一种化学物质，只要一曝光，它就会慢慢地分裂，最终实现自毁。在法国，这种光学自毁塑料常被铺在田里，以保持土壤热量，用来生产早熟作物，经过一至三年，它们就可以腐烂。但它必须在阳光充足的地方使用，才能保证其按预计的速度腐烂。医用自毁塑料可用做伤口缝合线，并被体液慢慢地吸收，患者再不用为拆线而痛苦，用这种塑料制作胶囊可以缓慢地溶解，以便控制药物进入血管的速度。目前，自毁塑料的最大弱点是价格高，科学家正在研制价格低廉和用途更广的自毁塑料。

三、橡胶

（一）橡胶的组成

橡胶是以生胶为基体并加入适量配合剂制成的有机高分子材料。通常橡胶制品还加入增强骨架材料（如各种纤维、金属丝及其编织物等），其主要作用是增加橡胶制品的强度，并限制其变形。

生胶是指未加配合剂的天然橡胶或合成橡胶的总称。生胶按原料来源可分为天然橡胶和合成橡胶。天然橡胶主要从橡胶树或相关植物（如蒲公英等）的胶乳中制取。合成橡胶是通过化学合成方法制成的与天然橡胶性质相似的橡胶，如丁苯橡胶、氯丁橡胶等。生胶是粘合各种配合剂和骨架材料的粘结剂，橡胶制品的性质主要取决于生胶的性质。

配合剂是为了提高和改善橡胶制品的使用性能和加工工艺性能而加入的物质。橡胶配合剂的种类很多，大体可分为硫化剂、硫化促进剂、防老剂、软化剂、填充剂、发泡剂及着色剂等。

硫化是在生胶中加入硫化调料（如硫黄）和其他配料。硫化剂的作用就是使具有可塑性的、线型分子链结构的胶料产生交联，形成三维网状结构，使胶料变为具有高弹性的硫化胶。天然橡胶常以硫黄作硫化剂。为了加速硫化，缩短硫化时间，还需要加入硫化促进剂（如氧化镁、氧化锌和氧化钙等）。

橡胶是弹性体，在加工过程中必须使它具有一定的塑性，才能和各种配合剂混合。软化剂的加入能增加橡胶的塑性，改善黏附力，并能降低橡胶的硬度和提高耐寒性。常用的软化剂有硬脂酸、精制石蜡、凡士林以及一些油类和脂类；填充剂的作用是增加橡胶制品的强度和降低成本；常用的填充剂有炭黑、二氧化硅、陶土、滑石粉、硫酸钡等；防老化剂是为了延缓橡胶"老化"过程，延长制品使用寿命而加入的物质；着色剂是为改变橡胶的颜色而加入的物质。一般要求着色剂着色鲜艳、耐晒、耐久、耐热等，常用的着色剂有钛白、立德粉、氧化铁、氧化铬等。

（二）橡胶的特点、加工工艺流程、应用及保护

橡胶最重要的特点是高弹性，在较小的外力作用下，就能产生很大的变形，当外力去除后能很快恢复到原来的状态。橡胶还有良好的耐磨性、绝缘性、隔声性和阻尼特性以及良好的不透气和不透水性能。橡胶的最大缺点是易老化，即橡胶制品在使用过程中出现变色、发黏、发脆及龟裂等现象，使弹性、强度等发生变化，影响橡胶制品的性能及使用寿命。因此，防止橡胶老化是橡胶制品应该特别注意的。

橡胶制品的基本加工工艺是：生胶塑炼→胶料混炼→压延→压出→制品硫化。

橡胶是重要的工程材料之一，其应用很广，涉及交通、建筑、电子、机械、宇航、石油化工、农业、水利等行业，可作为弹性材料、密封材料（图 5-4）、减振、防振材料和传动材料；在电气工业中可制作导线、电缆的绝缘外包层等。

图 5-4　橡胶密封环

橡胶失去弹性的主要原因是氧化、光的辐射和热影响。氧气，特别是臭氧侵入橡胶分子链时，会使橡胶老化、变脆、硬度提高、龟裂和发黏；光的辐射，特别是紫外线的辐射，不仅会加速橡胶氧化，而且还会直接引起橡胶结构异化，引起橡胶的裂解和交联；温度升高会加速橡胶氧化作用，在较高温度（高于 300℃）下，使橡胶发生分解与挥发，导致橡胶失去优良的性能。此外，在使用过程中，重复的屈挠变形等机械疲劳作用，也会引起橡胶结构的复杂变化，改变其力学性能，如弹性降低，氧化加速等。因此，在橡胶及其制品的非工作期间应尽量使其处于松弛状态，避免日晒雨淋，避免与酸、碱、汽油、油脂及有机溶剂接触；在存放橡胶及其制品时要远离热源，保存环境温度要尽量保持在 3～35℃ 之间，湿度要尽量保持在 50%～80% 之间。

【史海回顾】 虽然橡胶制品不大，但其作用却十分重要，如果没有橡胶，就没有充气轮胎，也就不会有发达的交通运输业，因为交通运输业需要大量的橡胶。例如，一辆汽车约需要 240kg 橡胶，一艘轮船约需要 70t 橡胶，一架飞机至少需要 600kg 橡胶等。橡胶制品一旦失去作用所带来的损失是巨大的，如美国"挑战者"号航天飞机就是因橡胶密封圈失灵而导致航天飞机爆炸，发生最大的航天悲惨事件。

（三）常用橡胶

常用橡胶主要有：天然橡胶（代号 NR）、丁苯橡胶（代号 SBR）、顺丁橡胶（代号 BR）、氯丁橡胶（代号 CR）、硅橡胶（代号 MVQ）及氟橡胶（代号 FPM）等，见表 5-1。

表 5-1　常用橡胶的特点和用途

名　称	主要特点	用　途
天然橡胶（代号 NR）	天然橡胶具有优良的回弹性、绝缘性、隔水性及可塑性等特性，经过处理后还具有耐油、耐酸、耐碱、耐热、耐寒、耐压、耐磨、抗撕裂等性能。但天然橡胶的耐高温、耐油、耐溶剂性差，耐臭氧和耐老化性较差	天然橡胶主要用于制造轮胎、传送带、胶管、胶鞋、暖水袋、手套、输血管、防毒面具、探空气球、密封件及防振件等
丁苯橡胶（代号 SBR）	丁苯橡胶有较好的耐磨性、耐热性、耐老化性能，比天然橡胶质地均匀，价格低。但弹性、机械强度、耐挠曲龟裂、耐撕裂、耐寒性等较差，加工性能较天然橡胶稍差。丁苯橡胶能与天然橡胶以任意比例混用，以弥补丁苯橡胶的不足	丁苯橡胶普遍用于制造汽车轮胎，也用于制造胶带、输水胶管及防水制品等，在铁路上可用做橡胶防振垫
顺丁橡胶（代号 BR）	顺丁橡胶以弹性好、耐磨和耐低温而著称，其耐挠曲性也较天然橡胶好，其耐磨性比丁苯橡胶高。缺点是抗张强度和抗撕裂性较低，加工性能较差，冷流动性大	顺丁橡胶主要用于制作轮胎、也可用于制造胶带、减振器、耐热胶管、电绝缘制品及胶鞋等

（续）

名　称	主要特点	用　途
氯丁橡胶 （代号 CR）	氯丁橡胶在物理性能、力学性能等方面与天然橡胶类似，具有优良的耐油、耐溶剂、耐臭氧性、耐老化、耐酸、耐碱、耐热、耐燃烧、耐挠曲和透气性等性能，被称为"万能橡胶"。氯丁橡胶的缺点是耐寒性较差，密度较大。生胶稳定性差，不易保存	氯丁橡胶主要用于制作电线、电缆的外包层，制作耐油、耐腐蚀的胶管，制作强度较高的运输带，制作垫圈、油罐衬里、轮胎胎侧、各类模型制品及胶粘剂等
硅橡胶 （代号 MVQ）	硅橡胶属于特种橡胶，无毒无味，其特性是耐高温和耐低温，可在 -100~300℃ 温度范围内工作，并具有良好的耐候性、耐臭氧性及优良的电绝缘性。但硅橡胶强度低，耐油性差	硅橡胶可用于制作航天飞行器的密封制品、薄膜和胶管等，制作电线、电缆的外包层，制作食品工业运输带、罐头垫圈及医药卫生橡胶制品（如人造血管）等
氟橡胶 （代号 FPM）	氟橡胶也属于特种橡胶，其最突出的性能是耐腐蚀，其耐酸碱及耐强氧化剂腐蚀的能力，在各类橡胶中是最好的。此外，氟橡胶还具有耐高温（可在 315℃ 下工作）、耐油、耐高真空、抗辐射等优点。但其加工性能差，价格较贵	氟橡胶常用于制作特殊制品，如耐化学腐蚀制品（化工设备衬里、垫圈）、宇航设备的高级密封件、高真空设备的橡胶件等

【拓展知识——天然橡胶】 1493 年，西班牙探险家哥伦布率队初次踏上南美大陆后，西班牙人看到印第安人玩一种互相抛掷小球的游戏。这种小球落地后能反弹得很高，捏在手里感到有黏性，并有一股烟熏味。此外，西班牙人还看到，印第安人把一些白色浓稠的液体涂在衣服上防雨，把白色浓稠的液体涂抹在脚上防雨水。由此，西班牙人初步了解了橡胶的弹性和防水性。最初，天然橡胶是指从巴西橡胶树（图5-5）上采集的天然胶乳，经过凝固、干燥等加工工序而制成的弹性固状物，它是一种天然的高分子化合物。世界上约有 2 000 种不同的植物（如蒲公英等）可生产类似天然橡胶的聚合物，人们已从其中 500 种植物中得到了不同种类的橡胶，但真正有实用价值的是巴西橡胶树（三叶橡胶树）。当橡胶树的表面被割开时，树皮内的乳管被割断，胶乳便从树上流出。从橡胶树上采集的乳胶，经过稀释后加酸凝固、洗涤，然后压片、干

图5-5　采集天然橡胶

燥、打包，即可制得天然橡胶。1736 年欧洲人开始认识天然橡胶，并进一步研究其利用价值。1839 年美国人固特异（C. Goodyear）发明了橡胶硫化技术，使天然橡胶成为一种重要的工业原料。1876 年，英国人魏克汉姆九死一生，从亚马孙河热带丛林中采集 7 万粒橡胶种子，送到英国伦敦皇家植物园培育，然后将橡胶苗运往新加坡、斯里兰卡、马来西亚、印度尼西亚等地种植并获得成功。1888 年英国人邓录普（J. B. Dunlop）发明了充气轮胎，使汽车轮胎工业迅速发展，导致橡胶需求量急剧上升。1904 年，中国开始在云南盈江县种植橡胶树苗，1906 开始在海南琼海市和儋县种植橡胶树苗。

四、胶粘剂

胶接（又称粘接）是借助于一种物质在固体表面产生的粘合力将材料牢固地连接在一起的方法。胶粘剂或胶合剂是一种能够将两种物件胶接起来，并使结合处具有足够强度的物质。胶粘剂是以具有黏性的有机高分子物质为基料，加入某些添加剂组成的。

胶粘技术一直为人们所利用，早期使用的胶粘剂采用动物或植物的胶液，如糨糊、虫胶、骨胶、树汁等。由于粘合性能差，应用受到限制，现代胶接技术多采用合成胶粘剂。

（一）胶粘剂的分类

胶粘剂的品种多，组成各异。按照来源可分为天然胶粘剂（淀粉系、蛋白系、沥青系等）和合成胶粘剂（树脂型、橡胶型、复合型）两大类，其中工业上使用的主要是合成胶粘剂。按胶粘剂基料的化学成分可分为有机胶粘剂和无机胶粘剂（硅酸盐、磷酸盐、硼酸盐等）两大类，其中每一大类又可细分为多种。按胶粘剂的主要用途分类，可分为非结构胶（承受负荷较低）、结构胶（承受负荷较高）、密封胶、导电胶、耐高温胶、水下胶、点焊胶、医用胶、应变片胶、压敏胶等。按照被胶接材料可分为金属胶粘剂和非金属胶粘剂（塑料胶粘剂和橡胶胶粘剂）。胶粘剂以流变性质来分，可分为热固性胶粘剂、热塑性胶粘剂、合成橡胶胶粘剂和复合型胶粘剂。

1. 热固性胶粘剂

热固性胶粘剂是以热固性树脂为基料，再加入添加剂制得。使用时加入固化剂，在一定条件下通过化学反应或形成网型分子链结构将胶合面结合。此类胶粘剂的优点是耐热、耐水、耐介质侵蚀、胶接强度高；缺点是抗冲击强度、抗剥离强度和起始黏结力较小，固化时间较长。例如，环氧树脂胶粘剂常用于胶接各种金属和非金属材料，广泛应用于机械、电子、化工、航空、建筑等方面。此外，热固性胶粘剂还有酚醛树脂热固性胶粘剂、脲醛树脂胶粘剂、三聚氰胺热固性胶粘剂等。

2. 热塑性胶粘剂

热塑性胶粘剂是以热塑性树脂为基料，与溶剂配置成溶液或直接通过熔化方式而制得。热塑性胶粘剂的优点是柔韧性好、耐冲击性能较好，起始黏结性好，使用方便，容易保存；缺点是耐溶剂性和耐热性较差，强度和抗蠕变性能较低。常用热塑性胶粘剂有：聚醋酸乙烯酯胶粘剂和过氯乙烯胶粘剂。此类胶粘剂适合于胶接多孔性、易吸水的材料，如纸、木材、纤维织物、塑料及铝箔等，广泛应用于装订、包装、家具生产、铺贴瓷砖、壁纸等方面。

3. 合成橡胶胶粘剂

合成橡胶胶粘剂是以合成橡胶，如氯丁橡胶、丁腈橡胶、丁基橡胶、天然橡胶等为基料，再加入添加剂配置成的胶粘剂。此类胶粘剂的优点是弹性高，剥离强度较高，起始黏性高，富有柔韧性；缺点是耐热性较差，抗拉强度和剪切强度较低。合成橡胶胶粘剂主要适用于胶接柔软材料或热膨胀系数相差很大的材料。常用合成橡胶胶粘剂有氯丁橡胶胶粘剂和丁腈橡胶胶粘剂，适合于胶接金属、塑料、橡胶、木材、织物等，尤其适合于胶接其他胶粘剂难以胶接的聚氯乙烯塑料。

4. 复合型胶粘剂

复合型胶粘剂是由不同种类的树脂或树脂与橡胶的混合物为基料组成的胶粘剂。此类胶粘剂是适应高强度结构材料发展的。常用的复合型胶粘剂有：酚醛-聚乙烯醇缩聚胶粘剂、酚醛-丁腈结构胶粘剂、酚醛-氯丁橡胶结构胶粘剂、橡胶改性环氧树脂胶粘剂等。

（二）胶粘剂的组成

现代胶接技术，多采用人工合成胶粘剂。合成胶粘剂是一种多组分的具有优良粘合性能的物质。它的组分包括基料、固化剂、增塑剂、增韧剂、填料、稀释剂等。

基料是胶粘剂的主要组分。它对胶粘剂的性能（如胶接强度、耐热性、耐老化等）起着重要作用。常用的基料有酚醛树脂、环氧树脂、聚酯树脂、聚酰胺树脂及氯丁橡胶等。

固化剂的作用与热固性塑料中的固化剂完全一样，是使胶粘剂固化，其种类和用量直接影响胶粘剂的使用性质和工艺性能。

增塑剂和增韧剂能改善胶粘剂的塑性和韧性，提高胶接接头抗剥离、抗冲击能力及耐寒性等。常用的增塑剂和增韧剂有热塑性树脂、合成橡胶及高沸点的低分子有机液体等。

填料的加入能提高胶接接头的强度、表面硬度和耐热性，还可降低热膨胀系数和收缩率，增大黏度和降低成本。通常使用的填料有金属粉末、石墨粉、氧化铝、石棉和玻璃纤维等。

稀释剂能降低胶粘剂的黏度，增加胶粘剂对被粘接物表面的浸润力，并有利于施工。凡能与胶粘剂混溶的溶剂均可做稀释剂。

此外，在胶粘剂中还可以加入固化促进剂、防老剂和稳定剂等。选用胶粘剂时，其组成应根据使用要求的不同进行合理配制。必须注意选用不同的胶粘剂时，其形成胶接接头的条件是不同的。接头可以在一定温度和时间的条件下，经过固化形成；也可以先加热接合处，经冷凝后形成；还可以先溶入易挥发溶剂中，胶接后再经溶剂挥发后形成。

（三）胶接条件和工艺过程

用胶粘剂胶接物件形成牢固接头的必要条件是：胶粘剂必须能够很好地浸润被胶接物的表面；在固化硬结后，胶层应有足够的内聚力，而且胶粘剂与被胶接物件之间有足够的黏附力。胶接工艺的主要过程如图5-6所示。

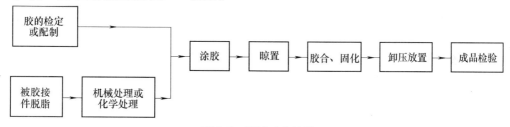

图5-6　胶接工艺过程

脱脂处理是指采用有机溶剂或热蒸汽对物件进行脱脂，该工艺过程一般适应于金属物件，主要目的是清除金属物件表面的油脂、机械加工杂质等。机械处理是用砂纸打磨或喷丸处理等清除物件表面污物、锈皮等，增加物件胶接面面积。经机械处理好的物件表面还要用溶剂清洗。机械处理的缺点是表面比较粗糙，容易被溶剂、水和腐蚀性介质所侵蚀。化学处理的优点是经济、有效，适应面广，更适合对结构复杂、公差要求高的金属物件。对于不同的金属需要配置不同的化学处理溶液，并按操作工艺规程进行处理。

涂胶可用刷子、刮板、滚轴或涂胶机进行，但要注意控制胶层厚度，过厚会降低胶接强度。物件涂胶后，要在一定温度下晾置一段时间，使胶中的溶剂挥发，以免溶剂残留在胶缝内在固化过程中产生气泡。物件晾好后即可进行胶合装配、加热、加压固化（根据胶粘剂类型而定）。

在固化和卸压完毕后，胶接件一般需要自然放置一段时间，特别是形状复杂和容易变形的胶接件更需要如此，以消除胶接过程中产生的内应力。

（四）胶粘剂在机械工程上的应用

1. 胶粘剂在机械设备修理方面的应用

胶粘剂用来修补各种铸件表面的气孔、缩孔、砂眼等缺陷，修复机床导轨的磨损、拉毛等缺陷。具体操作过程是：清洗待修复表面，涂上瞬干胶，撒上铁粉，反复进行，直到填满为止，然后在室温下固化，再用刮刀刮平；在汽车和拖拉机修理中，用来粘接和修复配合零件。例如，用环氧胶修复蓄电池壳、粘接拖拉机上制动阀弹簧套筒与连杆、修复模具等。

2. 利用胶粘剂可改进机械安装工艺

有些配合零件采用胶粘剂胶接，可以降低加工精度要求，简化操作规程，节省工时，如图 5-7 所示是采用环氧胶将齿轮与轴胶接的剖面图，图 5-8 所示是蜗轮镶配青铜轮缘，用胶接技术代替螺钉联接。

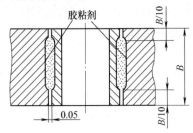

图 5-7　齿轮与轴的胶接

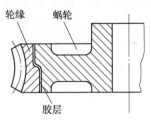

图 5-8　蜗轮与轮缘的胶接

（五）胶接的特点

胶接与螺栓联接、焊接、铆接相比，具有如下特点。

（1）胶接处应力分布均匀　采用螺栓、焊接、铆接等方式联接时，容易产生应力集中现象，联接件容易发生疲劳破坏；利用胶粘剂胶接则应力能够比较均匀地分布在整个胶接面上，从而提高构件的疲劳寿命。

（2）胶接可以连接各种材料　胶接不仅在金属之间，而且在金属和非金属之间以及非金属之间都能获得良好的连接。不受被胶接材料性质、形状的限制，这是其他连接方式难以胜任的。例如，玻璃和陶瓷等脆性材料的连接，既不能焊接，又不便于铆接和螺栓联接，只有胶接最为简便牢固。

（3）胶接接头平整光滑、重量轻　胶接的接头比焊接和铆接的接头平整光滑。它不仅外表美观，变形小，而且还可大大减轻结构重量。据统计，用胶接代替铆接，可减轻飞机制件质量 25% ~ 30%。此外，胶接接头一般都具有良好的密封性能。

目前胶接技术尚存在一些缺点，主要是以有机高分子化合物为基础的胶粘剂的耐高温性能较差，大多数有机胶的使用温度限制在 80℃ 以下，只有少数品种可在 200 ~ 300℃ 范围内使用。

五、合成纤维

（一）纤维的分类

纤维是指长度与直径之比大于 100 甚至达 1 000，并具有一定柔韧性的物质。纤维分为两大类：一类是天然纤维，如棉花、羊毛、蚕丝、麻等；另一类是化学纤维（包括人造纤维和合成纤维），即用天然高聚物或合成高聚物经化学加工而制得的纤维。由天然高聚物制得的纤维，称为人造纤维；由合成高聚物制得的纤维，称为合成纤维。人造纤维如果是以含有纤维素的天然高聚物（如棉短绒、木材、甘蔗渣、芦苇等）为原料制取的，则称为再生纤维素纤维；如果以含有蛋白质的天然高聚物（如玉米、大豆、花生、牛乳酪等）为原料制取的，则称为再生蛋白质纤维。

合成纤维根据高聚物大分子主链的化学组成,分为杂链纤维和碳链纤维两类。

（二）纤维的特点和用途

纤维具有弹性模量大,受力时形变小,强度高等特点。在现代生活中,纤维的应用无处不在。例如,纤维可以使我们穿得舒服,御寒防晒;粘胶基碳纤维帮导弹穿上"防热衣",可以使导弹耐几万摄氏度的高温;防渗防裂纤维可以增强混凝土的强度和防渗性能,对于大坝、机场、高速公路等工程可起到防裂、抗渗、抗冲击和抗折作用;纤维充填材料,能有效地提高被充填材料的强度和刚度;修补肌肉、骨骼、血管也需要纤维。

（三）合成纤维的生产工艺

合成纤维的生产工艺包括单体的制备与聚合、纺丝和后加工等基本环节。

（1）制备与聚合　利用石油、天然气、煤等原料,经过分馏、裂化和分离得到有机低分子化合物,如苯、乙烯、丙烯、苯酚等作为单体,在一定温度、压力和催化剂作用下聚合成高聚物,即合成纤维的材料,又称为成纤高聚物。

（2）纺丝　将成纤高聚物的熔体或浓溶液,用纺丝机连续、定量而均匀地从喷丝头（或喷丝板）的毛细孔中挤出,形成液态细流,然后在空气、水或特定的凝固浴中固化为初生纤维,该过程成为"纤维成形"或称"纺丝"。

（3）后加工　纺丝成形后得到的初生纤维在结构上是不完善的,在物理性能和力学性能上也较差,如强度低、尺寸稳定性差,不能直接用于纺织加工,必须经过一系列的后加工工序才能得到结构稳定、性能优良的纤维。后加工随合成纤维品种、纺丝方法和产品要求而异,其中主要的工序是拉伸和定型。例如,短纤维的后加工包括集束、拉伸、水洗、上油、干燥、热定型、卷曲、切断、打包等一系列工序;弹力丝和膨胀纱等还要进行特殊的后加工。

（四）常用合成纤维

与天然纤维相比,合成纤维具有强度高、密度小、弹性好、耐磨、耐酸碱、保暖、不霉烂、不被虫蛀等优点。广泛应用于衣物、生活用品、汽车与飞机轮胎的帘子线、渔网、防弹衣、索桥、船缆、降落伞及绝缘布等,是一种发展迅速的有机高分子材料。合成纤维品种多,大规模生产的约有40种,其中发展最快的是聚酯纤维（涤纶）、聚酰胺纤维（锦纶）、聚丙烯腈纤维（腈纶）、聚乙烯醇纤维（维纶）、聚丙烯纤维（丙纶）、聚氯乙烯纤维（氯纶）,通称六大纶。涤纶、锦纶和腈纶三品种的产量占合成纤维的90%以上。

【拓展知识——蜘蛛丝】　天然蜘蛛丝（图5-9）一直是人类想要仿制的纤维。虽然天然蜘蛛丝的直径为 $4\mu m$ 左右,但它的牵引强度却相当于钢的5倍,同时还具有优越的防水性和伸缩性。如果能制造出一种具有天然蜘蛛丝特点的人造蜘蛛丝,将有广泛用途。它不仅可以成为降落伞、防弹衣和汽车安全带的理想材料,而且还可以用做易于被人体吸收的外科手术缝合线。

图5-9　蜘蛛丝

第二节　陶　瓷　材　料

陶瓷材料是无机非金属材料的统称，是用天然的或人工合成的粉状化合物，通过成形和高温烧结而制成的多晶体固体材料，包括陶瓷、瓷器、玻璃、搪瓷、耐火材料、砖瓦、水泥、石膏等。陶瓷材料具有耐高温、耐腐蚀、硬度高等优点，不仅用于制作餐具等生活制品，在现代工业中也得到广泛应用。

一、陶瓷材料的分类

陶瓷材料按其成分和来源，可分为普通陶瓷（传统陶瓷）和特种陶瓷（近代陶瓷）两大类。

1. 普通陶瓷

普通陶瓷是以天然的硅酸盐矿物，如黏土、长石、石英等原料为主，经过粉碎、成形和烧结制成的产品。它包括日用陶瓷、建筑陶瓷、卫生陶瓷、低压和高压电瓷、化工陶瓷（耐酸碱用瓷）和多孔陶瓷（过滤、隔热用瓷）等。普通陶瓷制作成本低，成形性好，质地坚硬，不氧化，耐腐蚀，不导电，能耐一定高温（最高 1 200℃），产量大，用途广。广泛应用于日用、电气、化工、建筑、纺织等领域中要求使用温度不高、强度不高的构件，如铺设地面、输水管道、绝缘件等。

2. 特种陶瓷

特种陶瓷主要是指采用高纯度人工合成化合物，如 Al_2O_3、ZrO_2、SiC、Si_3N_4、BN 等，制成具有特殊性能的新型陶瓷（包括功能陶瓷）。特种陶瓷包括金属陶瓷（如硬质合金）、氧化物陶瓷（如氧化铝陶瓷）、氮化物陶瓷（如氮化硅陶瓷）、硅化物陶瓷（如二硅化钼陶瓷）、碳化物陶瓷（如碳化硅陶瓷）、硼化物陶瓷（如二硼化钛陶瓷）、氟化物陶瓷、半导体陶瓷、磁性陶瓷、压电陶瓷等，其生产工艺过程与传统陶瓷相同。特种陶瓷具有高强度、高硬度、耐腐蚀、导电、绝缘、磁性、透光、半导体、压电、光电、超导、生物相容等特性，主要用于制作高温容器、热电偶套管、内燃机火花塞、切削高硬度材料的刀具、金属拉丝模、挤压模、火箭喷嘴、阀门、密封件等。

二、陶瓷材料的组织结构

陶瓷材料的性能与其组织结构有密切关系。金属晶体是以金属键相结合构成的，高聚物是以共价键结合构成的，而陶瓷则是由天然或人工的原料经高温烧结成的致密固体材料，其组织结构比金属复杂得多，其内部存在晶体相、玻璃相和气相，如图 5-10 所示，这三种相的相对数量、形状和分布对陶瓷性能的影响很大。

1. 晶体相

大多数陶瓷是由离子键构成的离子晶体（如 MgO、Al_2O_3 等），此外还有共价键（Si_3N_4、SiC 等）构成的，它们是陶瓷的主要组成相，且同时存在。离子键的结合能较高，正负离子以静电作用，结合得比较牢固，因此，陶瓷具有硬度高、熔点高、质脆、耐磨等特性。与金属晶体类似，陶瓷一般也是多晶体，也存在晶粒和晶界，细化晶粒同样能提高强度并影响其他性能。

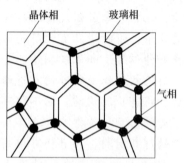

图 5-10　陶瓷显微组织示意图

2. 玻璃相

陶瓷烧结时由各组成物和杂质通过一系列物理化学作用形成的非晶态物质称为玻璃相。玻璃相熔点较低，热稳定性较差，主要作用是把分散的晶相黏结在一起。此外，玻璃相的存在还可以降低烧结温度，抑制晶粒长大，填充气孔空隙。但是，玻璃相数量过多会降低陶瓷的抗热性和绝缘性，因此，玻璃相的体积数量一般控制在 20% ~40% 之内。

3. 气相

陶瓷中存在的气孔称为气相。气相常以孤立的状态分布在玻璃相、晶界、晶粒内。气相会引起应力集中，降低陶瓷强度和抗电击穿能力，因此，应尽量减少气孔数量和尺寸，并使气孔均匀分布。一般气相控制在陶瓷体积的 5% ~10%。但在保温陶瓷和化工用过滤多孔陶瓷中，气相可达 60%。

三、陶瓷制品的生产过程

陶瓷制品种类繁多，其生产工艺过程各不相同，一般都要经历原料制备、成形和烧结三个阶段。

1. 原料制备

原料制备是指采用机械或物理或化学方法制备粉料的过程。原料的加工质量直接影响其成形加工工艺性能和陶瓷制品的使用性能。因此，各种各样的原料制备工艺都以提高成形加工工艺性能和陶瓷制品的使用性能为核心。例如，为了控制制品的晶粒大小，要将原料粉碎、磨细到一定的粒度；对原料要精选，去除杂质，控制纯度；为了控制制品的使用性能，要按一定比例配料；原料加工后，根据成形工艺要求，制备成粉料、浆料或可塑泥团。

2. 成形

成形是指用某些工具或模具将坯料制成一定形状、尺寸、密度和强度的坯型（或生坯）的过程。陶瓷制品的成形，可以采用可塑成形、压制成形、注浆成形等方法。

（1）可塑成形　它是通过手工或机械挤压、车削，使可塑泥团成形。其中挤压成形适合于加工各种管状制品和断面形状规则的棒状制品；车削成形用于加工形状较为复杂的圆形制品，特别是大圆形制品。

（2）压制成形　它是将含有一定水分和添加剂的粉料，在模具中用较高的压力压制成形。它与粉末冶金成形方法基本一样。

（3）注浆成形　它是将浆料注入模具成形，如图 5-11 所示。先将浆料注入石膏模中，经过一定时间后，在模壁上黏附着具有一定厚度的坯料，然后将多余浆料倒出，坯料形状在模型型腔内固定下来。此法常用于制造形状复杂，精度要求不高的日用陶瓷和建筑陶瓷。

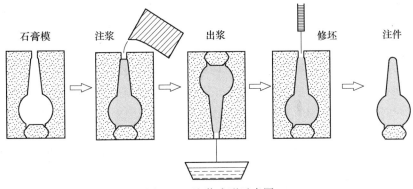

石膏模　　　注浆　　　出浆　　　修坯　　　注件

图 5-11　注浆成形示意图

3. 烧结

未经烧结的陶瓷坯料是由许多固体颗粒堆积的，称之为生坯。生坯颗粒之间除了点接触外，尚存在许多空隙，没有足够的强度，必须经过高温烧结后才能使用。因此，成形以后的生坯经初步干燥后，经涂釉烧结或直接送去烧结。高温烧结时，陶瓷内部发生一系列物理化学变化及相变，如体积变小，密度增加，强度、硬度提高，晶粒发生相变等，使陶瓷制品达到所要求的物理性能和力学性能。

【史海考证】 陶器是用泥巴（黏土）成形晾干后，用火烧出来的，是泥与火的结晶。陶器的发明是人类文明的重要里程碑，它是人类第一次利用天然物，按照自己的意志创造出来的一种崭新的物品。从河北省阳原县泥河湾地区发现的旧石器时代晚期的陶片说明，在中国陶器的产生已有11 700多年的悠久历史。但是陶器始终是文明初级阶段的低级产品，它本身存在的缺陷注定了逐渐被瓷器所替代。瓷器与陶器的主要区别是：第一，瓷器烧结温度高，一般在1 200℃以上，而陶器的烧结温度一般在1 100℃以下；第二，瓷器的硬度比陶器高。瓷器是中国古代的一项伟大发明，是从低级到高级，从原始到成熟逐步发展的。早在3 000多年前的商代，我国已出现了原始青瓷，再经过1 000多年的发展，到东汉时期终于摆脱了原始瓷器状态，烧制出成熟的青瓷器。在清朝康、雍、乾三代时期，瓷器的发展臻于鼎盛，达到了历史上的最高水平。中华民族在陶瓷生产方面给后人留下了珍贵、灿烂和丰富的文化遗产。

第三节　复合材料

金属材料、高分子材料和陶瓷材料作为工程材料三大支柱，在使用性能上各有其优点和不足，因此，它们各有自己较适合的应用范围。随着科学技术的发展，机械制造和工程结构对材料提出了越来越高的性能要求，而使用单一材料来满足这些性能要求变得越来越困难。所以目前出现了将多种单一材料采用不同成形方式组合成一种新的材料——复合材料。

一、复合材料的概念

复合材料是由两种或两种以上不同性质的材料，通过不同的工艺方法人工合成的多相材料。复合材料既保持了原有材料的各自特点，又具有比原材料更好的性能，即具有"复合"效果。不同材料复合后，通常是其中一种材料作为基体材料，起黏结作用；另一种材料作为增强剂材料，起承载作用。

自然界中许多天然材料都可看作是复合材料，如树木是由纤维素和木质素复合而得；纸张是由纤维物质与胶质物质组成的复合材料；又如动物的骨骼也可看作是由硬而脆的无机磷酸盐和软而韧的蛋白质骨胶组成的复合材料。人类很早就仿效天然复合材料，在生产和生活中制成了初期的复合材料。例如，在建造房屋时，往泥浆中加入麦秸、稻草可增加泥土的强度；钢筋混凝土是由水泥、砂子、石子、钢筋组成的复合材料。诸如此类的复合材料，在工程上屡见不鲜。

复合材料一般是由强度和弹性模量较高、但脆性大的增强剂和韧性好但强度和弹性模量低的基体组成，它是将增强材料均匀地分散在基体材料中，以克服单一材料的某些弱点。例如，汽车上普遍使用的玻璃纤维挡泥板，就是由玻璃纤维与聚合物材料复合而成。

复合材料的最大优点是可根据人的要求来改善材料的使用性能，将各种组成材料取长补短并保持各自的最佳特性，从而有效地发挥材料的潜力。所以，"复合"已成为改善材料性能的一种手段。目前复合材料越来越引起人们的重视，新型复合材料的研制和应用也越来越多。

二、复合材料的特点

复合材料可以是不同的非金属材料相互复合，还可以是不同的金属材料或金属与非金属材料相互复合。与其他传统材料比较，复合材料具有以下性能特点。

1. 复合材料的比强度和比模量较高

复合材料具有比其他材料高得多的比强度和比模量（弹性模量除以密度）。众所周知，许多结构和设备，不但要求材料的强度高，还要求密度小，复合材料就具备这种特性，如碳纤维增强环氧树脂的比强度是钢的 7 倍，比模量比钢大 3 倍。材料的比强度高，则所制作零件的质量和尺寸可减少；材料的比模量大，则零件的刚性大。复合材料制作的构件质量是使用钢制作的构件质量的 3/10，而其强度和刚度却与钢制作的构件基本相同。

2. 复合材料抗疲劳性能好

金属材料，尤其是高强度金属材料，在循环应力作用下，对裂纹非常敏感，容易产生突发性疲劳破坏，并且金属材料的疲劳破坏一般没有预兆，容易造成重大事故。在纤维增强复合材料中，每平方厘米截面上有成千上万根独立的增强纤维，外加载荷由增强纤维承担，受载后如有少量纤维断裂，载荷会迅速重新分布，由未断的纤维承担；另外，复合材料内部缺陷少、基体塑性好，有利于消除或减少应力集中现象。这样就使复合材料构件丧失承载能力的过程延长了，并在破坏前有先兆，可提醒人们及时采取有效措施。例如，碳纤维增强聚酯树脂的疲劳强度相当于其抗拉强度的 70% ~80%，而金属材料的疲劳强度一般只有其抗拉强度的 40% ~50%。

3. 复合材料结构件减振性能好

工程上有许多机械结构，在工作过程中振动问题十分突出，如飞机、汽车及各种动力机械，当外加载荷的频率与结构的自振频率相同时，将产生严重的共振现象。共振会严重威胁结构的运行安全，有时还会造成灾难性事故。据研究，结构的自振频率除了同结构本身的形状有关外，还与材料比模量的平方根成正比。纤维增强复合材料的自振频率高，可以避免产生共振。同时纤维与基体的界面对振动具有反射和吸振能力，故振动阻尼很高。例如，用同样尺寸和形状的梁进行试验，金属梁需要 9s 才停止振动，而碳纤维复合材料只需要 2.5s 就可停止振动，由此可见其阻尼之高。

4. 复合材料高温性能好

一般铝合金在 400℃时，其弹性模量会急剧下降并接近于零，强度也会显著下降。纤维增强复合材料中，由增强纤维承受外加载荷。而增强纤维中除石英玻璃纤维的软化点较低外，其他增强纤维的软化点（或熔点）一般都在 2 000℃以上（见表5-2）。用这类纤维材料制作复合材料，可以提高复合材料的耐高温性能，如玻璃纤维增强复合材料可在 200 ~300℃下工作；碳纤维或硼纤维增强复合材料在 400℃时，其强度和弹性模量基本保持不变。此外，由于玻璃钢具有极低的热导率（只有金属的 1/1 000 ~1/100），因此，可瞬时承受超高温，故可做耐烧蚀材料。再如，用钨纤维增强的钴、镍或其他合金则可在1 000℃以上工作，大大提高了金属的高温性能。

表5-2　常用增强纤维的软化点

纤维种类	石英玻璃纤维	Al_2O_3 纤维	碳纤维	氯化硼纤维	SiC 纤维	硼纤维	B_4C 纤维
熔点(软化点)/℃	1 600	2 040	2 650	2 980	2 690	2 300	2 450

5. 独特的成形工艺

复合材料制造工艺简单，易于加工，并可按设计需要突出某些特殊性能，如增强减摩性、增强电绝缘性、提高耐高温性等。另外，复合材料构件可以整体一次成形，减少零部件、紧固体和接头的数目，提高材料利用率。

目前纤维复合材料还存在一些问题，如不同方向的力学性能差异较大（横向抗拉强度比纵向低得多），断裂伸长率较小，抵抗冲击载荷能力较低，成本较高等。随着这些问题的逐步解决，复合材料的应用将更加广泛。

三、常用复合材料的种类

按复合材料的增强剂种类和结构形式的不同，复合材料可分为纤维增强复合材料、层叠增强复合材料和颗粒增强复合材料三类，如图5-12所示。

1. 纤维增强复合材料

纤维增强复合材料是指以玻璃纤维、碳纤维、硼纤维、陶瓷材料等作复合材料的增强剂，复合于塑料、树脂、橡胶和金属等基体材料之中所形成的复合材料，如玻璃纤维增强橡胶、玻璃纤维增强塑料、陶瓷纤维增强玻璃、SiC 增强钛合金复合材料等都是纤维增强复合材料。

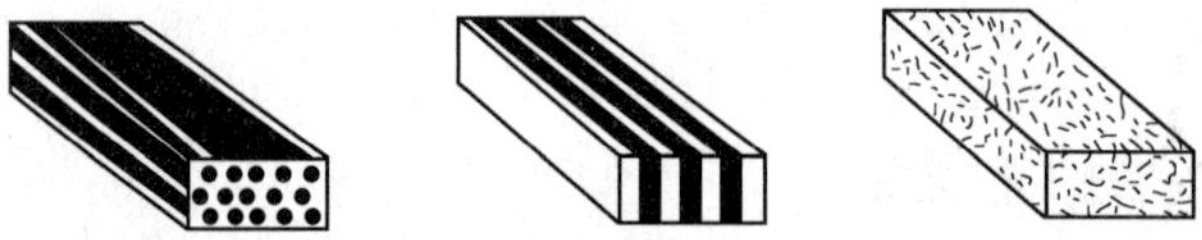

a) 纤维增强复合材料　　b) 层叠增强复合材料　　c) 颗粒增强复合材料

图5-12　复合材料结构示意图

2. 层叠增强复合材料

层叠增强复合材料是克服复合材料在高度上性能的方向性而发展起来的，如层合板、钢-铜-塑料复合无油润滑轴承材料、巴氏合金-钢双金属层滑动轴承材料等就是这类复合材料。

3. 颗粒增强复合材料

颗粒增强复合材料主要指弥散强化金属、金属陶瓷（硬质合金）以及在聚合物中加入填料（如石墨、云母、滑石粉、二氧化硅等）形成的以聚合物为基体的复合材料等，如金属陶瓷就是由 WC、Co 或 WC、TiC、Co 等组成的细颗粒增强复合材料。

在以上三类复合材料中，以纤维增强复合材料发展得最快，应用也最广，已成为近代工业和某些高科技领域中重要的工程材料之一。

四、常用纤维增强树脂基复合材料

目前常用的树脂基纤维增强复合材料主要是玻璃纤维增强树脂基复合材料和碳纤维增强树脂基复合材料。

1. 玻璃纤维增强树脂基复合材料

以树脂为基体玻璃纤维为增强剂的复合材料称为玻璃纤维增强复合材料。根据树脂在加热和冷却时所表现的性质不同，玻璃纤维增强树脂基复合材料分为玻璃纤维增强热塑性树脂复合材料（基体为热塑性塑料，如尼龙、聚苯乙烯）和玻璃纤维增强热固性树脂复合材料（基体为热固性塑料，如环氧树脂、酚醛树脂）两种。其中玻璃纤维增强热塑性树脂复合材料比普通塑料具有更高的强度和冲击韧度，其增强效果因树脂基的不同而有差异性，尼龙（聚酰胺）的增强效果最为显著，聚碳酸酯、聚乙烯和聚丙烯的增强效果也较好。

玻璃纤维增强热固性树脂复合材料又称玻璃钢，它是目前应用最广泛的一种新型工程材料。玻璃钢的性能特点是强度较高，接近或超过铜合金和铝合金；密度为 $1.5 \sim 2.8 g/cm^3$，只有钢的 $1/4 \sim 1/5$。因此，它的比强度不但高于铜合金、铝合金，甚至超过合金钢，此外它还有较好的耐蚀性。玻璃钢的主要缺点是弹性模量较小，只有钢的 $1/5 \sim 1/10$。因此，玻璃钢用做受力构件时，刚度较差，容易产生变形，对于某些承载结构件必须慎重考虑。此外，玻璃钢还有耐热性差、易老化和易蠕变的缺点。

玻璃钢在石油化工行业应用广泛，如用玻璃钢制造各种罐、管道、泵、阀门、贮槽等，可制作金属、混凝土等设备内壁的衬里，使这些化工设备在不同介质、温度和压力条件下的工作寿命增加。玻璃钢的另一重要用途是制造输送各种能源（水、石油、天然气等）的管道。与金属管道相比，它具有综合成本低，重量轻，耐腐蚀的优点。

玻璃钢在交通运输方面也有广泛应用，如利用玻璃钢比强度高，耐蚀性好的优点，现已用玻璃钢制造各种轿车、载重汽车的车身和各种配件；在铁路方面用玻璃钢制造大型罐车，减轻了自重，提高了重量利用系数（载重量/车自重）；采用玻璃钢制造船体（图 5-13）及其部件，使船舶在防腐蚀、防微生物、提高寿命及提高承载能力、航行速度等方面都收到了良好的效果。

图 5-13　玻璃钢船体

玻璃钢在机械工业方面的应用也日益扩大，从简单的防护罩类制品（如电动机罩、发电机罩、带轮防护罩等）到较复杂的结构件（如风扇叶片、齿轮、轴承等）均可采用玻璃钢制造。利用玻璃钢优良的电绝缘性能，可制造开关装置、电缆输送管道、高压绝缘子、印制电路等。

随着玻璃钢弹性模量的改善，长期耐高温性能的提高，抗老化性能的改进，特别是生产工艺和产品质量的稳定，它在各个领域中的应用一定会有更大的拓展。

2. 碳纤维增强树脂基复合材料

碳纤维可与环氧树脂、酚醛树脂、聚四氟乙烯等组成碳纤维增强树脂基复合材料。此类复合材料不仅保持了玻璃钢的许多优点，而且许多性能优于玻璃钢。例如，其强度和弹性模量都超过铝合金，而接近高强度钢，完全弥补了玻璃钢弹性模量小的缺点。它的密度比玻璃钢小（只有 $1.6g/cm^3$），因此，它的比强度和比模量在现有复合材料中居第一位。此外，它还具有优良的耐磨性、减摩性及自润滑性、耐蚀性、耐热性等优点。不足之处是碳纤维与树脂的黏结力不够大，各向异性明显。

图 5-14　网球拍

碳纤维增强树脂基复合材料可用于制作承载零件和耐磨零件，如连杆、活塞、齿轮、轴承、汽车外壳、发动机外壳等；用于有抗腐蚀要求的化工机械零件，如容器、管道、泵等；用于制作航空航天飞行器外表面防热层等；用于制作波音787飞机机身、垂直起落战斗机机身、隐形飞机机身、螺旋桨、尾翼、发动机叶片、人造卫星壳体及天线构架等；可用于制作运动器械，如羽毛球拍、网球拍（图 5-14）及渔竿等。

复习与思考

一、填空题

1. 机械工程中常用的非金属材料有 _____、_____、_____、_____、_____和_____等。

2. 有机高分子化合物的分子链按几何形状一般分为_____型分子链、_____型分子链和_____型分子链三种。

3. 塑料是指以_____（天然、合成）为主要成分，再加入其他_____剂，在一定温度与压力下塑制成形的材料或制品的总称。

4. 根据树脂在加热和冷却时所表现的性质，可将塑料分为热_____性塑料和热_____性塑料两类。

5. 生胶是指未加配合剂的_____橡胶或_____橡胶的总称。

6. 早期使用的胶粘剂属_____胶粘剂，如糨糊等。现代胶接技术，多采用_____胶粘剂。

7. 胶粘剂以流变性质来分，可分为_____胶粘剂、_____胶粘剂、_____胶粘剂和_____胶粘剂。

8. 合成纤维的生产工艺包括_____的制备与聚合、_____和_____加工等基本环节。

9. 陶瓷材料按其成分和来源，可分为_____陶瓷（传统陶瓷）和_____陶瓷（近代陶瓷）两大类。

10. 陶瓷组织结构比金属复杂得多，其内部存在_____相、_____相和_____相，这三种相的相对数量、形状和分布对陶瓷性能的影响很大。

11. 陶瓷制品种类繁多，其生产工艺过程各不相同，一般都要经历_____制备、

_____和烧结三个阶段。

12. 按复合材料的增强剂种类和结构形式的不同，复合材料可分为_____增强复合材料、_____增强复合材料和_____增强复合材料三类。

二、判断题

1. 高分子化合物是指相对分子质量很大的化合物。（　　）

2. 塑料的主要成分是树脂。（　　）

3. 热固性塑料受热软化，冷却硬化，再次加热又软化，冷却又硬化，可多次重复。（　　）

4. 陶瓷材料是无机非金属材料的统称。（　　）

5. 不同材料复合后，通常是其中一种材料为基体材料，起黏结作用；另一种材料作为增强剂材料，起承载作用。（　　）

6. 橡胶失去弹性的主要原因是氧化、光的辐射和热影响。（　　）

三、简答题

1. 什么是有机高分子材料？其合成方法有哪些？

2. 简述橡胶的分类、特点及用途。

3. 何谓胶接？胶接的特点有哪些？

4. 利用胶粘剂把彼此分离的物件胶接在一起，形成牢固接头的必要条件是什么？

5. 纤维有何特点和用途？

6. 什么叫特种陶瓷？特种陶瓷在工业上有何应用？

7. 复合材料有何特点？举例说明玻璃钢的用途。

四、课外探讨与交流

1. 观察社会的各个角落，分析非金属材料的应用情况，展望未来非金属材料将在我们的生活中发挥什么样的作用？

2. 发挥个人想象力，你能否根据实际需要，自己设计出新的复合材料？并说明其特点和应用。

第六章 铸 造

【学习目标与学习方法】

本章主要介绍砂型铸造、铸造工艺图、合金铸造性能、铸件结构工艺性、特种铸造等知识。在学习过程中，第一，要了解各种铸造方法的特点，不要孤立地去死记硬背，要结合具体铸件实例加深对工艺特点的认识和理解；第二，对于合金铸造性能要结合铁碳合金相图等知识加深对有关知识的认识；第三，本章内容实践性强，学习时要利用模型、挂图、实物、电教片等媒体，进行对照学习；第四，要仔细地对所学内容进行分类、归纳和总结，提高学习效果。

铸造是指熔炼金属，制造铸型，并将熔融金属浇入铸型，凝固后获得一定形状和性能金属零件毛坯的成形方法。用铸造方法得到的金属毛坯称为铸件，如图6-1所示。铸件一般作为毛坯用，多数铸件需经切削加工后才能成为零件。铸造成形方法很多，主要有砂型铸造和特种铸造两类。在砂型中生产铸件的铸造方法，称为砂型铸造。砂型铸造是一种历史悠久的铸造方法，该方法具有成本低、灵活性大、适应性广等优点。与砂型铸造不同的其他铸造方法，称为特种铸造。特种铸造包括金属型铸造、压力铸造、离心铸造、熔模铸造、低压铸造、陶瓷型铸造、连续铸造

图6-1 铸件

和挤压铸造等，目前特种铸造正逐步得到广泛的应用。一般来说，铸造生产具有如下特点。

（1）铸造的适应性广 铸造可制造形状复杂且不受工件尺寸、质量和生产批量限制的铸件。工业生产中常用的金属材料，如非合金钢、低合金钢、合金钢、非铁金属等，都可用于铸造。目前，部分高分子材料、陶瓷材料等也在采用铸造方法生产零件。铸造可以生产出质量从几克到数百吨、壁厚为 $0.5 \sim 500\mathrm{mm}$ 的各种铸件。

（2）铸造具有良好的经济性 第一，铸造不需要昂贵的设备；第二，由于铸件的形状和尺寸接近于零件，因此，能够节省金属材料和切削加工工时；第三，铸造所用金属材料来源广泛，可以利用废旧机件等废料进行回炉熔炼。

（3）铸件力学性能较差 由于铸件生产工序多，而且部分工序过程难以控制，因此铸件质量不够稳定，废品率较高。此外，铸件内部偏析大、晶粒粗大，所以，铸件的力学性能相对较差。铸件常用于制造承受静载荷及压应力的结构件，如箱体、床身、支架、缸体等。此外，一些有特殊性能要求的构件，如球磨机的衬板、犁铧、轧辊以及难加工的材料等也常采用铸造成形方法制造零件。

第一节 砂型铸造

铸件的形状与尺寸主要取决于造型和造芯，而铸件的化学成分则取决于金属熔炼过程。

所以，造型、造芯和金属熔炼是铸造生产中的重要工序。图 6-2 是齿轮毛坯的砂型铸造过程简图。

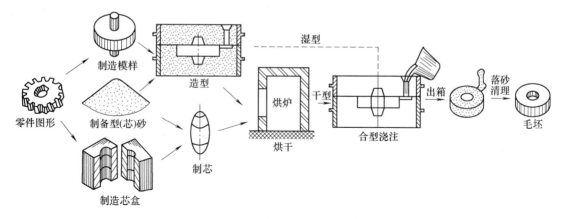

图 6-2 齿轮毛坯的砂型铸造过程简图

一、造型

用型砂及模样等工艺装备制造砂型的方法和过程，称为造型。在造型过程中造型材料的好坏，对于铸件的质量起着决定性的作用。

1. 造型材料与造型工具

铸型是用型砂、金属或其他耐火材料制成，包括形成铸件形状的空腔、型芯和浇冒口系统的组合。如果砂型用砂箱支撑时，砂箱也是铸型的组成部分。制造铸型（芯）用的材料称为造型材料，一般指砂型铸造用的材料，它主要包括水洗砂（型砂和芯砂）、粘结剂（黏土、膨润土、水玻璃、植物油、树脂等）、各种附加物（煤粉或木屑等）、旧砂和水。为了获得合格的铸件，造型材料应具备一定的强度、可塑性、耐火性、透气性、退让性和溃散性等性能。制造铸型用的工具称为造型工具。常用造型工具有：砂箱、底板、砂春、通气针、起模针、皮老虎、镘刀、秋叶、提钩、半圆等。

2. 砂型的各组成部分

如图 6-3 所示，将型砂春紧在上砂箱和下砂箱中，连同砂箱一起，分别形成上砂型和下砂型。从砂型中取出模样后形成的空腔称为型腔。利用型腔在浇注后可形成铸件的外部轮廓。上砂型与下砂型的分界面称为分型面。图中有"×"符号的部分表示型芯，型芯用于形成铸件的孔或内部轮廓。型芯上的延伸部分称为芯头，用于安放和固定型芯。型芯头位于砂型的型芯座上。型芯中设有通气孔，用于排出型芯在受热过程中产生的气体。型腔的上方设有出气口，用于排出型腔中的气体。另外，利用通气针可在砂型中扎多个通气孔，用于排出型腔中的气体。金属液从浇口杯中浇入，经直浇道、横浇道、内浇道流入型腔中。

3. 造型方法

造型方法通常分为手工造型和机器造型两大类。

（1）手工造型 全部用手或手动工具完成的造

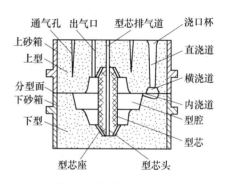

图 6-3 砂型组成示意图

型工序称为手工造型。造型时如何将木模顺利地从砂型中取出，而又不致破坏型腔的形状，是一个很关键的问题。常用手工造型方法图解、主要特点和应用范围见表6-1。手工造型具有操作灵活、适应性强、模型制作成本低、生产准备时间短等优点。但手工造型效率低，劳动强度大，劳动环境差，主要用于单件小批量生产。

表 6-1　常用手工造型方法图解、主要特点和应用范围

造型方法	图　解	主要特点	应用范围
整箱造型		模样是整体的，铸件型腔在一个砂箱内，分型面一般是平面，造型简单，不会产生错型	适用于形状简单、横截面依次减小、不允许有错箱缺陷的铸件
分模造型		模样在最大截面处分开，铸件型腔在上砂箱和下砂箱中，造型方便，但模型制造稍为复杂，可能会产生错型	适用于生产形状较复杂、最大截面在中间的铸件以及带孔的铸件，如套筒、阀体、管子、箱体等铸件
挖砂造型		模型是整体的，但铸件的分型面为曲面，为了能起出模型，造型时用手工挖去阻碍起模型砂，造型费时，生产率低，操作技术要求高	适用于单件或小批生产模样是整体模及分型面不是平面的铸件
假箱造型		在造型前预先制备好一个底胎（假箱），然后在底胎上造下型，底胎不参与浇注。造型操作比挖砂简单，操作效率也高，不需要挖砂，而且分型面整齐	适用于小批或成批生产模样是整体模，分型面不是平面的铸件
活块造型		将妨碍起模的凸出结构作成活块，起模时先将主体模起出，然后再从侧面取出活块，造型费时，活块不易定位，操作技术要求高，活块的总厚度不得大于模样主体部分的厚度	适用于单件或小批量生产带有小凸台等妨碍起模的铸件
刮板造型		用与铸件截面形状相同的刮板刮制出砂型，可降低模样制作成本，缩短生产准备时间，但是生产效率低，操作技术要求高，铸件精度低	适用于具有等截面的大、中型回转体铸件的单件或小批量生产，如带轮、飞轮、齿轮、弯管等
三箱造型		模型由上、中、下三个型组成，中箱的上下两端面均为分型面，而且中箱高度与中箱中的模型高度相适应。操作比较烦琐，生产效率低，需要合适的砂箱，操作技术要求高	适用于单件或小批量生产具有两个分型面的铸件

（续）

造型方法	图　解	主要特点	应用范围
地坑造型		利用地坑作为下砂箱，节约生产成本，但造型费时，生产效率低，操作技术要求高	适用于单件或小批量生产质量要求不高的铸件
组芯造型		用砂芯组成铸型，可提高铸件精度，但生产成本高	适用大批量生产形状复杂的铸件

（2）机器造型　用机器全部地完成或至少完成紧砂操作的造型工序称为机器造型。机器造型的实质就是用机器代替手工紧砂和起模过程，它是现代化铸造车间的基本造型方法。机器造型具有生产率高，铸件尺寸精度高和表面质量好，改善了劳动条件等优点，此造型方法适合于成批大量生产铸件。

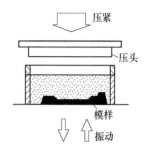

图6-4　震压式紧砂方法

机器造型常用的紧砂方法有：震实、压实、震压、抛砂、射压等几种方式，其中以震压方式应用最广。图6-4是震压式紧砂方法，图6-5是射压式紧砂方法。

机器造型常用的起模方法有：顶箱、漏模、翻转三种方式。图6-6是顶箱起模方法。

随着生产的发展，新的造型设备会不断地出现。从而使整个造型和制芯过程逐步地实现自动化，并提高生产效率。

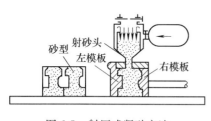

图6-5　射压式紧砂方法

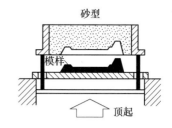

图6-6　顶箱起模方法

二、制芯

制造型芯的过程称为制芯。型芯的主要作用是用来获得铸件的内腔，有时也可作为铸件难以起模部分的局部外形。由于型芯的表面被高温液态金属所包围，受到的冲刷及烘烤最大，因此，要求型芯具有更高的强度、透气性、耐火性和退让性等。型芯可以采用手工制芯，也可以采用机器制芯。单件或小批生产大、中型回转体型芯时，可采用刮板制芯。手工制芯时主要采用型芯盒制芯。根据芯盒结构不同，手工制芯方法可分为整体式芯盒制芯（图6-7）、可拆式芯盒制芯（图6-8）、对开式芯盒制芯三种。

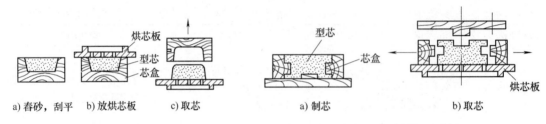

a) 舂砂，刮平　　b) 放烘芯板　　c) 取芯　　　　　　a) 制芯　　　　　　b) 取芯

图6-7　整体式芯盒制芯　　　　　　　　图6-8　可拆式芯盒制芯

浇注时，由于型芯受金属液的冲击、包围和烘烤，因此，与砂型相比，型芯必须具有较高的强度、耐火性、透气性、退让性和溃散性。这主要是靠合理配制芯砂和正确的造芯工艺来保证。

1. 在型芯上开设通气孔和通气道

对于形状简单的型芯，可以用通气针扎出通气孔；对于形状复杂的型芯，可在型芯内放入蜡线，在型芯烘干时蜡线被烧掉，从而形成通气孔，如图6-9所示。

2. 在型芯里放置芯骨

芯骨是放入砂芯中用以加强或支持砂芯并保持一定形状的金属构架。小型芯的芯骨一般用铁丝制作，大、中型型芯的芯骨一般是用铸铁制作，如图6-10所示。

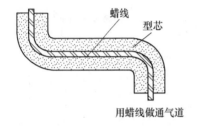

用蜡线做通气道

图6-9　型芯的通气方式

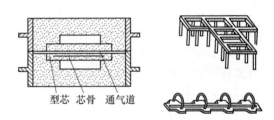

型芯　芯骨　通气道

图6-10　型芯的芯骨

3. 型芯上涂涂料及其烘干

为了降低铸件内腔表面的粗糙度，防止液态金属与砂型表面相互作用产生粘砂等缺陷，在型芯与金属液接触的部位需要涂涂料。铸铁件的型芯多用石墨涂料；铸钢件型芯多用石英粉涂料。

为了提高型芯的强度和透气性，型芯须在专用的烘干炉内烘干。烘干黏土砂芯时应在250~350℃范围内进行，并保温3~6h，然后缓慢冷却。烘干油砂芯时应在200~220℃范围内进行。

三、浇注系统

为了顺利平稳地填充型腔和冒口而在铸型中开设的一系列通道，称为浇注系统。通常浇注系统由浇口杯、直浇道、横浇道和内浇道组成，如图6-11所示。浇注系统的主要作用是保证液态金属均匀、平稳地流入型腔，避免冲坏型腔；防止熔渣、砂粒或其他杂质进入型腔；调节铸件凝固顺序或补给铸件冷凝收缩时所需的液态金属。如果浇注系统设计不合理，铸件易产生冲砂、砂眼、夹渣、浇不到、气孔和缩孔等缺陷。

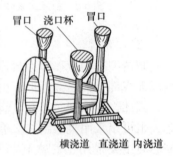

图6-11　浇注系统组成

浇注系统按内浇道在铸件上的位置，可设计成顶注式浇注系统、中注式浇注系统、底注式浇注系统、阶梯式浇注系统等多种形式，如图6-12所示。

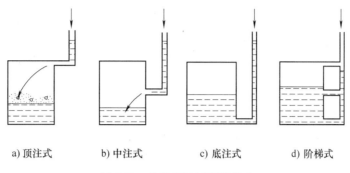

a) 顶注式   b) 中注式   c) 底注式   d) 阶梯式

图6-12 常见浇注系统的形式

四、熔炼

金属熔炼质量的好坏对能否获得优质的、符合性能要求的铸件有直接影响。如果金属液的化学成分不合格，则会降低铸件的力学性能和物理性能。金属液的温度过低，会使铸件产生冷隔、浇不到、气孔和夹渣等缺陷；温度过高会导致铸件总收缩量增加、吸收气体过多、粘砂严重等缺陷。常用的熔炼设备有：冲天炉（适于熔炼铸铁）、电炉（适于熔炼铸钢）、坩埚炉（适于熔炼非铁金属）。

五、合型、浇注、落砂、清理和检验

1. 合型（合箱）

将铸型的各个组元如上型、下型、型芯、浇口杯等组合成一个完整铸型的操作过程称为合型。合型后要保证铸型型腔几何形状、尺寸的准确性和型芯的稳固性。型芯放好并经检验后，才能扣上上砂箱和放置浇口杯。

2. 浇注

将熔融金属从浇包注入铸型的操作称为浇注。金属液应在合理的温度范围内按规定的速度注入铸型。如果浇注温度过高，金属液吸气多，液体收缩大，铸件容易产生气孔、缩孔、裂纹及粘砂等缺陷。若浇注温度过低，液态金属流动性变差，会产生浇不到、冷隔等缺陷。

3. 落砂

用手工或机械使铸件与型砂（芯砂）、砂箱分开的操作过程称为落砂。浇注后，必须经过充分的冷却和凝固才能开型。若落砂时间过早，会使铸件产生较大的应力，导致铸件变形或开裂，此外，铸铁件还会形成白口组织，从而使切削加工困难。

4. 清理

落砂后从铸件上清除表面粘砂、型砂（芯砂）、多余金属（包括浇注系统、冒口，飞翅和氧化皮）等过程的总和称为清理。清理主要是去除铸件上的浇注系统、冒口、型芯、粘砂以及飞边毛刺等部分。

5. 检验

铸件清理后，应进行质量检验。检验可通过肉眼观察（或借助尖嘴锤）找出铸件的表面缺陷，如气孔、砂眼、粘砂、缩孔、浇不到、冷隔等。对于铸件内部缺陷可进行耐压试验、超声波探伤等。

第二节　铸造工艺图

铸造工艺图是表示铸型分型面、浇注系统、冒口系统、浇注位置、型芯结构尺寸、控制凝固措施（冷铁、保温衬板）等内容的图样。铸造工艺图可按规定的工艺符号或文字绘制在零件图上，或另绘工艺图样，它是进行生产准备、指导铸件生产的基本工艺文件。

一、浇注位置的确定

浇注位置是指浇注时铸型分型面所处的位置。其确定原则可归纳为"三下一上"，即：

1）铸件的重要加工面或主要工作面应朝下。这是因为气体、渣子、砂粒等容易上浮，造成铸件上部质量较差。例如，生产车床床身铸件时，应将重要的导轨面朝下，如图 6-13 所示。

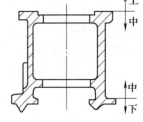

图 6-13　床身浇注位置

2）铸件的大平面应朝下。这样可以防止大平面上产生气孔、夹砂等缺陷，如图 6-14 所示。这是由于在浇注过程中，高温的液态金属对型腔上表面有强烈的热辐射，容易引起型腔上表面型砂因急剧的热膨胀而拱起或开裂，从而使铸件表面产生夹砂缺陷。

3）具有大面积的薄壁铸件，应将薄壁部分放在铸型下部。这是为了防止薄壁部分产生浇不到、冷隔等缺陷，如图 6-15 所示。

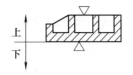

图 6-14　平板的浇注位置

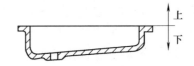

图 6-15　薄壁件的浇注位置

4）易形成缩孔的铸件，浇注时应把厚的部分放在分型面附近的上部或侧面，这样便于在铸件厚处直接安置冒口，保证铸件自下而上地顺序凝固，使冒口充分发挥补缩作用。

二、分型面的选择

铸型组元间的接合面称为分型面。分型面的选择原则如下：

1）应减少分型面的数量，尽量使铸件位于下型中。这样做可简化操作过程，提高铸件尺寸精度。

2）尽量采用平直面作为分型面，少用曲折面作为分型面。这样做可简化制模和造型工艺。

3）尽量使铸件的主要加工面和加工基准面位于一个砂箱内。这样做可简化造型和避免错箱缺陷。

4）分型面一般设在铸件的最大截面处，充分利用砂箱高度，不要使模样在一个砂箱内过高。

铸造生产中为了保证铸件的质量，一般是先确定铸件的浇注位置，然后从便于造型出发来确定分型面。在确定铸件的分型面时应尽可能使之与浇注位置相一致，或者使二者相互协调起来。

三、工艺参数的选择

绘制铸造工艺图应考虑的主要工艺参数是加工余量、起模斜度、铸造圆角、收缩率和芯头等。

1）加工余量。铸件的加工余量是指为了保证铸件加工面尺寸和零件精度，在进行铸件工艺设计时预先增加的，并且在机械加工时切去的金属层厚度。

2）起模斜度。起模斜度是为了使模样容易从铸型中取出或芯子自芯盒脱出，平行于起模方向在模样或芯盒壁上设置的斜度，如图6-16所示。

3）芯头。芯头是指模样上的突出部分，在型内形成芯座并放置芯头的部分，如图6-17所示。芯头不形成铸件的轮廓，只是落入芯座内，对型芯进行定位和支承。芯头设计的原则是使型芯定位准确，安放牢固，排气通畅，清砂和装配方便。

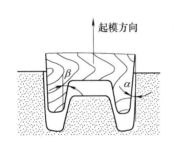

图 6-16 起模斜度

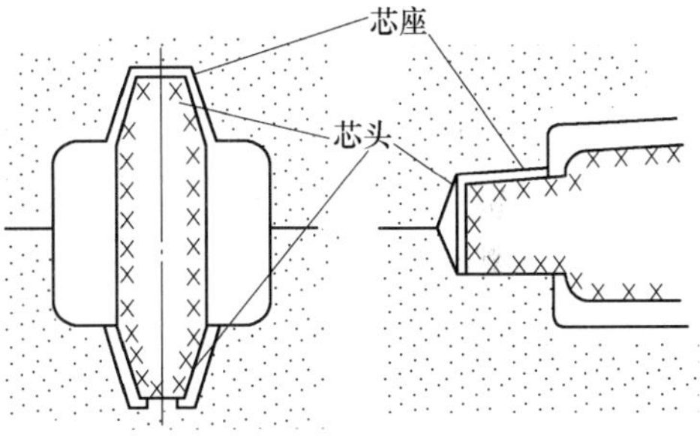

图 6-17 芯头

上述各项工艺参数的详细数据可根据具体的零件查阅有关铸造工艺手册。

4）收缩率。铸件在冷却凝固过程中尺寸要缩小。因此，制造模样和型芯盒时，要根据合金的线收缩率将尺寸放大，以保证冷却后铸件的尺寸符合要求。线收缩率的大小主要是按合金的种类来确定，如灰铸铁件的收缩率是1%，铸钢件的收缩率是2%，非铁金属件的收缩率是1.5%。

5）铸造圆角。在设计铸件和制造模样时，对相交壁的交角处要做成圆弧过渡，这种圆弧称为铸造圆角，如图6-18所示。其目的是

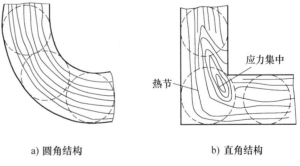

a) 圆角结构　　b) 直角结构

图 6-18 铸造圆角

为了防止铸件交角处产生缩孔及由于应力集中而引起裂纹。铸造圆角的半径一般为3～10mm。此外，圆角结构有利于造型，也使铸件外形产生美感。

四、绘制铸造工艺图

在确定了铸件浇注位置、分型面、型芯结构、浇注系统、冒口系统及有关参数等内容后，即可用表6-2所列的工艺符号及其表示方法绘制铸造工艺图。

表6-2　铸造工艺符号及其表示方法

名　称	符　号	说　明
分型面		用蓝线或红线和箭头表示
机械加工余量		用红线画出轮廓，剖面处涂以红色（或细网纹）。加工余量值用数字表示。有起模斜度时，一并画出
不铸出的孔和槽		用红"×"表示。剖面处涂以红色（或以细网纹表示）
型芯		用蓝线画出芯头，注明尺寸。不同型芯用不同剖面线。型芯应按下芯顺序编号
活块		用红线表示，并注明"活块"
型芯撑		用红色或蓝色表示
浇注系统		用红线绘出，并注明主要尺寸

（续）

名　称	符　号	说　明
冷铁	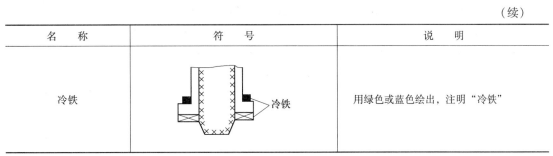	用绿色或蓝色绘出，注明"冷铁"

注：有关芯头间隙、型芯通气道等，本表从略。

第三节　合金的铸造性能

常用的铸造合金有铸铁、铸钢、铸造铝合金和铸造铜合金等。合金在铸造成形过程中获得外形准确、内部健全铸件的能力称为合金的铸造性能。合金的铸造性能主要包括吸气性、氧化性、流动性、收缩性、凝固温度范围、凝固特性、热裂倾向性以及与铸型和造型材料的相互作用等。了解合金的铸造性能及其影响因素，对于选择合理的铸造合金、进行合理的铸件结构设计、制订合理的铸造工艺和保证铸件质量有着十分重要的意义。

一、流动性

流动性是指熔融合金的流动能力。它是影响熔融合金充型能力的主要因素之一。

1. 流动性对铸件质量的影响

液态合金的流动性好，充型能力就强，容易获得尺寸准确、外形完整和轮廓清晰的铸件，避免产生冷隔和浇不到等缺陷，有利于合金液中非金属夹杂物和气体的排出，避免产生夹渣和气孔等缺陷。同时，也有利于补充在凝固过程中所产生的收缩，避免产生缩孔和缩松等缺陷。

2. 影响流动性的因素

影响合金流动性的因素主要有浇注温度、化学成分及铸型的充填条件等。

（1）浇注温度对流动性的影响　浇注温度高，液态合金所含的热量多，在同样冷却条件下，保持液态的时间长。同时，在液态合金停止流动前传给铸型的热量也多，导致铸型的温度升高，使金属的冷却速度降低，从而使液态合金的流动性增强。另外，浇注温度高，液态合金的黏度降低，也有利于合金流动性的提高。但浇注温度过高会使合金的吸气量和总收缩量增大，反而会增加铸件产生其他缺陷的可能性。因此，在保证流动性足够的条件下，浇注温度尽可能低些。灰铸铁的浇注温度一般为 1 250 ~ 1 350℃，铸造非合金钢的浇注温度为 1 500 ~ 1 550℃。

（2）合金化学成分对流动性的影响　化学成分不同的合金具有不同的结晶特点，其流动性也不同。其中纯金属和共晶成分的合金流动性最好。这是由于它们是在恒温下结晶的，根据温度的分布规律，结晶时从表面开始向中心逐层凝固，结晶前沿较为平滑，对尚未凝固金属的流动阻力小，因而流动性较好。其他合金的凝固过程是在一段温度范围内完成的，在这个温度范围内，同时存在固、液两相，固态的树枝状晶体会阻碍液态金属的流动，从而使流动性变差。因此，凝固温度范围小的合金流动性好，凝固温度范围大的合金流动性差。在常用的铸造合金中，铸铁的流动性好，铸钢的流动性差。

（3）铸型的充填条件对流动性的影响　铸型中凡能增加合金液流动阻力和提高冷却速度的因素均使合金的流动性降低。例如，内浇道横截面小、型腔表面粗糙、型砂透气性差等均增加液态合金的流动阻力，降低流速，从而降低液态合金的流动性。铸型材料导热快、液态合金的冷却速度增大，也会使液态合金的流动性下降。

二、收缩性

合金在液态凝固和冷却至室温过程中，产生体积和尺寸减小的现象称为收缩。收缩是铸造合金本身的物理性质，是铸件产生缩孔、缩松、裂纹、变形、残余内应力的基本原因。

1. 收缩的三个阶段

液态合金从浇注温度冷却到室温过程中要经过液态收缩、凝固收缩、固态收缩三个阶段。

液态收缩是指熔融金属在液态时因温度降低而发生的体积收缩；凝固收缩是指熔融金属在凝固阶段的体积收缩；固态收缩是指金属在固态由于温度降低而发生的体积收缩。

合金的液态收缩和凝固收缩主要表现为合金的体积减小，通常用体收缩率来表示。这两种收缩使型腔内液面降低，它们是形成铸件缩孔和缩松缺陷的基本原因。合金的固态收缩，虽然也是体积变化，但它主要表现为铸件外部尺寸的变化，因此，通常用线收缩率来表示。固态收缩是铸件产生内应力、变形和裂纹等缺陷的主要原因。

2. 影响收缩的因素

影响合金收缩的因素主要有：化学成分、浇注温度、铸件结构与铸型条件等。

（1）化学成分　不同化学成分的合金其收缩率不同。非合金钢的体收缩率约为 10% ~ 14%；白口铸铁的体收缩率约为 12% ~ 14%；灰铸铁的体收缩率约为 5% ~ 8%。

（2）浇注温度　浇注温度越高，液态合金收缩量越大。因此，在生产中多采用高温出炉和低温浇注的措施来减小收缩量。

（3）铸件结构和铸型条件　铸件在凝固和冷却过程中并不是自由收缩，而是受阻收缩。这是因为铸件的各个部位由于冷却速度不相同，相互制约而对收缩产生收缩阻力。例如，当铸件结构设计不合理或铸型、芯型的退让性差时，铸件就容易产生收缩阻力。因此，铸件的实际线收缩率比自由收缩时的线收缩率要小些。

3. 缩孔与缩松的形成及防止

（1）缩孔和缩松的形成　液态合金在铸型内凝固过程中，由于补缩不良，在铸件最后凝固部分形成的孔洞，称为缩孔。缩孔形成的过程如图 6-19 所示。缩孔通常隐藏在铸件上部或最后凝固部位，有时经机械加工后才暴露出来。

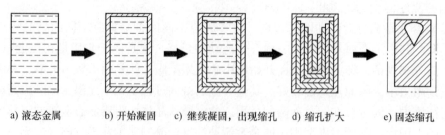

　　a) 液态金属　　　b) 开始凝固　　c) 继续凝固，出现缩孔　　d) 缩孔扩大　　　e) 固态缩孔

图 6-19　铸件缩孔形成过程

具有较大结晶温度区间的合金，其结晶是在铸件截面上一定的宽度区域内同时进行的。先生成的树枝状晶体彼此相互交错，将液体合金分割成许多小的封闭区域，如图 6-20 所示。封闭区域内的液态合金凝固时得不到补充，则形成许多分散的小缩孔，这种在铸件缓慢凝固区内出现的细小的缩孔洞称为缩松。

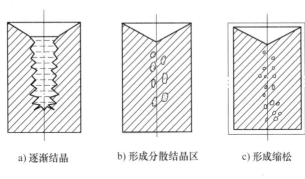

a) 逐渐结晶　　　　　b) 形成分散结晶区　　　　c) 形成缩松

图 6-20　缩松形成示意图

缩孔与缩松不仅减小铸件承受载荷的有效面积，而且在缩孔部位易产生应力集中，使铸件的力学性能显著降低，因此，在生产中应尽量避免。

（2）缩孔的防止方法　防止缩孔的方法称为补缩。对形状简单的铸件，可将浇注系统或冒口设置在厚壁处，也可适当扩大内浇道的截面积，利用浇道直接进行补缩，如图 6-21 所示。

实践证明，只要合理控制铸件的凝固，使之实现顺序凝固，就可获得没有缩孔的致密铸件。所谓顺序凝固，是使铸件按薄壁→厚壁→冒口的顺序进行凝固的过程。按照这个顺序，可使铸件各个部位的凝固收缩均能得到液态合金的充分补缩，从而将缩孔转移到冒口之中。冒口为铸件的多余部分，在铸件清理时可切除，这样就可得到无缩孔的铸件。图 6-22 为冒口补缩示意图。

图 6-21　利用浇道直接补缩示意图

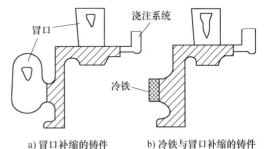

a) 冒口补缩的铸件　　　　b) 冷铁与冒口补缩的铸件

图 6-22　顺序凝固与冒口补缩示意图

（3）铸造应力、变形和裂纹的形成与防止　铸件在凝固和冷却过程中由于受阻收缩、热作用和相变等因素而引起的内应力称为铸造应力。铸造应力分为收缩应力、热应力和相变应力。收缩应力是由于铸型、型芯等阻碍铸件收缩而产生的内应力；热应力是由于铸件各部分冷却、收缩不均匀而引起的；相变应力是由于铸件固态相变，造成各部分体积发生不均衡变化而引起的。

为了防止铸件产生收缩应力,应提高铸型和型芯的退让性,如在型砂中加入适量的锯末或在芯砂中加入高温强度较低的特殊粘结剂等,都可以减小其对铸件收缩的阻力。

预防热应力的基本途径是尽量减少铸件各部分的温度差,使其均匀地冷却。设计铸件时,应尽量使其壁厚均匀,避免铸件产生较大的温差,同时在铸造工艺上应采用同时凝固原则。

为了减小铸件变形和防止铸件开裂,第一,应合理设计铸件的结构,力求铸件壁厚均匀,形状对称;第二,合理设计浇注系统、冒口、冷铁等,使铸件冷却均匀;第三,采用退让性好的型砂和芯砂;第四,浇注后不要过早落砂;第五,铸件在清理后及时进行去应力退火。

第四节　铸件结构工艺性

铸件结构工艺性是指铸件结构在满足使用要求的前提下,能用生产率高、劳动量小、材料消耗少和成本低的方法制造出来合格铸件的设计指标。良好的铸件结构应与铸件的铸造工艺方法以及相应合金的铸造性能相统一。

一、铸造工艺对铸件结构的要求

(1) 铸件外形应力求简单　铸件外形尽可能采用平直轮廓,尽量少用曲面,尤其是非圆曲面,以便于制造模样。

(2) 铸件应具有最少的分型面,并尽量使分型面呈平面　图6-23a 所示铸件因侧壁凹入,有两个分型面,需采用三箱造型,造型效率低,而且易产生错型缺陷。在不影响使用性能的前提下,改为图6-23b 所示结构后,只有一个分型面,可采用两箱造型。

(3) 铸件应少用活块　图6-24a 所示凸台结构,通常需采用活块造型。如果按图6-24b 所示将凸台加长,这样就可不用活块,既方便起模,又简化了造型工艺。

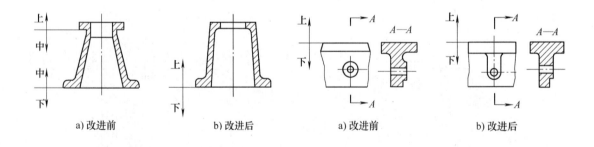

a) 改进前　　　　　　b) 改进后　　　　　　　a) 改进前　　　　　　b) 改进后

图6-23　底座铸件的结构设计　　　　　　图6-24　带有凸台的铸件的结构设计

(4) 铸件应尽量不用或少用型芯　型芯会增加铸造工艺的复杂性,增加工作量,提高铸造成本,容易产生缺陷。

(5) 型芯的设置要稳固并有利于排气与清理　图6-25 为轴承支架铸件,为了获得图中的空腔结构需要采用两个型芯 (图6-25a),其中大型芯呈悬臂状,必须增设芯撑固定,而且型芯排气不畅,清理也不方便。如能按图6-25b 进行改进,使两个空腔连通,则只需一个型芯,而且它的固定稳固可靠、装配简便、易于排气和便于清理。

（6）铸件应有结构斜度　在铸件上垂直于分型面的不加工表面上有意设置的斜度，称为结构斜度。如图 6-26 所示，设置结构斜度可以方便起模，不损坏型腔表面，尤其是对于高大的铸件更应设置结构斜度。

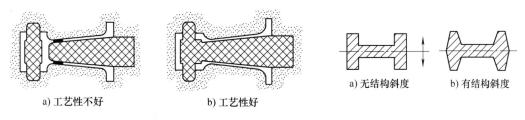

a) 工艺性不好　　　　　　　　b) 工艺性好

图 6-25　轴承支架铸件的结构分析

a) 无结构斜度　　　b) 有结构斜度

图 6-26　结构斜度

二、合金铸造性能对铸件结构的要求

（1）铸件壁厚应力求均匀　铸件壁厚不均匀，会产生冷却不均匀，引起较大的内应力，从而使铸件产生变形和裂纹，同时，还会因金属局部积聚，产生缩孔。此外，为保证液态合金充满铸型，铸件壁厚不能小于合金允许的最小壁厚。否则，易产生浇不到、冷隔等缺陷。

（2）铸件壁与壁的连接　铸件壁的连接应平缓、圆滑，避免直角处产生应力集中和金属积聚，铸件厚壁与薄壁间的连接要逐步过渡，做到减少应力集中，防止裂纹产生。

（3）铸件应避免收缩受阻　铸件收缩受阻是产生内应力、变形和裂纹的根本原因。铸件结构设计时，应尽量使其能自由收缩，以减少内应力，避免变形和裂纹。如图 6-27a 中的轮辐，往往由于内应力大而使轮辐产生裂纹，改为图 6-27b 所示的弯曲轮辐后，可借助轮辐的微量变形自行减少内应力。

（4）铸件应尽量避免有过大的水平面　铸件的大水平面，易产生浇不到等缺陷。同时，平面型腔的上表面，由于受液体金属长时间烘烤，易产生夹砂，而且大水平面也不利于气体和非金属夹杂物的排除。所以应把铸件的大水平面设计成倾斜结构，如图 6-28 所示。

a) 原结构　　　b) 改进后的结构

图 6-27　轮辐的设计

a) 原结构

b) 改进后的结构

图 6-28　罩壳铸件

第五节　特种铸造简介

与砂型铸造不同的其他铸造方法称为特种铸造。特种铸造在铸造生产中占有重要地位。

在特定条件下，特种铸造能提高铸件尺寸精度，降低表面粗糙度 Ra 值；提高铸件的物理及力学性能；提高金属的利用率，减少原砂消耗量；改善劳动条件，减少环境污染，便于实现机械化和自动化生产；有些特种铸造方法更适合于高熔点、低流动性、易氧化合金铸件的生产。常用的特种铸造方法有：金属型铸造、压力铸造、离心铸造、熔模铸造、低压铸造、陶瓷型铸造、连续铸造和挤压铸造等。

一、金属型铸造

金属型铸造是指在重力作用下将熔融金属浇入金属型获得铸件的方法。图 6-29 是垂直分型式金属型。与砂型铸造相比较，金属型铸造的主要优点是：一个金属型可浇注几百次至几万次，节省了造型材料和造型工时，提高了生产率，改善了劳动条件，所得铸件尺寸精度高。另外，由于金属型导热快，铸件晶粒细，因此，其力学性能也较高。但制造金属型周期较长，费用较多，故不适合于单件、小批生产。同时由于铸型冷却快，铸件形状不宜复杂，壁不易太薄，否则易产生浇不到、冷隔等缺陷。

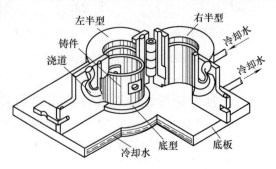

图 6-29　垂直分型式金属型

目前，金属型铸造主要用于非铁金属铸件的大批量生产，如内燃机活塞、气缸体、气缸盖、轴瓦、衬套等铸件常用此法来成形。

二、压力铸造

压力铸造是将熔融金属在高压下高速充填金属型腔，并在压力下凝固的铸造方法。压力铸造在压铸机上进行，图 6-30 所示是压铸机工作过程示意图。

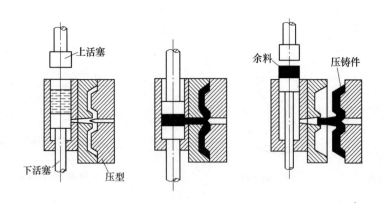

图 6-30　压铸机工作过程示意图

压力铸造是在高压高速下注入金属熔液，故可得到形状复杂的薄壁件，而且压力铸造的生产率高。由于保留了金属型的一些特点，合金又是在压力下结晶，所以，铸件晶粒细，组织致密，强度较高。但是，铸件易产生气孔与缩松，而且设备投资较大，压型制造费用昂贵，因此，压力铸造适用于大批量生产薄壁、复杂的非铁金属小型铸件。

三、离心铸造

离心铸造是将液态金属浇入绕水平或倾斜主轴旋转着的铸型中，并在离心力的作用下凝固成铸件的铸造方法。离心铸造的铸型有金属型、砂型。铸型在离心铸造机上根据需要可以绕垂直轴旋转，也可绕水平轴旋转，如图 6-31 所示。

由于离心力的作用，金属液中的气体、熔渣都集中于铸件的内表面，并使金属呈定向结晶，因而铸件组织致密，力学性能较好，但其内表面质量较差，所以应增加内孔的加工余量。离心铸造可以省去芯型，不设浇注系统，因此，减少了金属液的消耗量。离心铸造主要用于生产空心旋转体的铸件，如各种管子、缸套、轴套、圆环等。

四、熔模铸造

熔模铸造是用易熔材料（如蜡料）制成模样，在模样上包覆若干层耐火涂料，制成型壳，熔出模样后经高温焙烧即可浇注的铸造方法。熔模铸造的工艺过程如图 6-32 所示。

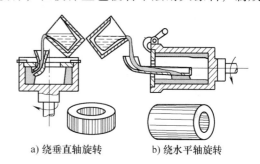

a) 绕垂直轴旋转　　　b) 绕水平轴旋转

图 6-31　离心铸造原理图

将配成的蜡模材料（常用的是 50% 石蜡和 50% 硬脂酸）熔化浇入制蜡模中，即得到单个蜡模。再把多个蜡模黏合在蜡模浇注系统上，形成蜡模组。蜡模组浸入以水玻璃与石英粉配成的涂料中，取出后再撒上石英砂并在氯化铵溶液中硬化，重复数次直到结成 5～10mm 的型壳。接着将它放入 85℃ 左右的热水中，使蜡模熔化并流出，从而形成铸型型腔。为了提高铸型强度及排除铸型型腔内的残蜡和水分，还需将其放入 850～950℃ 的炉内焙烧，然后将铸型放在砂箱内，周围填砂，即可进行浇注。

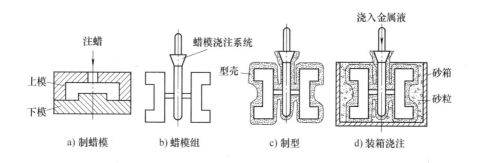

a) 制蜡模　　　b) 蜡模组　　　c) 制型　　　d) 装箱浇注

图 6-32　熔模铸造工艺过程

熔模铸造的铸型是一个整体，无分型面，它是以熔化模样作为起模方式，可以铸造出各种复杂形状的小型零件（如汽轮机叶片、刀具、泵体等）。熔模铸造的铸件尺寸精确、表面光洁，可达到少切削或无切削加工。熔模铸造常用于中、小型复杂形状的精密铸件或熔点高、难以压力加工或难以切削加工的金属，如汽轮机叶片、叶轮、活塞、复杂形状的冷却油管等。但熔模铸造工艺过程复杂，生产周期长，铸件制造成本高。同时，由于铸型型壳强度不高，故不能制造尺寸较大的铸件。

【古代铸造技术分析】　　出土于湖北宁乡的四羊方尊（商代）是一件青铜酒器（图6-33）。四羊方尊造型稳健，风格雄奇，审美价值独特，也是目前发现的商代最大一件方尊。四羊方尊器身方形，呈喇叭状张开，其边长几乎接近器身的高度。颈部高耸，四边上装饰有蕉叶纹、夔纹、兽面纹；肩部则急剧收缩，盘绕有四条立体龙纹。龙头突出于四边的中间。四只卷角羊，羊头与羊颈伸出器外，羊身与羊腿附着于腹部及圈足上，羊上身饰有鳞纹，腿部则饰有鸟纹，整个器物均以精细的云雷纹作为地纹，纹饰精美，造型挺拔。

图6-33　青铜器四羊方尊

在四羊方尊制作工艺的推断上，开始曾有人认为它是用先进的失蜡法铸造的，后经进一步的考察，才断定出它是用分铸技术铸造的，即先将羊角和龙头单个铸好，然后将其分别配置在外范内，再进行整体浇铸。这件器物融线雕、浮雕、圆雕于一身，集动物造型和器皿形状于一体，不仅是我国青铜器中的瑰宝，更是民族工艺瑰宝中的代表性杰作。

第六节　铸造新技术简介

随着机械制造水平的不断提高，对铸造技术也提出了更高的要求。目前铸造技术正朝着优质、高效、节能、低耗、自动化及环保等方向发展。下面介绍部分成熟的铸造新技术。

一、真空密封铸造

真空密封铸造简称真空铸造，又称V法铸造、减压铸造、负压铸造。该方法是利用真空使密封在砂箱和上、下塑料薄膜之间的无水、无粘结剂的干石英砂紧实并成形。在保持真空的状态下，下芯、合箱、浇注和使铸件凝固，然后在失去真空的状态下型砂自行溃散，取出铸件。

真空密封铸造的最大优点是铸件质量高，与机器造型比较设备简单，初期投资以及运行和维修费用低，模板和砂箱使用寿命长，金属利用率高，可铸出壁厚为3mm的薄壁件。主要缺点是造型操作比较复杂，对于小铸件的生产，其生产率不易提高。

二、悬浮铸造

悬浮铸造是指在浇注金属液时，将一定量的金属粉末加到金属液流中，使其与金属液掺和在一起而流入铸型的一种铸造方法。所添加的粉末材料称为悬浮剂，故因此而得名。常用的添加材料有铁粉、铸铁丸、铁合金粉、钢丸等。

悬浮铸造可明显地提高铸钢、铸铁的力学性能，减少金属的体收缩、缩孔和缩松，提高铸件的抗热裂性能，减少铸锭和厚壁铸件中化学成分不均匀性，提高铸件和铸锭的凝固速度。不足之处是对悬浮剂及浇注的温度的控制要求较高。

三、半固态铸造

半固态铸造是指将既非全呈液态，又非全固态的固态-液态的金属混合浆料，经压铸机压铸，形成铸件的铸造方法。半固态铸造能够大大减少热量对压铸机的热冲击，延长压铸机的使用寿命，可明显地提高铸件的质量，降低能量消耗，便于进行自动化生产，该方法主要用于汽车轮毂的生产。

四、低压铸造

利用较低的气体压力将金属液压入铸型，并使金属液在一定压力下结晶凝固为铸件的铸造方法，称为低压铸造，其工作原理如图6-34所示。

在盛有液态金属的密封坩埚中，由进气管道通入干燥的压缩空气或惰性气体（0.02～0.08MPa），金属液在气体压力的作用下，沿升液导管上升，经浇口进入铸型型腔，在保持压力或增大压力的状态下铸件完全凝固。撤除压力后，升液导管中的金属液利用重力流回坩埚中。最后开启铸型，取出铸件。

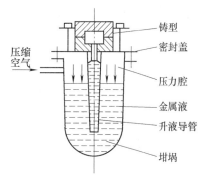

低压铸造是介于重力铸造和压力铸造之间的一种铸造方法。它具有铸造设备投资简单，便于操作，容易实现机械化和自动化，适合于金属型、砂型、熔模型等多种铸型，浇注时能够避免充型时金属液的冲刷和飞溅，铸件质量较好。

图6-34　低压铸造原理图

五、铸造过程的计算机数值模拟技术

随着计算机技术的发展和广泛应用，将计算机应用于铸造生产中，已取得了越来越好的效果。利用计算机求解物理过程的数值解，称为计算机数值模拟。利用计算机求解铸造过程的数值解，称为铸造过程计算机数值模拟。利用计算机数值模拟技术可以对极为复杂的铸造过程进行定量描述和仿真，模拟出铸件充型、凝固及冷却中的各种物理过程，并依此对铸件的设计结构和质量进行综合评价，简化和方便设计过程，提高设计速度，优化设计方案，达到降低设计成本之目的。

目前，铸造技术正不断地改善传统落后的工艺方法，朝着精确化、自动化、清洁化和智能化方向发展，并注重将多种技术和方法相互融合，发展复合铸造技术，如挤压铸造、熔模真空吸铸、压铸柔性加工系统（FMS）和压铸柔性加工单元（FMC）等，不断拓展已有铸造方法的工艺范围；采用新的具有特殊性能的铸造合金；开发和应用新的造型材料，改善生产环境，提高铸造质量。

【想一想——我国的古铜钱币为什么是外圆内方呢？】 有人分析是为了便于穿绳好携带，有人说是为了减轻重量，节约金属。其实铜钱币外圆内方有两个原因：一是受中国古代传统思想影响，即天圆地方；二是由于铜钱币的制作工艺决定的，铜熔化注入范模中后，铜钱币（图6-35）的边缘总是有许多的毛刺，要去掉毛刺需要一个一个地锉，很费事，而且制作的钱币也不一样。因此，需要在铜钱币的中间留方孔，便于将铜钱串在方形棍上，这样做不仅可以提高加工效率和同一性，而且也节约金属。因此，我国的铜钱币是外圆内方。

图6-35　中国古铜钱币

复习与思考

一、填空题

1. 特种铸造包括＿＿＿＿＿铸造、＿＿＿＿＿铸造、＿＿＿＿＿铸造、＿＿＿＿＿铸造等。

2. 砂型铸造用的材料主要包括＿＿＿＿＿＿砂、＿＿＿＿＿＿剂、各种＿＿＿＿＿＿物、旧砂和水。

3. 造型材料应具备一定的强度、＿＿＿＿＿性、＿＿＿＿＿性、＿＿＿＿＿性、＿＿＿＿＿性和溃散性等性能。

4. 手工造型方法有：＿＿＿＿＿造型、＿＿＿＿＿造型、＿＿＿＿＿造型、＿＿＿＿＿造型、＿＿＿＿＿造型、＿＿＿＿＿造型和＿＿＿＿＿造型。

5. 浇注系统由＿＿＿＿＿、＿＿＿＿＿、＿＿＿＿＿和＿＿＿＿＿组成。

6. 如果浇注系统设计不合理，铸件易产生冲砂、＿＿＿＿＿眼、＿＿＿＿＿渣、浇不到、＿＿＿＿＿孔和缩孔等缺陷。

7. 将铸型的各个组元如＿＿＿＿＿型、＿＿＿＿＿型、型芯、＿＿＿＿＿杯等组合成一个完整铸型的操作过程称为合型。

8. 合金的铸造性能主要包括＿＿＿＿＿性、氧化性、＿＿＿＿＿性、＿＿＿＿＿性、凝固温度范围、凝固特性、热裂倾向性以及与铸型和造型材料的相互作用等。

9. 液态合金从浇注温度冷却到室温过程中要经过＿＿＿＿＿收缩、＿＿＿＿＿收缩、＿＿＿＿＿收缩三个阶段。

二、简答题

1. 铸造生产有哪些优缺点？

2. 绘制铸造工艺图时应确定哪些主要的工艺参数？

3. 铸件上产生缩孔的根本原因是什么？

4. 图6-36中的铸件结构是否合理？应如何修改？

5. 图6-37所示辊筒铸件只生产1件，该铸件的造型和制芯分别采用什么方法？请叙述其主要过程。

三、课外探讨与交流

观察"马踏飞燕"青铜器（图6-38）的外形，分析此青铜器的铸造工艺，并分析这种设计思想的内涵是什么？如果感兴趣，请撰写一篇关于对"马踏飞燕"青铜器制造方法的研究论文。

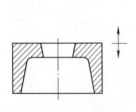

图6-36　铸件图例

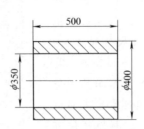

图6-37　辊筒铸件

图6-38　"马踏飞燕"青铜器

第七章 金属压力加工

【学习目标与学习方法】

本章主要介绍金属压力加工基础、金属锻造工艺方法、自由锻造工艺过程设计基础、锻压结构工艺性、冲压等内容。在学习过程中，第一，要熟悉金属压力加工基本知识，如变形实质、冷变形强化、回复、再结晶等；第二，学习金属锻造工艺和冲压方法一定要结合实例，从特点与应用范围两方面进行认识；第三，本章内容实践性强，学习时要利用模型、挂图、实物、电教片等媒体资料，进行对照学习，必要时可以到现场去参观；第四，要仔细地对所学内容进行分类、归纳和总结，提高学习效果。

金属压力加工是利用压力使金属产生塑性变形，使其改变形状、尺寸和改善性能，获得型材、棒材、板材、线材和锻压件的加工方法。它包括锻造（自由锻、模锻、胎模锻等）、冲压、挤压（图7-1a）、轧制（图7-1b）、拉拔（图7-1c）等加工工艺方法。

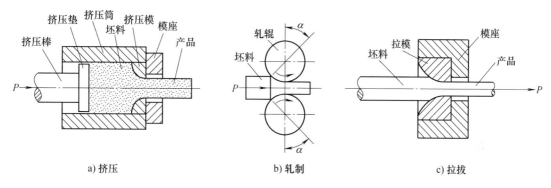

a) 挤压　　　　　　b) 轧制　　　　　　c) 拉拔

图 7-1　挤压、轧制和拉拔的原理图

压力加工是以金属的塑性变形为基础的。大多数钢和非铁金属及其合金都具有不同程度的塑性，因此，它们可在冷态或热态下进行压力加工。金属压力加工在机械装备制造、汽车、拖拉机、仪表、电子、船舶、冶金及国防工业中有着广泛应用，其中汽车上约70%的零件是采用压力加工成形的。

第一节　金属压力加工概述

一、金属压力加工的基本概念

锻造是指在加压设备及工（模）具的作用下，使坯料、铸锭产生局部或全部的塑性变形，以获得一定几何尺寸、形状和质量的锻件的加工方法。

冲压是指使坯料经分离或成形而得到制件的工艺统称。

挤压是指坯料在封闭模腔内受三向不均匀压应力作用下，从模具的孔口或缝隙挤出，使之横截面积减小，成为所需制品的加工方法。

轧制是指金属材料（或非金属材料）在旋转轧辊的压力作用下，产生连续塑性变形，获得所要求的截面形状并改变其性能的工艺方法。按轧辊轴线与轧制线间和轧辊转向的关系不同，可分为纵轧、斜轧和横轧三种。

拉拔是指坯料在牵引力作用下通过模孔拉出使之产生塑性变形而得到截面小、长度增加的工艺。

二、金属压力加工的特点

（1）改善金属的内部组织，提高金属的力学性能　因为金属经压力加工后，使金属毛坯的晶粒变得细小，并使原始铸造组织中的内部缺陷（如微裂纹、气孔、缩松等）压合，因而提高了金属的力学性能。

（2）节省金属材料　由于压力加工提高了金属的强度等力学性能，因此，可相对地缩小零件的截面尺寸，减轻零件的重量。另外，采用精密锻造时，可使锻件的尺寸精度和表面粗糙度接近成品零件，实现锻件少切屑或无切屑加工。

（3）具有较高的生产率　除自由锻造外，其他几种压力加工方法都具有较高的生产率，如齿轮压制、滚轮压制等制造方法均比机械加工的生产率高出几倍甚至几十倍以上。

（4）生产范围广　金属压力加工可以生产各种不同类型与不同重量的产品，从重量不足 1g 的冲压件，到重达数百吨的大型锻件等都可以进行生产。

压力加工的不足之处是，不能获得形状复杂的制件，一般制件的尺寸精度、形状精度和表面质量还不够高，加工设备比较昂贵，制件的加工成本也比铸件高。另外，在压力加工过程中会对金属的内部组织和性能产生不利影响，需要在加工过程中进行热处理（如退火、正火等），使其发生回复与再结晶，消除压力加工产生的不良影响。

三、金属压力加工基础知识

金属的可锻性是指金属在锻造过程中经受塑性变形而不开裂的能力。它与金属的塑性和变形抗力有关，塑性越好，变形抗力越小，则金属的可锻性越好，反之，则金属的可锻性越差。

1. 金属的塑性变形

金属在外力作用下将产生塑性变形，其变形过程包括弹性变形和塑性变形两个阶段。弹性变形在外力去除后能够恢复原状，所以，不能用于成形加工，只有塑性变形这种永久性的变形，才能用于成形加工。同时，塑性变形会对金属的组织和性能产生很大影响，因此，了解金属的塑性变形对于理解压力加工的基本原理具有重要意义。

（1）金属塑性变形的实质　试验证明，金属单晶体的变形方式主要有滑移和孪晶两种，在大多数情况下滑移是金属塑性变形的主要方式。如图 7-2 所示，金属单晶体在切应力作用下，晶体的一部分相对于另一部分沿着一定的晶面产生滑动，这种现象称为滑移。产生滑动的晶面和晶向分别称为滑移面和滑移方向。一般来说，滑移面是原子排列密度最大的平面，滑移方向是原子排列密度最大的方向。

理论上讲，理想的金属单晶体产生滑移运动时需要很大的变形力，但试验测定的金属晶体滑移时的临界变形力是理论计算数值的百分之一以下。这说明金属的滑移并不是晶体的一部分沿滑移面相对于另一部分作刚性的整体位移，而是通过晶体内部的位错运动实现的，如图 7-3 所示。

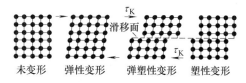

图 7-2　单晶体滑移塑性变形过程示意图

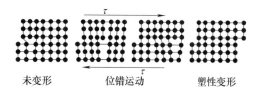

图 7-3　位错运动过程示意图

多晶体（如金属）是由许多微小的单个晶粒杂乱组合而成的。其塑性变形过程可以看成是许多单个晶粒塑性变形的总和；另外，多晶体塑性变形还存在着晶粒与晶粒之间的滑移和转动，即晶间变形，如图 7-4 所示。但多晶体的塑性变形以晶内变形为主，晶间变形很小。由于晶界处原子排列紊乱，各个晶粒的位向不同，使晶界处的位错运动较难，所以，晶粒越细，晶界面积越大，变形抗力就越大，金属的强度也越高；另外，晶粒越细，金属的塑性变形可分散在更多的晶粒内进行，应力集中较小，金属的塑性变形能力也越好，因此，生产中都尽量获得细晶粒组织。

试验观察证明：金属在滑移变形过程中，一部分旧的位错消失，又大量产生新的位错，总的位错数量是增加的，大量位错运动的宏观表现就是金属的塑性变形过程。位错运动观点认为：晶体缺陷及位错相互纠缠会阻碍位错运动，导致金属的强化，即产生冷变形强化现象。

（2）金属的冷变形强化　随着金属冷变形程度的增加，金属的强度指标和硬度都有所提高，但塑性有所下降，这种现象称为冷变形强化。金属变形后，金属的晶格结构严重畸变，形变金属的晶粒被压扁或拉长，形成纤维组织，如图 7-5 所示，甚至破碎成许多小晶块。此时金属的位错密度提高，变形难度加大，金属的可锻性恶化。低碳钢塑性变形时力学性能的变化规律如图 7-6 所示，其强度、硬度随变形程度的增大而增加，塑性、韧性则明显下降。

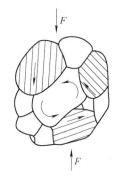

图 7-4　金属多晶体塑性
变形示意图

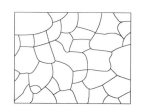

a) 冷轧前退火状态组织

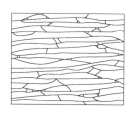

b) 冷轧后纤维组织

图 7-5　金属冷轧前后多晶体晶粒形状的变化

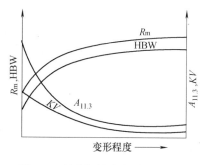

图 7-6　低碳钢的冷变形强化规律

2. 回复与再结晶

经过冷变形的金属组织处于不稳定状态，它具有自发地恢复到稳定状态的倾向。但是在室温下，金属原子的活动能力很小，这种不稳定状态的组织能够保持很长时间而不发生明显的变化。只有对冷变形金属进行加热，增大金属原子的活动能力，才会发生显微组织和力学性能的变化，并逐步使冷变形金属的内部组织状态恢复到稳定状态。对冷变形的金属进行加热时，金属将相继发生回复、再结晶和晶粒长大三个阶段的变化，如图 7-7 所示。

（1）回复　将冷变形后的金属加热至一定温度后，使原子回复到平衡位置，晶粒内残余应力大大减小的现象称为回复。冷变形金属在回复过程中，由于加热温度不高，原子的活动能力较小，金属中的显微组织变化不大，金属的强度和硬度基本保持不变，但金属的塑性略有回升，残余内应力部分消除。例如，冷拔弹簧钢丝绕制弹簧后常进行低温退火（也称定形处理），就是利用回复保持冷拔钢丝的高强度，消除冷卷弹簧时产生的内应力。

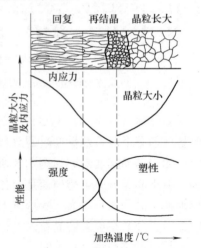

（2）再结晶　当加热温度较高时，塑性变形后的金属中被拉长了的晶粒重新生核、结晶，变为等轴晶粒的过程称为再结晶，再结晶恢复了变形金属的可锻性。再结晶是在一定的温度范围进行的，开始产生再结晶现象的最低温度称为再结晶温度。纯金属的再结晶温度是：

图 7-7　冷变形金属加热时组织与性能变化规律

$$T_{再} \approx 0.4 T_{熔}$$

式中　$T_{熔}$——纯金属的热力学温度熔点（K）。

合金中的合金元素会使再结晶温度显著提高。在常温下经过塑性变形的金属，加热到再结晶温度以上，使其发生再结晶的处理过程称为再结晶退火。再结晶退火可以消除加工硬化，提高塑性，便于金属继续进行压力加工，如金属在冷轧、冷拉、冷冲压过程中，需在各工序中穿插再结晶退火对金属进行软化。有些金属如铅（Pb）和锡（Sn）其再结晶温度均低于室温，约为 0℃，因此，它们在室温下不会产生冷形变强化现象，总是感觉很软。

（3）晶粒长大　产生纤维化组织的金属，通过再结晶，一般都能得到细小而均匀的等轴晶粒。但是如果加热温度过高或加热时间过长，则再结晶后形成的晶粒会明显地长大，成为粗晶组织（图 7-8），从而使金属的力学性能下降，可锻性恶化。

3. 冷加工与热加工的界限

从金属学的观点来讲，划分冷加工与热加工的界限是再结晶温度。在再结晶温度以上进行的塑性变形属于热加工，而在再结晶温度以下

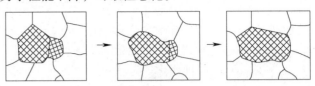

图 7-8　金属再结晶后晶粒长大示意图

进行的塑性变形称为冷加工。显然，冷加工与热加工并不是以具体的加工温度的高低来区分的。例如，金属钨（W）的最低再结晶温度约为 1 200℃，所以，钨即使是在稍低于 1 200℃的高温下进行塑性变形仍属于冷加工；而锡（Sn）的最低再结晶温度约为 -7℃，所以，锡即使是在室温下进行塑性变形却仍属于热加工。冷加工过程中由于冷变形强化，金属的可锻性趋于恶化。热加工过程中，由于金属同时进行着再结晶软化过程，可锻性较好，因此，能够顺利地进行大变形量的塑性变形，从而实现各种成形加工。

4. 锻造流线与锻造比

（1）锻造流线　在锻造时，金属的脆性杂质被打碎，顺着金属主要伸长方向呈带状分布；塑性杂质随着金属变形沿主要伸长方向呈带状分布，且在再结晶过程中不会消除。这种

热锻后的金属组织具有一定的方向性，通常将这种组织称为锻造流线。锻造流线使金属的性能呈各向异性（见表7-1），即沿着流线方向（纵向）的抗拉强度较高，而垂直于流线方向（横向）的抗拉强度较低。

表 7-1　$w(C) = 0.45\%$ 的非合金钢在锻造状态时其力学性能与测量方向的关系

测 量 方 向	R_m/MPa	R_{eL}/MPa	$A_{11.3}$（%）	Z（%）	冲击吸收能量 K/J
纵向	715	470	17.5	60.2	77.50
横向	672	440	10.5	31.0	37.50

在设计和制造机械零件时，必须考虑锻件的锻造流线的合理分布。要尽量使锻件的锻造流线与零件的轮廓相吻合是锻件工艺设计的一条基本原则。例如，图7-9所示的吊钩、螺钉头和曲轴中的锻造流线的分布状态是合理的。

 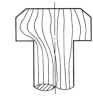 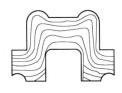

a) 吊钩的锻造流线　　　　b) 螺钉头的锻造流线　　　　c) 曲轴的锻造流线

图 7-9　锻造流线的合理分布

（2）锻造比　在锻造生产中，金属的变形程度常以锻造比 Y 来表示，即以变形前后的截面比、长度比或高度比表示。当锻造比 $Y = 2$ 时，原始铸态组织中的疏松、气孔被压合，组织被细化，锻件各个方向的力学性能均有显著提高；当 $Y = 2 \sim 5$ 时，锻件中流线组织明显，产生明显的各向异性，沿流线方向力学性能略有提高，但垂直于流线方向的力学性能开始下降；当 $Y > 5$ 时，锻件沿流线方向的力学性能不再提高，垂直于流线方向的力学性能急剧下降。例如，以钢锭为坯料进行锻造时，应按锻件的力学性能要求选择合理的锻造比。对沿流线方向有较高力学性能要求的锻件（如拉杆），应选择较大的锻造比；对垂直于流线方向有较高力学性能要求的锻件（如吊钩），锻造比取 $2 \sim 2.5$ 即可。

5. 影响金属可锻性的因素

影响金属可锻性的因素主要有：金属化学成分、组织结构以及变形条件。

（1）化学成分及组织结构的影响　一般来说，纯金属的可锻性优于其合金的可锻性；合金中合金元素的质量分数越高，成分越复杂，其可锻性越差；非合金钢中碳的质量分数越高，可锻性越差。纯金属组织和未饱和的单相固溶体组织具有良好的可锻性；合金组织中金属化合物增加会使其可锻性急剧恶化；细晶粒组织的可锻性优于粗晶组织。

（2）工艺条件的影响　在一定温度范围内，随着变形温度的升高，再结晶过程逐渐进行，金属的变形能力增加，变形抗力减少，从而改善了金属的可锻性。一般来说，变形速度提高，金属的可锻性变差。金属在挤压时呈三向压应力状态，表现出较高的塑性和较大的变形抗力；金属在拉拔时呈两向压应力和一向拉应力状态，表现出较低的塑性和较小的变形抗力。

【小知识——古埃及的金属加工技术】　我们可以从美雷卢巴（公元前2315年—公元前2190年）陵墓出土的一幅画（图7-10）上，看到4 000多年前古埃及的金属加工技术。画上一位官员正称量金属（金子），记录员记录数量。有6个人正用吹火管吹着熔炉里的火，紧接着是一个人把坩埚里的金属熔液浇注到地上的模子里，在浇注时一个助手用棍子挡着熔渣。画面右端上部几个人正用石锤锻打金属，进行成形加工，而且可以看到已经锻制出各种器具。当时人们只知道用吹火管鼓风，还不懂得使用风箱鼓风，也不懂得使用有手柄的大锤，而是用石锤锻打金属。

图 7-10　古埃及的金属加工技术

第二节　金属锻造工艺

一、坯料的加热

1. 加热目的

加热的目的是提高金属的塑性和降低变形抗力，以改善其可锻性和获得良好的锻后组织。金属加热后可以用较小的锻打力量使坯料产生较大的变形而不破裂。非合金钢、低合金钢和合金钢锻造时应在单相奥氏体区进行，因为奥氏体组织具有良好的塑性和均匀一致的组织。

2. 锻造温度范围

锻造温度范围是指由始锻温度到终锻温度之间的温度间隔。

（1）始锻温度　始锻温度是指开始锻造时坯料的温度，也是锻造允许的最高加热温度。这一温度不宜过高，否则可能造成锻件过热和过烧；但始锻温度也不宜过低，因为过低则使锻造温度范围缩小，缩短锻造操作时间，增加锻造过程的复杂性。所以，确定始锻温度的原则是在不出现过热和过烧的前提下，尽量提高始锻温度，以增加金属的塑性，降低变形抗力，有利于锻造成形加工。非合金钢的始锻温度应比固相线低200℃左右，如图7-11所示。

图 7-11　非合金钢的锻造温度范围

（2）终锻温度 终锻温度是指坯料经过锻造成形，在停止锻造时锻件的瞬时温度。如果这一温度过高，则停锻后晶粒会在高温下继续长大，造成锻件内部晶粒粗大；如果终锻温度过低则锻件塑性较低，锻件变形困难，容易产生冷形变强化。所以，确定终锻温度的原则是在保证锻造结束前金属还具有足够的塑性以及锻造后能获得再结晶组织的前提下，终锻温度应稍低一些。非合金钢的终锻温度，常取800℃左右，如图7-11所示。常用金属材料的锻造温度范围见表7-2。

表7-2 各类金属材料的锻造温度范围

金属材料类型	始锻温度/℃	终锻温度/℃	金属材料类型	始锻温度/℃	终锻温度/℃
碳素结构钢	1 280	700	耐热钢	1 100 ~ 1 150	850
优质碳素结构钢	1 200	800	高速工具钢	1 100 ~ 1 150	900 ~ 950
碳素工具钢	1 100	770	铜及铜合金	850 ~ 900	650 ~ 700
机械结构用合金钢	1 150 ~ 1 200	800 ~ 850	铝合金	450 ~ 480	380
合金工具钢	1 050 ~ 1 200	800 ~ 850	钛合金	950 ~ 970	800 ~ 850
不锈钢	1 150 ~ 1 180	825 ~ 850			

【交流认识】 通过对始锻温度与终锻温度概念学习，你对成语"趁热打铁"的含义有何认识？

二、锻造成形

1. 自由锻

自由锻（或自由锻造）是指只用简单的通用性工具，或在锻造设备的上、下砧铁之间直接对坯料施加外力，使坯料产生变形而获得所需的几何形状及内部质量的锻件的加工方法。自由锻一般分为手工自由锻和机器自由锻两种，其中手工自由锻一般用于生产小型锻件。自由锻在重型机械生产中具有重要地位，可以生产1kg到300t的锻件。自由锻也是历史最悠久的一种锻造方法，具有工艺灵活，所用设备及工具通用性大，加工成本低等特点。但自由锻生产率较低，锻件精度低，劳动强度大，故多用于单件或小批生产形状较简单、精度要求不高的锻件。

由于自由锻是采取逐步成形方式成形的，所需变形力较小，所以它是生产大型锻件（300t以上）的唯一方法。采用自由锻方法生产的锻件，称为自由锻件（图7-12）。自由锻是通过局部锻打逐步成形的，它的基本工序包括：镦粗、拔长、冲孔、切割、弯曲、扭转、错移及锻接等。

（1）镦粗 镦粗是指使毛坯高度减小，横截面积增大的锻造工序，如图7-13a所示。镦粗常用于锻造圆饼类锻件。镦粗时，由于坯料两端面与上下砧铁间产生摩擦力，阻碍金属的流动，因此，圆柱形坯料经镦粗后呈鼓形，这种形状可以在后续工序中进行修整。对坯料上某一部分进行的镦粗，称为局部镦粗，图7-13b所示是使用模具，镦粗凸肩齿轮，图7-13c所示是使用模具，镦粗坯料的中部。

镦粗常用于制造大截面零件，如齿轮坯、圆盘、叶轮等。另外，镦粗又是锻造环形类锻件、套筒类锻件的预备工序。

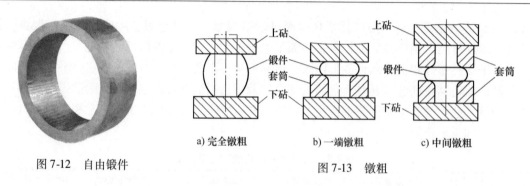

图 7-12　自由锻件

a) 完全镦粗　　　b) 一端镦粗　　　c) 中间镦粗

图 7-13　镦粗

（2）拔长　拔长是指使毛坯横断面积减小，长度增加的锻造工序，如图 7-14 所示。拔长常用于锻造截面小而长度大的杆类锻件，如轴、拉杆、连杆、曲轴等。

拔长时可用将锻件反复左右转动 90° 的方法对锻件进行锻打，如图 7-15a 所示；也可以采用先顺着锻件轴线锻完一面翻转 90° 后，再依次锻另一面的方法，如图 7-15b 所示。

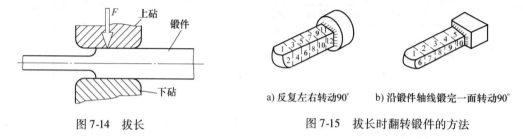

图 7-14　拔长

a) 反复左右转动 90°　　　b) 沿锻件轴线锻完一面转动 90°

图 7-15　拔长时翻转锻件的方法

（3）冲孔　冲孔是指在坯料上冲出通孔或不通孔的锻造工序，如图 7-16 所示。冲孔常用于锻造齿轮坯、环套类等空心锻件。

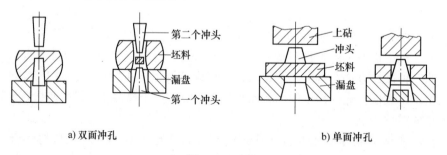

a) 双面冲孔　　　b) 单面冲孔

图 7-16　冲孔

（4）切割　切割是指将坯料分成几部分或部分地割开或从坯料的外部割掉一部分或从内部割掉一部分的锻造工序，如图 7-17 所示。切割常用于下料，切除锻件的料头、钢锭的冒口等。

（5）弯曲　弯曲是指采用一定的工模具将毛坯弯成所规定的外形的锻造工序，如图 7-18所示，弯曲常用于锻造角尺、弯板、吊钩、链环等轴线弯曲的锻件。

（6）锻接　锻接是指坯料在炉内加热至高温后用锤快击使两者在固相状态结合的锻造工序。锻接的方法有搭接、对接、咬接等，如图 7-19 所示。锻件锻接后的接缝强度可达被连接材料强度的 70% ~ 80%。

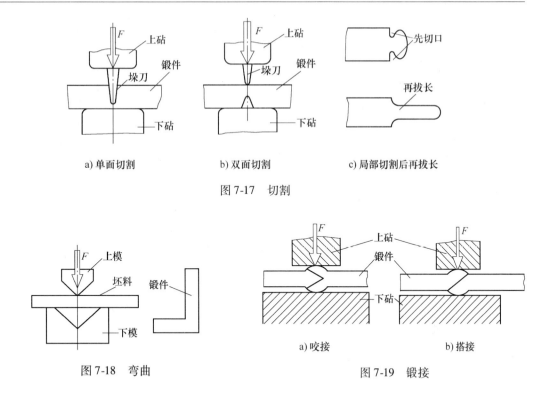

a) 单面切割　　　　　　　b) 双面切割　　　　　c) 局部切割后再拔长

图 7-17　切割

图 7-18　弯曲　　　　　　　　　图 7-19　锻接

（7）错移　错移是指将坯料的一部分相对另一部分错开一段距离，但仍保持这两部分轴线平行的锻造工序，如图 7-20 所示。错移常用于锻造曲轴类零件。错移前，先对坯料进行局部切断，然后在切口两侧分别施加大小相等、方向相反，且垂直于轴线的冲击力或压力，使坯料实现错移。

（8）扭转　扭转是将坯料的一部分相对于另一部分绕其轴线旋转一定角度的锻造工序。扭转常用于锻造多拐曲轴、麻花钻和校正某些锻件。对于小型坯料，若扭转角度不大时，可用锤击方法，如图 7-21 所示。

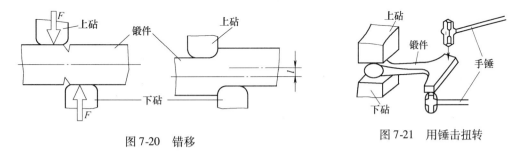

图 7-20　错移　　　　　　　　　图 7-21　用锤击扭转

2. 模锻

模锻是指利用模具使毛坯变形而获得锻件的锻造方法。用模锻方法生产的锻件称为模锻件（图 7-22）。模锻过程中，由于坯料在锻模内是整体锻打成形的，因此，所需的变形力较大。

模锻按所用设备的不同，可分为锤上模锻、曲柄压力机上模锻、摩擦压力机上模锻、平锻机上模锻等。图 7-23 所示为锤上模锻。锻模由上锻模和下锻模两部分组成，分别安装在锤头和模垫上，工作时上锻模随锤头一起上下运动，上锻模向下扣合时，对模膛中的坯料进行冲击，使之充满整个模膛，从而得到所需的锻件。

图 7-22　模锻件

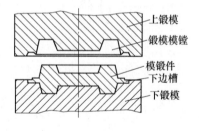

图 7-23　锤上模锻

模锻与自由锻相比有很多优点，如模锻生产率高，有时比自由锻高几十倍；模锻件尺寸比较精确，切削加工余量少，故可节省金属材料，减少切削加工工时；模锻能锻制形状比较复杂的锻件。但模锻受到设备吨位的限制，模锻件质量一般在150kg以下，且制造锻模的成本较高。因此，模锻主要用于大批量生产形状比较复杂、精度要求较高的中小型锻件。

3. 胎模锻

胎模锻是在自由锻设备上使用可移动模具生产模锻件的一种锻造方法。胎模是一种只有一个模膛且不固定在锻造设备上的锻模。胎模锻是介于自由锻和模锻之间的一种锻造方法。它是在自由锻设备上使用可移动模具生产模锻件，胎模锻一般用自由锻方法制坯，使坯料初

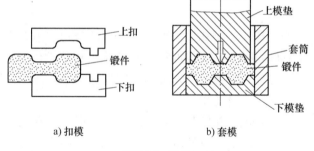

a) 扣模　　　　　　　b) 套模

图 7-24　胎模

步成形，然后在胎模中终锻成形。胎模不固定在锤头或砧座上，只是在使用时才放上去。胎模的种类较多，常用的胎模有：扣模、套模、摔模、弯曲模、合模和冲切模等。图7-24所示为扣模与套模。

胎模锻与自由锻相比，生产率高，锻件精度高，节约金属材料，锻件成本低；胎模锻与模锻相比，不需吨位较大的设备，工艺灵活。但胎模锻比模锻的劳动强度大，模具寿命短，生产率低。因此，胎模锻一般在无模锻设备的中小型企业中应用，主要用于生产中小批量的锻件。

4. 其他锻造成形方法

（1）精密锻造　在一般模锻设备上锻造高精度锻件的锻造方法称为精密锻造。其主要特点是使用两套不同精度的锻模。锻造时，先使用粗锻模对锻件进行锻造，留有 0.1 ~ 1.2mm 的精锻余量；然后，切下飞边经酸洗后，重新加热到 700 ~ 900℃，再使用精锻模进行锻造，锻件精度高，不需或只需少量切削加工。

（2）辊锻　用一对相向旋转的扇形模具使坯料产生塑性变形，获得所需锻件或锻坯的

锻造工艺，称为辊锻，如图 7-25 所示。辊锻实质上是把轧制（纵轧）工艺应用于锻件生产的锻造方法。辊锻时，坯料被扇形模具挤压成形，常作为模锻前的制坯工序，也可直接制造锻件。例如，火车轮箍，齿圈，法兰和滚动轴承内、外圈等，就是采用辊锻成形的。

（3）挤压　挤压生产率很高，锻造流线分布合理。但变形抗力大，多用于挤压非铁金属锻件、低碳钢锻件、低合金钢锻件、不锈钢锻件等。挤压按锻件温度的不同，可分为冷挤压、温挤压和热挤压三种；按被挤压金属的流动方向和凸模运动关系可分为正挤压、反挤压、复合挤压和镦挤，如图 7-26 所示。挤压工艺常用于生产中空零件，如排气阀、油杯等工件。

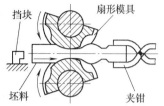

图 7-25　辊锻成形

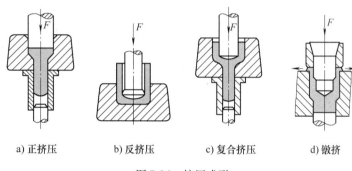

a) 正挤压　　　　b) 反挤压　　　　c) 复合挤压　　　　d) 镦挤

图 7-26　挤压成形

三、冷却、检验与热处理

热锻成形的锻件，通常要根据其化学成分、尺寸、形状复杂程度等来确定相应的冷却方法。低碳钢或中碳钢的小型锻件锻后常采用单个或成堆堆放在地上空冷；低合金钢的锻件及截面宽厚的锻件则需要放入坑中或埋在砂、石灰或炉渣等中缓慢冷却；高合金钢的锻件及大型锻件的冷却速度要缓慢，通常采用随炉缓冷。冷却方式不当，会使锻件产生内应力、变形，甚至裂纹。冷却速度过快还会使锻件表面产生硬皮，难以进行切削加工。锻件冷却后应仔细进行质量检验，合格的锻件应进行去应力退火或正火或球化退火，为后续的切削加工做准备。变形较大的锻件应矫正。技术要求允许补焊的锻件缺陷应进行补焊。

第三节　自由锻造工艺过程设计基础

自由锻件的锻造工艺设计包括：绘制锻件图，计算坯料的质量和尺寸，确定变形工序，确定锻造温度范围、冷却方式和热处理规范等内容。

一、绘制锻件图

锻件图是在零件图的基础上考虑加工余量、锻件公差、工艺余块等因素后绘制而成的。

1. 锻件加工余量及其公差

锻件加工余量是指成形时为了保证机械加工最终获得所需要的尺寸而允许保留的多余金属，如图 7-27 所示。锻件公差是指规定的锻件尺寸的允许变动量。锻件的加工余量及其公差可根据有关标准确定。

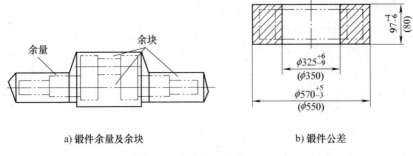

a) 锻件余量及余块　　　　　　　　　b) 锻件公差

图 7-27　锻件图

2. 余块

余块是指在锻件的某些难以锻出的部位加添一些大于余量的金属体积，以简化锻件的外形及锻件的锻造工艺过程，如图 7-27a 所示。增设余块可简化锻件的形状，便于锻造，但增加了切削加工的金属消耗量和切削工时。因此，添加余块时应根据实际情况综合考虑。

3. 绘制锻件图

在锻件图中用粗实线表示锻件外形，用双点画线表示零件的外形。锻件的基本尺寸和公差标注在尺寸线上面，而零件的尺寸标注在尺寸线下面的括号内，如图 7-27b 所示。锻件图是锻造生产、锻件检验与验收的主要依据。

二、坯料质量和尺寸的计算

坯料的质量可按下式计算：

$$坯料质量 = 锻件质量 + 金属氧化损失 + 截料损失$$

其中锻件质量可按锻件图的尺寸计算；金属氧化损失的大小与加热炉的种类有关。在火焰炉中加热钢料时，第一次加热取锻件质量的 2% ~ 3%，以后每加热一次烧损量按锻件 1.5% ~ 2% 计算。截料损失是指冲孔、切头等截去的金属。一般钢材坯料的截料损失可取锻件质量的 2% ~ 4%。如果是钢锭作坯料，钢锭头部、尾部被切除的金属也应计入截料损失。

坯料尺寸的确定与所采用的锻造工序有关，按第一锻造工序是镦粗（或是拔长），根据有关公式可计算出坯料的直径或边长，最后根据国家生产的钢材型号进行选购和下料。

三、确定锻造变形工序

确定锻造工序的主要依据是锻件的结构形状。例如，圆盘、齿轮等盘类锻件的主要锻造工序是镦粗；传动轴等杆类锻件的主要工序是拔长；圆环、套筒等空心类锻件的主要工序是冲孔及拔长；吊钩等弯曲件的主要工序是弯曲；曲轴类锻件的主要工序是拔长及错移；形状比较复杂的锻件一般需要采用多种工序分步进行，才能锻制成形。表 7-3 列出了部分典型锻件自由锻过程中的主要锻造工序。

表 7-3　部分典型锻件自由锻过程中的主要锻造工序

锻件类型	锻件简图	锻件自由锻主要工序
盘类和圆环类锻件		镦粗、冲孔、拔长、扩孔、定径

（续）

锻件类型	锻件简图	锻件自由锻主要工序
套筒类锻件		镦粗、冲孔、芯棒拔长、滚圆、定径
轴类锻件		拔长、压肩、滚圆、定径
曲轴类锻件		拔长、错移、压肩、扭转、滚圆、定径
连杆类锻件		拔长、压肩、修整、冲孔
弯曲类锻件		拔长、弯曲、修整

四、选择锻造设备

自由锻的主要设备有空气锤（图 7-28）、蒸汽-空气锤、水压机等，选择时需要根据锻件的质量和尺寸进行选择。一般锻件质量小于 100kg 时，可选择空气锤；锻件质量在 100～1 000kg 时，可选择蒸汽-空气锤；锻件质量大于 1 000kg 时，可选择水压机。

五、确定锻造温度范围、冷却方式和热处理规范

毛坯的锻造温度主要决定于毛坯的制作材料，具体锻造温度范围可参看图 7-11 和表 7-2 及有关锻造工艺手册等资料。锻造后冷却方式的选择要根据锻件的材质、锻件的尺寸与形状以及技术要求等方面进行综合考虑，选择合理的冷却方式。形状简单的锻件锻后可直接进行空冷，形状

图 7-28　空气锤

复杂的锻件则应缓慢冷却，减小热应力与变形。锻造后的热处理一般采用正火和退火。其目的是为了消除锻造过程中产生的内应力，为后续的热处理工艺及切削加工做好组织准备。

第四节　锻造结构工艺性

锻造结构工艺性是指所设计的零件，在满足使用性能要求的前提下锻造成形的难易程度。设计零件结构时应考虑金属的可锻性和锻造工艺，尽量使锻造过程简单易行。

一、锻件材料对结构的要求

金属材料不同，锻造性能不同，对结构的要求也不同。例如，w（C）≤0.60%的低碳钢和中碳钢塑性好，变形抗力小，锻造温度范围大，可以锻造出形状较复杂的锻件；高碳钢和合金钢的塑性差，变形抗力大，锻造温度范围小，锻件的形状应简单，锻件截面尺寸变化应尽量小。

二、锻造工艺对结构的要求

1. 自由锻件的设计要求

自由锻件各部分的结构形状，要能满足锻造加工工艺过程要求，用经济的方法生产出合格优质的锻件。表7-4是不同结构锻件的工艺性要求。

表 7-4　自由锻造结构工艺性

序号	结 构 要 求	工艺不合理	工 艺 合 理
1	锻件应避免圆锥面过渡、斜面过渡，改为圆柱面过渡、平面过渡	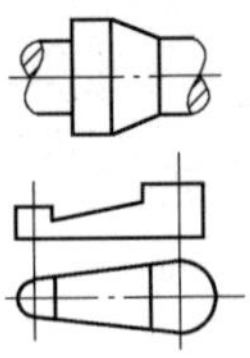	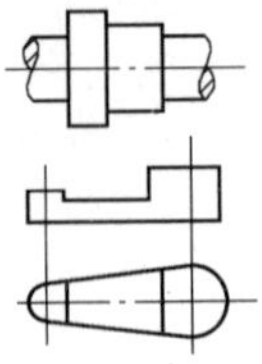
2	锻件应避免曲面截交，改为曲面与平面截交	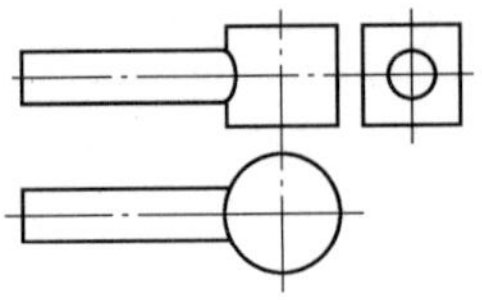	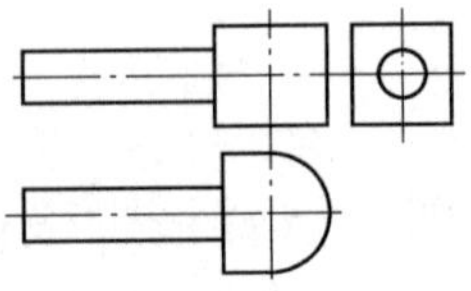
3	锻件应避免凹凸不平结构，应改为平整结构，然后利用切削加工满足使用要求	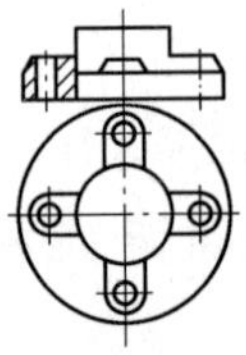	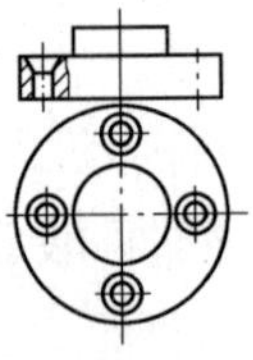
4	锻件应避免加强筋结构，可采取适当措施加大外径或壁厚，增强锻件的强度	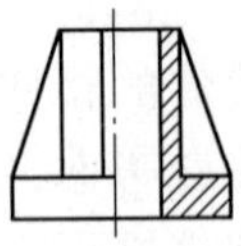	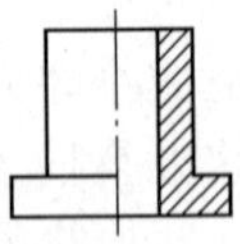

2. 模锻件的设计要求

模锻件是在模膛内成形的，模锻件的形状应使锻件能从模膛中顺利地取出和容易充满模膛。为此在设计结构时，应合理考虑分模面、拔模斜度及圆角等问题。分模面应使模膛深度最小，宽度最大，敷料最少，如图7-29所示。图中涂黑处为敷料，目的是便于出模和金属流动。

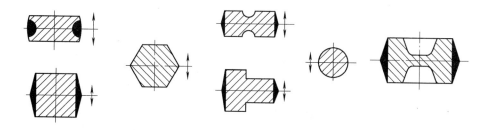

图 7-29　合理的分模面

锻件应尽量避免薄壁、高的凸起和深的凹陷结构，如图 7-30a 所示的模锻件有一高而薄的凸缘不易成形，图 7-30b 所示的模锻件扁而薄，锻造时薄的部分的金属冷却较快，不易充满模腔。

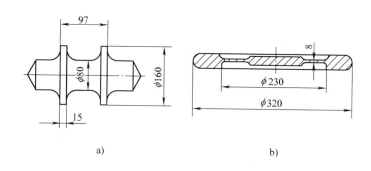

图 7-30　模锻件的结构工艺性

【拓展知识——西班牙宝剑】　古西班牙宝剑很有名，它反映了当时钢铁加工的水平。古西班牙宝剑是由一根软铁芯外面包覆上两片钢制成的。这三部分经过锻焊混成一体，在一端让软铁芯露出一小段，用来安装剑柄。剑先进行锻压，然后进行退火，再进行冷锻延伸，最后是重要的淬火环节，它决定着剑的质量好坏。淬火时先把加热烧红的剑放到流动的水里进行激冷，并对剑在水里的激冷的时间、保持的角度和移动方式作了严格的规定。为了改善剑的韧性，需进行回火（高温回火）。在热处理完后还要进行多项质量检验，检验剑的硬度和韧性，合格的剑最后进行平整、抛光、工艺美化、装饰等。

第五节　冲　　压

冲压是指使坯料经成形或分离而得到制件的工艺统称。因其通常在冷态下进行，故又称冷冲压。冲压主要是对薄板（其厚度一般不超过 10mm）进行冷变形，所以，冲压件的重量较小。冲压的坯材必须具有良好的塑性，常用的金属材料有低碳钢，塑性好的合金钢以及铜、铝等非铁金属。冲压设备主要有：剪板机（图 7-31）和压力机（图 7-32）。冲压操作简便，易于实现机械化和自动化，生产效率高，在汽车、航空、电器、仪表等工业中应用广泛。但是由于冲模制造复杂，质量要求高，所以只有在大批量生产时，冲压的优越性才更为突出。

图7-31　剪板机

图7-32　压力机

一、冲压的基本工序

冲压的基本工序包括分离工序和变形工序两大类。

1. 分离工序

分离工序是指使金属坯料的一部分与另一部分相互分离的工序，如剪切、冲裁（落料、冲孔）、整修等。

（1）剪切　它是以两个相互平行或交叉的刀片对金属材料进行切断的过程。剪切通常在剪板机上进行。

（2）冲裁　它是指利用冲模将板料以封闭轮廓与坯料分离的冲压方法。落料和冲孔，都属于冲裁工序，但二者的生产目的不同。落料是指利用冲裁取得一定外形的制件或坯料的冲压方法，被冲下的部分是成品，周边是废料，如图7-33所示；冲孔是将冲压坯内的材料以封闭的轮廓分离开来，得到带孔制件的一种冲压方法，被冲下的部分是废料，而周边形成的孔是成品，如图7-34所示。

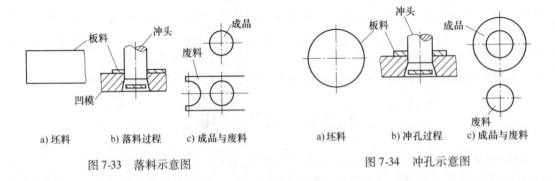

图7-33　落料示意图　　　　　　　　　图7-34　冲孔示意图

金属板料的冲裁过程如图7-35所示。凸模和凹模之间有一定的间隙z，当凸模压下时，板料将经弹性变形、塑性变形和分离三个阶段的变化。当凸模（冲头）接触金属板料向下运动时，金属板料产生弹性变形，当金属板料内的拉应力值达到其屈服强度时，金属板料产生塑性变形，变形达到一定程度时，位于凸凹模刃口处的金属板料由于应力集中使拉应力超过金属板料的抗拉强度，开始产生微裂纹，当上下裂纹汇合时，金属板料即被冲断。

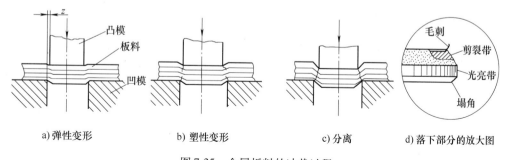

a) 弹性变形　　　　b) 塑性变形　　　　c) 分离　　　　d) 落下部分的放大图

图 7-35　金属板料的冲裁过程

（3）整修　它是利用整修模沿冲裁件的外缘或内孔刮去一层薄薄的切屑，以提高冲裁件的加工精度和剪断面表面粗糙度的冲压方法。例如，当冲压件的加工精度和表面粗糙度要求较高时，可在落料或冲孔后对冲压件进行整修，从而使冲压件的切口质量满足设计要求。

2. 变形工序

变形工序是指使坯料的一部分相对于另一部分产生位移而不破裂的工序，如弯曲、拉深、翻边、胀形、缩口、扩口等。

（1）弯曲　它是指将板料、型材或管材在弯矩作用下弯成具有一定曲率和角度制件的成形方法，如图 7-36 所示。

弯曲结束后，坯料产生的变形由塑性变形和弹性变形两部分组成。外力去除后塑性变形保留下来，弹性变形消失，并使坯料的形状和尺寸发生与弯曲时变形方向相反的变化，从而消去一部分弯曲变形效果，该现象称为回弹。因此，为抵消回弹现象对弯曲件的影响，弯曲模的角度应比成品零件的角度小一个回弹角（一般小于 10°）。

另外，板料弯曲时要注意其流线（轧制时形成的）合理分布，应使流线方向与弯曲圆弧的方向一致，如图 7-37 所示，这样不仅能防止弯曲时工件弯裂，也有利于提高工件的使用性能。

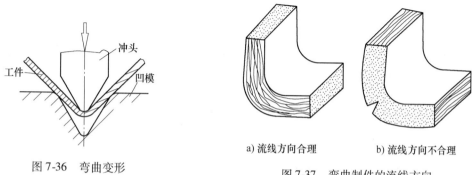

图 7-36　弯曲变形

a) 流线方向合理　　　　b) 流线方向不合理

图 7-37　弯曲制件的流线方向

（2）拉深　它是指变形区在一拉一压的应力状态作用下，使板料（浅的空心坯）成形为空心件（深的空心件）而厚度基本不变的加工方法，如图7-38所示。

拉深过程中，由于坯料边缘在切向受到压缩，很容易产生波浪状变形或折皱，如图7-39a所示。坯料厚度越小，拉深深度越大，则越容易产生折皱。为防止拉深件产生折皱，必须用压边圈将坯料压住。压力的大小以拉深件不起皱为宜，压力过大会导致拉深件拉裂，如图7-39b所示。对于变形程度较大的拉深件，不能一次拉深到位，需要多次分步拉深。

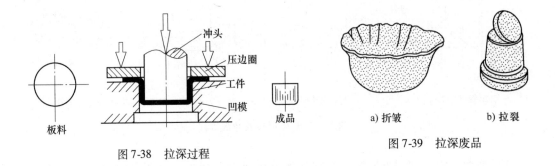

图7-38 拉深过程

图7-39 拉深废品
a) 折皱
b) 拉裂

（3）翻边 它是在毛坯的平面部分或曲面部分的边缘，沿一定曲线翻起竖立直边的成形方法，如图7-40所示。

（4）胀形 它是板料或空心坯料在双向拉应力作用下，使其产生塑性变形取得所需制件的成形方法，如图7-41所示就是利用橡胶芯来增大半成品件中间部分的直径的实例。

（5）缩口与扩口 缩口是将管件或空心制件的端部加压，使其径向尺寸缩小的成形方法，如图7-42所示。扩口是使空心坯料或管状坯料的端部径向尺寸扩大的成形方法。

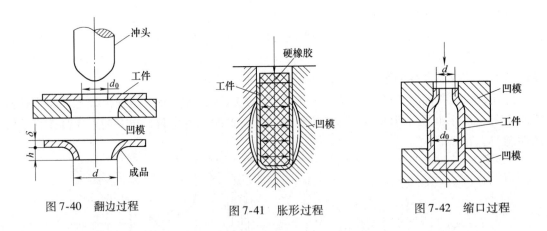

图7-40 翻边过程

图7-41 胀形过程

图7-42 缩口过程

二、冲压件的结构工艺性

冲压件的结构工艺性是指所设计的冲压件在满足使用性能要求的前提下冲压成形的难易程度，良好的冲压件结构应与材料的冲压性能、冲压工艺相适应。

1. 冲压性能对冲压件结构的要求

冲压性能主要是指金属材料的塑性。坯料塑性好，可防止冲压件被冲裂，获得合格的冲压件。冲压件对金属材料的具体要求，可查阅相关技术资料。

2. 冲压工艺对冲压件结构的要求

1）零件的结构应便于合理排样，减少废料。

2）为了保证模具强度和冲裁件的质量，对凹槽尺寸、凸臂尺寸、孔的尺寸、孔与孔之间的距离、孔与边界之间的距离、轮廓圆角半径等均有最小尺寸要求，这些数据可以查阅相关的技术手册。

3）冲最小孔时应注意孔径与板料厚度的关系，孔径不应小于板料厚度。

4）弯曲件的弯曲半径不能小于被弯曲金属材料许可的最小弯曲半径（r_{min}）。

5）弯边直线高度应大于板厚的2倍。否则应先压槽然后再弯曲，或加高弯曲后再将多余的高度切除。

6）拉深件外形应尽量简单、对称，以减少拉深件的成形难度以及模具的制作难度。

7）尽量减小拉件的中空深度，以便减少拉深次数，易于成形。

8）拉深件应有结构圆角，否则将增加拉深次数及整形工作量，甚至容易产生拉裂现象。

第六节　金属压力加工新技术简介

提高锻件的性能和质量，使锻件的外形尺寸接近零件尺寸，实现少切屑或无切屑加工，做到清洁生产，提高自动化程度，提高零件的生产效率，降低生产成本，是现代金属压力加工生产的发展趋势。下面介绍部分成熟的金属压力加工新技术。

一、超塑性成形技术

超塑性是指金属在特定的组织、温度条件和变形速度下变形时，塑性比常态提高几倍到几百倍（部分金属的伸长率超过1 000%），而变形抗力降低到常态的几分之一甚至几十分之一的异乎寻常的性质，如纯钛的伸长率可达300%以上，锌铝合金的伸长率可达1 000%以上。超塑性分为细晶超塑性（又称恒温超塑性）和相变超塑性等。

细晶超塑性是利用变形和热处理方法获得0.5～5μm左右的超细等轴晶粒而具有超塑性的。它在$0.5T_{熔}$（K）温度和很小的变形速率（10^{-5}～10^{-2}m/s）下进行锻压加工，其伸长率可达百分之几百以上。相变超塑性是金属材料在相变温度附近进行反复加热、冷却并使其在一定的变形速率下变形时，呈现出高塑性、低的变形抗力和高扩散能力等超塑性特点。利用金属材料在特定条件下所具有的超塑性来进行塑性加工的方法，称为超塑性成形。超塑性变形主要是由晶粒边界的滑动和转动所引起的，与一般金属的变形方式不同。

目前常用的超塑性成形材料主要有铝锌合金、钛合金及高温合金等，常用的超塑性成形方法有超塑性模锻和超塑性挤压等。金属在超塑性状态下不产生缩颈现象，变形抗力很小，因此，利用金属材料在特定条件下所具有的超塑性来进行塑性加工，可以加工出复杂形状的零件。超塑性成形加工具有金属填充模膛性能好、锻件尺寸精度高、机械加工余量小、锻件组织细小均匀等特点。

二、高速高能成形技术

高速高能成形有多种加工形式，其共同的特点是在很短的时间内，将化学能、电能、电磁能和机械能传递给被加工的金属材料，使金属材料迅速成形。高速高能成形分为爆炸成形、电液成形、电磁成形和高速锻造等。它具有成形速度快，加工精度高，可加工难加工金属材料及设备投资小等优点。

爆炸成形是利用炸药爆炸时产生的高能冲击波，通过不同的介质使坯料产生塑性变形的方法。成形时在模腔内置入炸药，炸药爆炸时产生的大量高温高压气体，呈辐射状传递，从而使坯料成形。该方法适合于多品种小批量生产，如用于制造柴油机罩子、扩压管及汽轮机空心汽叶的整形等。

电液成形是指利用在液体介质中高压放电时所产生的高能冲击波，使坯料产生塑性变形的方法。电液成形的原理与爆炸成形有相似之处。它是利用放电回路中产生的强大的冲击电流，使电极附近的水汽化膨胀，从而产生很强的冲击压力，使金属坯料成形。与爆炸成形相比，电液成形时能量控制和调整简单，成形过程稳定、安全、噪声低，生产率高。但电液成形受设备容量的限制，不适合于较大工件的成形，特别适合于管类工件的胀形加工。

电磁成形是指利用电流通过线圈所产生的磁场，其磁力作用于坯料使工件产生塑性变形的方法。成形线圈中的脉冲电流可在很短的时间内迅速增长和衰减，并在周围空间形成一个强大的变化磁场。坯料置于成形线圈内部，在此变化磁场的作用下，坯料内产生感应电流，坯料内感应电流形成的磁场和成形线圈磁场相互作用的结果，则使坯料在电磁力的作用下产生塑性变形。这种成形方法所用的材料应当具有良好的导电性，如铜、铝和钢等。如果加工电导性差的材料，则应在坯料表面放置用薄铝板制成的驱动片，促使坯料成形。电磁成形不需要水和油等介质，工具几乎没有消耗，设备清洁，生产率高，产品质量稳定，适合于加工厚度不大的小零件、板材或管材等。

高速锻造是指利用高压空气或氮气发出来的高速气体，使滑块带着模具进行锻造或挤压的加工方法。高速锻造能锻打高强度钢、耐热钢、工具钢、高熔点合金等，锻造工艺性能好，质量和精度高，设备投资少，适合于加工叶片、涡轮、壳体、齿轮等工件。

三、液态模锻

液态模锻是指对定量浇入铸型型腔中的液态金属施加较大的机械压力，使其成形，结晶凝固而获得铸件的一种加工方法。它是一种介于铸造和锻造之间的新工艺，也称为"挤压铸造"，具有两种加工工艺的优点。由于结晶过程是在压力下进行的，改变了常态下结晶的组织特征，可以获得细小的等轴晶粒。液态模锻的工件尺寸精度高，力学性能好，可用于各种类型的合金，如铝合金、铜合金、灰铸铁、不锈钢等，工艺过程简单，容易实现自动化。

四、摆动碾压

摆动碾压是指上模的轴线与被碾压工件（放在下模）的轴线倾斜一个角度，模具一面绕轴心旋转，一面对坯料进行压缩（每一瞬时仅压缩坯料横截面的一部分）的加工方法，如图 7-43 所示。

摆动碾压时，瞬时变形是在坯料上的某一小区域里进行的，而且整个坯料的变形是逐渐进行的。这种方法可以用较小的设备碾压出大锻件，而且噪声低，振动小，锻件质量高。主要用于制造具有回转体的轮盘类锻件，如齿轮毛坯和铣刀毛坯等。

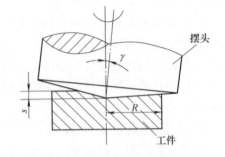

图 7-43　摆动碾压示意图

五、计算机在锻压技术中的应用

计算机在锻压技术中的应用主要体现在模锻工艺方面，利用计算机辅助设计（CAD）

和计算机辅助制造（CAM）程序，通过人机对话，借助有关资料，对模具、坯料、工序安排等内容进行优化设计，获得最佳模锻工艺设计方案，达到减少设计周期，提高模具精度和寿命，提高锻件质量，降低生产成本。

【实践经验——锻工的感觉】　锻工与钢铁有着密切关系，经验丰富的锻工能感觉出金属在锻造时的反应。锻工的这种实践经验与工程师和科学家的认识是同样重要的。如果需要确定一项新的锻造工艺，则更多的是依据锻工的实践经验，其次才是工程师的专业知识。例如，有一种新型的防磁钢，尽管严格地按照在实验室里总结出的工艺规范进行操作，但还是会出现锻造裂纹。这种钢很古怪，它对有力的锤击很敏感，而且不能承受反复的加热。锻工阿兹尤克经过仔细分析后，改变了预热和锻造温度，找到了最好的锻造温度，变换锤击的力度，终于在很短的时间里成功地找到了一种新的锻造工艺，使这种高合金钢达到无缺陷锻造。

复习与思考

一、填空题

1. _____越好，_____越小，金属的可锻性越好。

2. 随着金属冷变形程度的增加，金属材料的强度和硬度_____，塑性和韧性_____，使金属的可锻性_____。

3. 金属的滑移是通过晶体内部的_____实现的，随着变形程度增加，位错数量_____；塑性变形能力_____。

4. 金属锻前加热的目的是提高其_____和降低_____；金属锻后会形成_____组织。

5. 锻造温度范围是指由_____温度到_____温度之间的温度间隔。

6. 自由锻是通过局部锻打逐步成形的，它的基本工序包括：_____、_____、_____、切割、弯曲、扭转、错移及锻接等。

7. 冲最小孔时应注意孔径与板料厚度的关系，做到孔径不应_____板料厚度。

8. 弯曲件的弯曲半径不能小于被弯曲金属材料许可的_____，以免弯裂。

9. 弯曲件弯曲后，由于有_____现象，所以，弯曲模具的角度应比弯曲件弯曲的角度_____一个回弹角 α。

二、判断题

1. 细晶组织的可锻性优于粗晶组织。（　　）

2. 非合金钢中碳的质量分数越少，可锻性越差。（　　）

3. 尽量使锻件的锻造流线与零件的轮廓相吻合是锻件工艺设计的一条基本原则。（　　）

4. 常温下进行的变形称为冷变形，加热后进行的变形称为热变形。（　　）

5. 由于金属材料在锻造前进行了加热，所以，任何金属材料均可进行锻造。（　　）

6. 冷变形强化使金属材料的可锻性变差。（　　）

7. 冲压件材料应具有良好塑性。（　　　）

8. 弯曲模的角度必须与冲压弯曲件的弯曲角度一致。（　　　）

9. 落料和冲孔都属于冲裁工序，但二者的生产目的不同。（　　　）

三、简答题

1. 确定锻造温度范围的原则是什么？

2. 冷变形强化对金属压力加工有何影响？如何消除？

3. 自由锻件结构工艺性有哪些基本要求？

4. 对拉深件如何防止折皱和拉裂？

四、分析题

1. 试确定图 7-44 中自由锻件的主要变形工序（其中 $d_0 = 2d_1$，d_0 为坯料直径）。

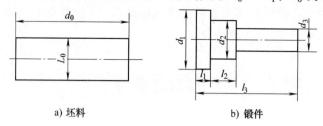

a) 坯料　　　　　　　　　　　　　　b) 锻件

图 7-44　自由锻件

2. 判断图 7-45 中锻压结构设计是否合理，指出不合理的地方，为什么？

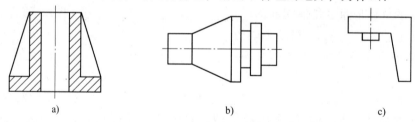

a)　　　　　　　　　　　　b)　　　　　　　　　　　c)

图 7-45　自由锻件的锻压结构合理性

五、课外探讨与交流

　　观察小金匠锻制金银首饰的操作过程，分析整个操作过程中各个工序的作用或目的，并编制其制作工艺流程。

第八章 焊 接

【学习目标与学习方法】

本章主要介绍焊接方法特点与分类、焊条电弧焊、气焊与气割、其他焊接方法、常用金属材料的焊接、焊接缺陷、焊接结构工艺性等。在学习过程中，第一，要了解各种焊接方法的特点，了解它们的应用范围，特别是焊条电弧焊的特点和应用范围；第二，了解各种接头形式和坡口形式的适用范围；第三，理解焊接性和碳当量的含义；第四，由于本章内容实践性强，因此，要多深入现场进行观察与实践，加深理解和认识；第五，要仔细地对所学内容进行分类、归纳和总结，提高学习效果。

焊接是一种重要的金属成形加工工艺，虽然应用的历史不长，但由于它在技术上、经济上的独特优点，已被广泛地应用于各行各业。随着科学技术的不断发展和电子计算机技术在焊接工艺上的应用，焊接的应用将更加广泛。

第一节 焊 接 概 述

一、焊接的分类

焊接是指通过加热或加压或同时加热加压，并且用或不用填充材料使工件达到结合的一种工艺方法。焊接方法的种类很多，通常分为三大类：熔焊、压焊和钎焊。

（1）熔焊　熔焊是熔化焊的简称，它是将两个焊件的连接部位加热至熔化状态，加入（或不加入）填充金属，在不加压力的情况下，使其冷却凝固成一体，从而完成焊接的方法。

（2）压焊　焊接过程中，必须对焊件施加压力（加热或不加热）以完成焊接的焊接方法，称为压焊。

（3）钎焊　采用比母材熔点低的金属材料作钎料，将焊件和钎料加热到高于钎料熔点，低于母材熔化温度，利用液态钎料润湿母材，填充接头间隙并与母材相互扩散实现连接焊件的工艺方法，称为钎焊。

常用焊接方法的分类见表8-1。

二、焊接的特点

焊接方法与其他金属加工工艺相比，具有以下一些突出特点：

1）减轻结构重量，节省金属材料。焊接与传统的铆接方法相比，一般可以节省金属材料15%～20%。减轻金属结构自重。

2）利用焊接可以制造双金属结构。例如，利用对焊、摩擦焊等方法，可以将不同金属材料焊接，制造复合层容器等，以满足高温、高压设备、化工设备等特殊性能要求。

3）能化大为小，由小拼大。在制造形状复杂的结构件时常常先把材料加工成较小的部分，然后采用逐步装配焊接的方法由小拼大，最终实现大型结构，如轮船体等的制造都是通过由小拼大实现的。

表 8-1　常用焊接方法的分类

大类	细类		大类	细类	
熔焊	电弧焊	焊条电弧焊 埋弧焊 气体保护焊	压焊	电阻焊	点焊 缝焊 对焊
	气焊			锻焊	
	电渣焊			超声波焊	
	等离子弧焊			扩散焊	
	电子束焊			摩擦焊	
	激光焊			冷压焊	
钎焊	硬钎焊			爆炸焊	
	软钎焊			高频焊	

4）结构强度高，产品质量好。在多数情况下焊接接头能达到与母材等强度，甚至接头强度高于母材强度，因此，焊接结构的产品质量比铆接要好，目前焊接已基本上取代了铆接。

5）焊接时的噪声较小，工人劳动强度较低，生产率较高，易于实现机械化与自动化。

6）容易产生焊接应力、焊接变形及焊接缺陷等。由于焊接是一个不均匀的加热过程，所以，焊接后会产生焊接应力与焊接变形。同时，由于工艺或操作不当，还会产生多种焊接缺陷，降低焊接结构的安全性。如果在焊接过程中采取合理的措施后，可以消除或减轻焊接应力、焊接变形及焊接缺陷。

焊接在桥梁、容器、舰船、锅炉、管道、车辆、起重机械、电视塔、金属桁架、石油化工结构件、冶金设备、航天设备等的制造中应用广泛，并且随着焊接技术的发展，焊接质量及生产率不断提高，焊接在国民经济建设中的应用也将更加广泛。

【史海回顾——焊接】　焊接是随着金属的应用而出现的，古代的焊接方法主要是铸焊、钎焊和锻焊。中国商朝制造的铁刃铜钺，就是铁与铜的铸焊件，其表面铜与铁的熔合线蜿蜒曲折，接合良好。春秋战国时期曾侯乙墓中的建鼓铜座上有许多盘龙，就是采用分段钎焊连接的。经分析，所用的钎料与现代软钎焊成分相近。公元前 3000 多年埃及出现了锻焊技术。古代焊接技术长期停留在铸焊、锻焊和钎焊的水平上，使用的热源都是炉火，温度低、能量不集中，无法用于大截面、长焊缝工件的焊接，只能用以制作装饰品、简单的工具和武器。19 世纪初，英国人发现电弧和氧乙炔焰两种能局部熔化金属的高温热源；1885 年俄国的别纳尔多斯发明碳极电弧焊；进入 20 世纪初，碳极电弧焊和气焊得到应用，同时还出现了薄药皮焊条电弧焊，手工电弧焊进入实用阶段，电弧焊从 20 世纪 20 年代起成为一种重要的焊接方法，以后陆续不断地发明了各种新颖的焊接方法。

第二节　焊条电弧焊

焊条电弧焊是用手工操纵焊条利用焊条与焊件之间产生的电弧热，熔化焊件与焊条进行焊接的电弧焊方法。焊条电弧焊是目前生产中应用最多、最普遍的一种金属焊接方法。

一、焊接电弧

焊接电弧是在电极与焊件之间的气体介质中产生的强烈而持久的放电现象，如图 8-1 所示。焊接电弧的产生一般有接触引弧和非接触引弧两种方式，焊条电弧焊采用接触引弧。将装在焊钳上的焊条，擦划或敲击焊件，由于焊条末端与焊件瞬时接触而造成短路，并产生很大的短路电流，使焊件和焊条末端的温度迅速升高，为电子的逸出和气体电离准备了能量条件。接着迅速把焊条提起 2～4mm 的距离，在两极间电场力作用下，被加热的阴极间就有电子高速飞出并撞击气体介质，使气体介质电离成正离子、负离子和自由电子。此时正离子奔向阴极，负离子和自由电子奔向阳极。在它们运动过程中与到达两极时不断碰撞和复合，使动能变为热能，产生大量的光和热，于是在焊条端部与焊件之间形成了电弧。

如图 8-2 所示，在焊条与焊件之间形成的电弧热，使焊件局部和焊条端部同时熔化成为熔池，金属焊条熔化后成为金属熔滴，并借助重力和电弧气体的吹力作用过渡到焊件形成的熔池中。同时，电弧热还使焊条的药皮熔化或燃烧，药皮熔化后与液体金属发生物理化学作用，使液态熔渣不断地从熔池中向上浮起，药皮燃烧时产生的大量气体环绕在电弧周围。借助熔渣和气体可防止空气中氧、氮的侵入，起到保护液态金属的作用。焊接电弧由阴极区、阳极区和弧柱区三部分组成。

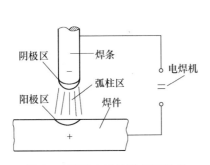

图 8-1 焊接电弧的形成和组成

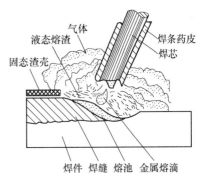

图 8-2 焊条电弧焊的焊接原理图

阴极区是发射电子的地方。发射电子需消耗一定能量，所以，阴极区产生的热量不多，约占电弧总热量的 36% 左右，温度大约在 2 400K 左右。阳极区是接收电子的地方，由于高速电子撞击阳极表面因而产生较多的热量，约占到电弧总热量的 43% 左右，温度大约在 2 600K 左右。弧柱区是指阴极与阳极之间的气体空间区域，弧柱区产生的热量约占电弧总热量的 21% 左右，弧柱中心温度最高，大约在 6 000～8 000K 的范围内。弧柱区的热量大部分通过对流和辐射散失到周围空气中。

焊接电弧不同的区域，其温度是不同的，阳极区的温度高于阴极区。采用直流电焊机焊接时，如果将焊件接正极、焊条接负极，则电弧热量大部分集中在焊件上，焊件熔化加快，可保证足够的熔深，适用于焊接厚焊件，这种接法称为正接法（图 8-3a）。相反，如果将焊件接负极，焊条接正极，则焊条熔化快，适合于焊接较薄焊

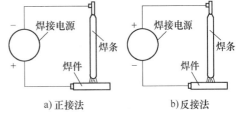

图 8-3 直流焊接电源的正接法和反接法

件或不需要较多热量的焊件，这种接法称为反接法（图 8-3b）。如果使用交流电焊机，由于阴极和阳极在不断地变化，焊件与焊条得到的热是相等的，因此不存在正接或反接问题。

焊接电弧的热量与焊接电流的平方和电压的乘积成正比。通常电弧稳定燃烧时，焊件与焊条之间所保持的电压，称为电弧电压。电弧电压主要与电弧长度（焊件与焊条间的距离）有关。电弧越长，相应的电弧电压越高，一般电弧电压在 20～35V 范围内。由于电弧电压变化较小，所以生产中主要是通过调节焊接电流来调节电弧热量。焊接电流越大则电弧产生的总热量越多，反之，则总热量越少。

二、焊条电弧焊设备及工具

（一）焊条电弧焊的主要设备

焊条电弧焊的主要设备是电弧焊机，它实际上是一种弧焊电源。生产中按焊接电流种类的不同，焊条电弧焊的电源可分为弧焊变压器（交流弧焊电源）和弧焊整流器（直流弧焊电源）两类。

1. 弧焊变压器

弧焊变压器（图8-4）实际上是一种特殊的降压变压器。焊接时，焊接电弧的电压基本不随焊接电流变化。当接通电源时（一次绕组形成回路），由于互感作用，使二次绕组内产生感应电动势（即空载电压）。当焊条与工件接触时，二次绕组形成闭合回路，便有感应电流通过，从而熔化工件与焊条进行焊接。弧焊变压器的效率较高，结构简单，使用可靠，成本较低，噪声较小，维护与保养容易，但焊接时电弧的稳定性不如弧焊整流器。

2. 弧焊整流器

弧焊整流器（图8-5）是将交流电经降压整流后获得直流电的电气设备。它具有制造方便、价格较低、空载损耗小和噪声小等优点，并且可远距离调节焊接参数，能自动补偿电网电压波动对输出电压和电流的影响，焊接过程中电弧比较稳定，可作为各种弧焊方法的电源。弧焊整流器适宜焊接不锈钢、薄板、较重要的焊件以及铜合金、铝合金等。

图8-4　弧焊变压器

图8-5　弧焊整流器

（二）焊条电弧焊的工具

1. 焊钳

焊钳（图8-6）的作用是夹持焊条和传导电流。一般要求电焊钳导电性能好、重量轻、焊条夹持稳固、换装焊条方便等。

2. 焊接电缆

焊接电缆的作用是传导电流。一般要求用多股纯铜软线制成，绝缘性要好，而且要有足够的导电截面积，其截面积大小应根据焊接电流大小而定。

3. 面罩及护目玻璃

面罩（图8-7）的作用是焊接时保护操作人员的面部免受强烈的电弧光照射和飞溅金属的灼伤。护目玻璃又称黑玻璃，它的作用是减弱电弧光的强度，过滤紫外线和红外线，使操作人员在焊接时既能通过护目玻璃观察到熔池的情况，便于控制焊接过程，又避免眼睛受弧光的灼伤。

图8-6 焊钳

图8-7 面罩

三、焊条

（一）焊条的组成与作用

电焊条由焊芯和药皮两部分组成（图8-8）。电焊条质量的优劣将直接影响焊缝金属的力学性能。

1. 焊芯

焊芯是组成焊缝金属的主要材料。它的主要作用是传导焊接电流，产生电弧并维持电弧稳定；其次是作为填充金属与母材熔合成一体，组成焊缝。在焊缝金属中，焊芯金属约占 50% ~ 70%，由此可见焊芯

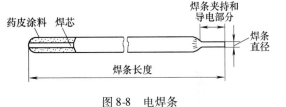

图8-8 电焊条

的化学成分和质量对焊缝质量有重大的影响。为了保证焊接质量，国家标准对焊芯的化学成分和质量作了严格规定。焊芯的牌号以"焊"字打头（牌号是"H"），其后的牌号表示法与钢号表示法完全一样。例如，常用的焊芯牌号有 H08、H08MnA、H10Mn2、H00Cr21Ni10等，牌号尾部标有"A"或"E"时，分别表示"优质品"或"高级优质品"，表明 S、P 等杂质含量更少。

2. 药皮

压涂在焊芯表面上的涂料层称为药皮。焊条药皮由稳弧剂、造气剂、造渣剂、脱氧剂、合金剂、粘结剂等组成。它的主要作用如下。

（1）机械保护作用 利用焊条药皮熔化后产生的大量气体和形成的熔渣，隔离空气，防止空气中的氧、氮侵入，保护熔滴和熔池金属。

（2）冶金处理和渗合金作用 通过熔渣与熔化金属的冶金反应，除去有害杂质（如氧、氮、硫、磷、氢等），渗入有益合金元素，使焊缝获得需要的力学性能。

（3）改善焊接工艺性能 好的焊接工艺性可以保证焊接电弧稳定燃烧，飞溅少，焊缝成形好，易脱渣，熔敷效率高，有利于进行各种位置的焊接。

（二）焊条的分类、型号及牌号

1. 焊条的分类

焊条的分类方法很多。根据焊条的化学成分和用途，焊条可分为：非合金钢及细晶粒钢焊条（碳钢焊条）、热强钢焊条（低合金钢焊条）、不锈钢焊条、铸铁焊条、堆焊焊条、镍和镍合金焊条、铜和铜合金焊条、铝和铝合金焊条等。按照焊条药皮熔化后的酸碱度不同，焊条又可分为酸性焊条和碱性焊条两类。其中酸性焊条熔渣中酸性氧化物的比例较高，焊接时，工艺性好，容易引弧，电弧稳定、飞溅小，脱渣性好，覆盖性较好，焊缝成形美观，对铁锈、油脂、水分的敏感性不大，但焊接中对药皮合金元素烧损较大，抗裂性较差。酸性焊条可使用交、直流焊接电源，适用于采用低碳钢及低合金结构钢制作的结构件中的各种位置的焊缝；碱性焊条熔渣中碱性氧化物的比例较高，焊接时，工艺性一般，脱渣性较好，熔渣的覆盖性较差，电弧不够稳定，焊缝美观性较差，焊前要求清除掉油脂和铁锈。但它的脱氧和去氢能力较强，故又称为低氢型焊条，焊接后焊缝的质量较高，适用于焊接重要的和复杂的结构件。

2. 焊条型号

焊条型号是以焊条国家标准为依据，反映焊条主要特性的一种表示方法。焊条型号应包括焊条类型、焊条特点（如熔敷金属的抗拉强度、使用温度、焊芯金属的类型、熔敷金属的化学组成类型等）、药皮类型及焊接电流种类。不同型号的焊条有不同的表示方法。目前，我国参照国际标准，陆续对不同焊条型号作了修改，如 GB/T 5117—2012 规定非合金钢及细晶粒钢焊条（碳钢焊条）型号编制以字母"E"打头表示电极焊条，"E"后面的前两位数字表示熔敷金属抗拉强度的最小值的十分之一（单位为 MPa），第三位数字表示焊条适用的焊接位置。"0"及"1"表示焊条适用于全位置焊接；"2"表示焊条适用于平焊及平角焊；"4"表示焊条适用于向下立焊；第三位和第四位数字组合表示焊接电流种类及药皮类型，如"03"为钛型药皮，适合于交流或直流正、反接电源；"15"为碱性（低氢钠型）药皮，适合于直流反接电源；"20"为氧化铁型药皮，适合于交流或直流正接。

例如，E4303 表示焊缝金属的 $R_m \geqslant 430MPa$，适用于全位置焊接，药皮类型是钛型，适合于交流或直流正、反接电源。

热强钢焊条（低合金钢焊条）的型号由 GB/T 5118—2012 规定，"E"后面的四位数字含义与碳钢焊条相同，四位数字后面附加字母、数字或字母和数字的组合表示熔敷金属的化学成分分类代号，并以短划"－"与前面的四位数字分开。如果还有附加扩散氢代号时，可用 H15、H10 或 H5 表示，如 E6215－2C1MH10。

（三）焊条选用

正确选用焊条是焊接准备工作的重要一环，选用焊条时应综合考虑下列一些因素：

1. 考虑母材的力学性能和化学成分

对于结构钢，要考虑焊条的抗拉强度与母材的抗拉强度等级相匹配；对于低温钢，要考虑焊条的低温特性要与母材的低温特性相一致；对于耐热钢、不锈钢、高温合金等，要考虑熔敷金属的化学成分要与母材基本相同。

2. 考虑焊件的结构复杂程度和刚性

对于形状复杂、刚性较大的结构，需要保证一定的塑性和韧性，应选用抗裂性好的低氢型焊条；对于薄板和刚性较小、构件受力不复杂、母材质量较好以及焊接表面带有油、锈、水等难以清理的焊件，应尽量选用酸性焊条。

3. 考虑简化焊接工艺、提高生产率和降低成本

在满足使用要求的前提下，要尽量选用工艺性好、劳动生产率高、劳动条件好、焊接质量容易保证、成本低的焊条。

四、焊条电弧焊工艺

（一）焊接接头组成部分

如图8-9a所示，焊件经焊接后所形成的结合部分称为焊缝；被焊的焊件称为母材；两个焊件的连接处称为焊接接头。焊缝其他部分的相关名称如图8-9b所示。

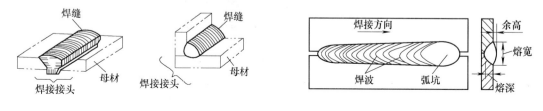

a)焊缝、母材和焊接接头　　　　　　　　　b)焊缝各部分名称

图8-9　焊缝、母材、焊接接头及焊缝各部分名称

（二）焊接位置

熔焊时焊件接缝所处的空间位置称为焊接位置。按焊缝在空间位置（图8-10）的不同，焊接位置分为平焊位置、立焊位置、横焊位置和仰焊位置四种。在平焊位置、立焊位置、横焊位置和仰焊位置进行的焊接分别称为平焊、立焊、横焊和仰焊。其中平焊操作容易，劳动条件好，生产率高，质量易于保证，因此，一般应把焊缝放在平焊位置施焊。立焊、横焊、仰焊时焊接较为困难，应尽量避免。若无法避免时，可选用小直径的焊条，较小的电流，调整好焊条与焊件的夹角与弧长再进行焊接。

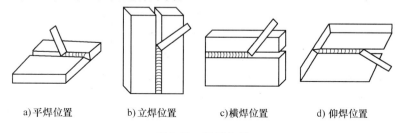

a)平焊位置　　　b)立焊位置　　　c)横焊位置　　　d) 仰焊位置

图8-10　焊接位置

（三）焊接接头基本形式和坡口基本形式

在焊接过程中，由于结构形状，工件厚度及对质量的要求不同，会遇到不同的接头形式和坡口形式。基本的焊接接头形式有：对接接头、角接接头、T形接头、搭接接头等。基本的坡口形式有Ⅰ形坡口（不开坡口）、V形坡口、X形坡口、U形坡口、双U形坡口等。图8-11所示是对接接头的坡口形式示意图。

焊接接头形式的选择是根据结构的形状、强度要求、焊件厚度、焊接材料消耗量及焊接工艺决定的。坡口形式的选择主要是根据焊件厚度决定的，其目的是保证焊件焊透，提高生产效率和降低成本。坡口的加工方法主要有气割、切削加工（如刨削和铣削等）、碳弧气刨等。

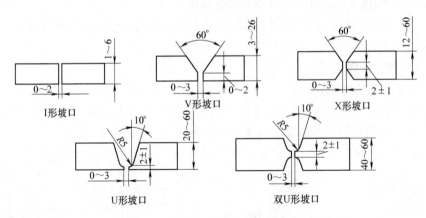

图 8-11　对接接头的坡口形式示意图

在焊件厚度相同时，X 形坡口需要填充的金属比 V 形坡口少，因此，X 形坡口焊接所需消耗的焊条少、工时少及角变形小，但 X 形坡口需要双面焊。U 形坡口根部较宽，方便焊条深入和运条，容易焊透，比 V 形坡口省焊条、省工时和变形小，但 U 形坡口形状相对复杂，需要切削加工，加工成本较高，一般适合于重要的、受循环应力作用的、厚焊件的焊接结构。对于要求焊透的受力焊缝，在焊接工艺容许的情况下，应尽量采用双面焊，这样可以保证焊透，减小变形和保证焊接质量。

（四）焊接参数的选择

焊接参数是焊接时为了保证焊接质量而选定的各物理量的总称。焊条电弧焊的焊接参数主要包括焊条直径、电源种类与极性、焊接电流、电弧电压、焊接层数、电弧长度和焊接速度等。焊接参数选择是否合理将直接影响焊缝的形状、尺寸、焊接质量、焊接成本和生产率，因此，正确选择焊接参数非常重要。下面主要介绍焊条直径、焊接电流、电弧电压、电弧长度和焊接速度等。

1. 焊条直径的选择

焊条直径的大小与焊件厚度、焊接位置、焊接层数及接头形式有关。一般焊件厚度大时应选用大直径焊条；横焊和仰焊时焊条直径不宜超过 4mm，立焊时焊条直径不宜超过 5mm，平焊时焊条直径应尽量大些；多层焊在焊第一层时应选用较小直径的焊条；搭接接头和 T 形接头因不存在全部焊透问题，因此可选用较大直径的焊条，以提高生产效率。焊件厚度与焊条直径的关系见表 8-2。

表 8-2　焊件厚度、焊条直径与焊接电流的关系

焊件厚度/mm	1.5 ~ 2	2.5 ~ 3	3.5 ~ 4.5	5 ~ 8	10 ~ 12	>12
焊条直径/mm	1.6 ~ 2	2.5	3.2	3.2 ~ 4	4 ~ 5	5 ~ 6
焊接电流/A	40 ~ 70	70 ~ 90	100 ~ 130	160 ~ 200	200 ~ 250	250 ~ 300

2. 焊接电流的选择

焊接时流经焊接回路的电流称为焊接电流。焊接电流的选择主要取决于焊条直径（表 8-2），焊条直径越大，焊接电流也越大。非水平位置焊接或焊接不锈钢时，焊接电流应

小15%左右。焊角焊缝时，焊接电流应稍大些。

3. 电弧电压与电弧长度的选择

电弧电压主要由电弧长度决定。电弧长电弧电压高，电弧短电弧电压低。所谓短电弧是指电弧的长度是焊条直径的0.5~1.0倍。焊接时电弧电压由操作人员根据具体情况灵活掌握。在焊接过程中电弧不宜过长，否则会使电弧不稳定，易摆动，电弧热量分散，熔深减小，飞溅增加，产生咬边、未焊透、焊波不匀、气孔等缺陷，降低焊缝质量。因此，应尽量使电弧长度短些，相应的电弧电压应为16~25V。在立焊和仰焊时弧长应比平焊时更短些，防止熔化金属下淌。碱性焊条焊接时应比酸性焊条弧长短些，保证电弧稳定和防止产生气孔。

4. 焊接速度的选择

焊接速度是单位时间内完成的焊缝长度。对于焊条电弧焊，焊接速度就是操作人员移动焊条的速度。焊接速度不应过快或过慢，应以保证焊透，不烧穿，焊缝的外观与内在质量及生产效率均达到要求为适宜。例如，直径为4mm的E5015焊条，可选择160~170A的焊接电流，22~24V的电弧电压，其焊接速度是10~15mm/min。

五、焊条电弧焊的基本操作技术

焊接电弧焊的基本操作技术主要包括：引弧、运条和焊道收尾等。

1. 引弧

引弧是指在弧焊开始时，引燃焊接电弧的过程。引弧的方法有划擦法和敲击法两种，如图8-12所示。划擦法一般适合于碱性焊条，其引弧动作类似于划火柴，初学者容易掌握，但容易损坏焊件表面。敲击法一般适合于酸性焊条或狭窄的焊接环境，其操作方式是将焊条对准引弧处，手腕下弯，用焊条末端垂直地轻击焊件表面，使焊条与焊件接触并形成短路，然后迅速将焊条向上提起2~4mm，电弧即可引燃。敲击法不易掌握，如果操作不当，会造成焊条粘在焊件上。此时，只要将焊条左右摆动几下就可将焊条脱离焊件，如果焊条还不能脱离焊件，则应立即使焊钳脱离焊条，待焊条冷却后，用手将焊条扳下。

2. 运条

运条是在焊接过程中，焊条相对于焊缝所做的各种动作的总称。引弧后，首先必须掌握好焊条与焊件之间的角度，如图8-13所示。同时，在操作过程中要使焊条同时完成三个基本运条动作。

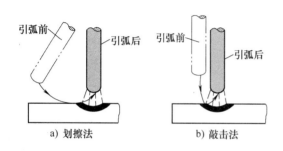

图8-12 焊条引弧方法

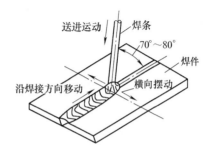

图8-13 焊条角度与运条示意图

（1）焊条沿自身中心线向熔池方向的送进运动 焊条送进速度应等于焊条熔化速度，

以保持弧长稳定。

（2）焊条沿焊接方向逐渐移动　焊条移动速度应等于焊接速度。

（3）焊条沿焊缝横向摆动　焊条以一定的运动轨迹周期性地沿焊缝左右摆动，以便获得一定宽度的焊缝。焊接薄板焊件或厚板底层焊道时，焊条一般不做横向摆动。

常见的运条方法有直线运条法、锯齿形运条法、环形运条法、月牙形运条法、三角形运条法等，它们适用于不同的焊接位置，如图 8-14 所示。

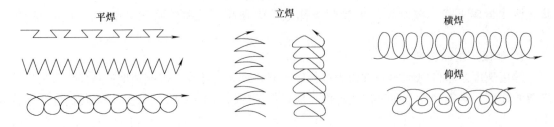

图 8-14　焊条电弧焊常见的运条方法

3. 焊道收尾

焊道收尾是指一条焊道结束焊接时如何收尾。焊道收尾时，为防止弧坑的出现，焊条应停止向前移动。可采用划圈收尾法和后移收尾法等，自下而上地慢慢拉断电弧，以保证焊道尾部成形良好。

第三节　气焊与气割

气焊是利用可燃气体和助燃气体（氧气）混合燃烧的火焰所释放出的热量作为热源，熔化母材和填充金属，实现金属焊接的一种熔焊接方法，如图 8-15 所示。气割是利用可燃气体的热能将工件切割处预热到一定温度，喷出高速切割氧流，使工件燃烧并放出热量，实现金属切割的方法，如图 8-16 所示。可燃性气体主要有乙炔、液化石油气、天然气、丙烷气等，其中最常用的是乙炔和液化石油气。乙炔与氧气混合燃烧产生的温度最高，可达3 000℃以上。

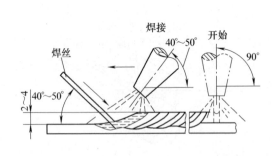

图 8-15　气焊过程示意图

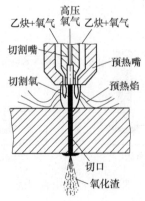

图 8-16　气割过程示意图

一、气焊

（一）气焊所用设备和工具

气焊所用设备和工具主要包括：氧气瓶、氧气减压器、乙炔气瓶、乙炔减压器、回火保险器、焊炬、橡皮管等，如图8-17所示。

1. 氧气瓶及氧气

氧气瓶是一种储存和运输氧气用的高压容器，瓶口上装有开闭氧气的阀门，并套有保护瓶阀的瓶帽。常用氧气瓶容积一般为40L，在15MPa压力下，可储存6 000L的氧气。按规定，氧气瓶外表涂成天蓝色并用黑色字样标明"氧气"字样。氧气瓶不许暴晒、火烤、振荡及敲打，也不许被油脂沾污。使用的氧气瓶必须定期进行压力试验。

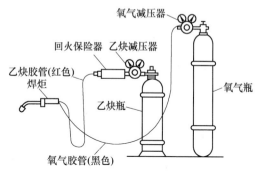

图8-17 气焊设备和工具的连接

2. 乙炔气瓶及乙炔气

乙炔气瓶是一种储存和运输乙炔气的高压容器，瓶口装有阀门并套有瓶帽保护。按规定乙炔气瓶外表涂成白色并用红色字样标明"乙炔火不可近"字样。乙炔气瓶的工作压力是1.5MPa。

3. 氧气减压器和乙炔气减压器

减压器又称为压力调节器，按用途分，可分为氧气减压器、乙炔气减压器、液化石油气减压器等。氧气减压器是将氧气瓶内的高压氧气调节成工作时所需要的低压氧气的调节装置；乙炔气减压器是将乙炔气瓶内的高压乙炔气调节成工作时所需要的低压乙炔气的调节装置。例如，氧气瓶内的氧气压力最高达15MPa，经过减压器调节后，可降为工作时的压力0.1~0.4MPa；乙炔气瓶内的乙炔气压力最高可达1.5MPa，经过减压器调节后，工作时的压力最大不超过0.15MPa。

4. 回火保险器

在气焊与气割过程中，由于气体供应不足，或管道与焊嘴阻塞等原因，均会导致火焰沿乙炔导管向内逆燃，这种现象称为回火。回火容易引起乙炔气瓶（或乙炔发生器）发生爆炸。为了防止这种事故的发生，必须在导管与乙炔气瓶（或乙炔发生器）之间装上回火保险器。

5. 焊炬

焊炬是气焊时用于控制气体与氧气的混合比例、流量及火焰并进行焊接的工具。按可燃气体与氧气混合方式的不同，焊炬可分为射吸式焊炬（或称低压焊炬）和等压式焊炬两类。目前使用较多的是射吸式焊炬，如图8-18所示。

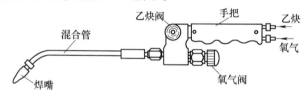

图8-18 射吸式焊炬

（二）气焊工艺

气焊具有设备简单、操作方便、不需电源、成本低等特点，能焊接多种材料，但气焊火焰温度较低，加热缓慢，热影响区较宽，焊件易变形且难于实现机械化。气焊适合焊接厚度在3mm以下的薄钢板、小直径薄壁管、非铁金属及其合金、钎焊刀具及铸铁的补焊等。虽然气焊曾经在金属焊接方面广泛应用，但随着焊接技术的发展，气焊已经逐渐被其他高效率的焊接方法所代替，重要的焊接结构中几乎不再使用气焊。

1. 气焊火焰

气焊时质量的好坏与所用气焊火焰的性质有很大的关系。改变氧气和乙炔气体的体积比，可得到氧化焰、中性焰和碳化焰三种不同性质的气焊火焰，如图8-19所示。

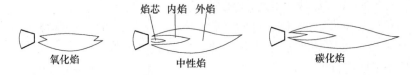

图8-19　氧乙炔火焰种类

（1）氧化焰　火焰中有过量的氧，在尖形焰芯外面形成一个有氧化性的富氧区的火焰称为氧化焰。氧气与乙炔的混合比例大于1.2。由于氧气充足，燃烧剧烈，火焰较短，火焰温度可达3 100～3 300℃，适合于焊接黄铜、锰黄铜、镀锌钢板等。

（2）中性焰　在一次燃烧区内既无过量氧又无游离碳的火焰称为中性焰。氧气与乙炔的混合比例是1～1.2。氧气与乙炔充分燃烧，内焰的最高温度，可达3 000～3 200℃，适合于焊接低碳钢、高碳钢、低合金钢、不锈钢、灰铸铁、纯铜、锡青铜、铝及其合金、铅锡合金、镁合金等。

（3）碳化焰　火焰中含有游离碳，具有较强还原作用，也有一定渗碳作用的火焰为碳化焰。氧气与乙炔的混合比例小于1。此时乙炔过剩，火焰较长，火焰温度可达2 700～3 000℃，适合于焊接高碳钢、高碳合金钢（如高速钢）、铸铁及硬质合金等。

2. 接头形式与坡口形式

气焊时主要采用对接接头，而角接接头和卷边接头只是在焊薄板时使用。搭接接头和T形接头很少采用，因为这种接头容易产生较大的变形。在对接接头中，当焊件厚度小于5mm时，可以不开坡口，只留0.5～1.5mm的间隙，厚度大于5mm时必须开坡口。坡口的形式、角度、间隙及钝边等与焊条电弧焊基本相同。

3. 焊丝直径的选择

气焊焊丝的化学成分要求与焊件的化学成分基本相符；焊丝的直径一般是根据焊件的厚度来决定的，见表8-3。

表8-3　气焊焊件厚度与焊丝直径的关系

焊件厚度/mm	1～2	2～3	3～5	5～10	10～15	>15
焊丝直径/mm	1～2	2～3	3～4	3～5	4～6	4～6

4. 焊炬的倾斜角度

焊炬的倾斜角度是指焊嘴长度方向与焊件之间的夹角，如图8-20所示，其大小主要取决于焊件厚度和母材的熔点与导热性等。气焊过程中，焊丝与焊件表面的倾斜角一般为30°~40°，焊丝与焊炬中心线的角度为90°~100°，如图8-21所示。

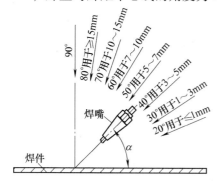

图8-20 焊炬倾斜角度与焊件厚度的关系

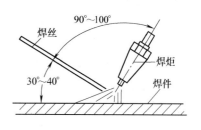

图8-21 焊炬与焊丝的位置

5. 焊接速度

焊接速度与焊件母材的熔点及厚度有关，一般当焊件母材的熔点高、厚度大时焊速应慢些，但在保证焊接质量的前提下应尽量提高焊接速度，以提高劳动生产率。

6. 焊接方向

气焊时，按照焊炬与焊丝的移动方向不同，可分为右向焊法和左向焊法两种，如图8-22所示。

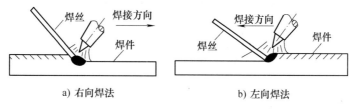

a) 右向焊法　　　　　　　　b) 左向焊法

图8-22 焊接方向

7. 气焊基本操作方法

气焊前，先调节好氧气压力和乙炔压力，装好焊炬，点火时，先微开氧气阀门，再打开乙炔阀门，随后点燃火焰，并将火焰调节成所需要的火焰。在点火过程中，如果有放炮声或火焰熄灭现象，应立即减少氧气或放掉不纯的乙炔气后，再点火。灭火时，应先关乙炔阀门，再关氧气阀门，以免发生回火并减少烟尘。

【安全知识】 乙炔与铜或银长期接触后生成的乙炔铜或乙炔银是一种爆炸性化合物，它们受到剧烈振动或者加热到110~120℃时会引起爆炸。因此，凡是与乙炔接触的器具禁止用银或含铜量超过70%的铜合金制造。另外，乙炔与氯、次氯酸盐反应会发生燃烧和爆炸，因此，乙炔燃烧时，绝对禁止使用四氯化碳来灭火。

二、气割

(一) 气割所用设备和工具

气割与气焊的设备和工具基本相同，不同之处是气焊时采用焊炬，而气割时采用割炬（图8-23）。割炬与焊炬相比，多了一个切割高压氧气管和切割氧阀门；另外，割嘴的结构也与焊嘴不同，周围一圈是预热用氧-乙炔混合气体出口，中间的通道是切割氧气出口，两者互不相通。

割炬的作用是将可燃气体与氧气以一定的方式和比例混合后，形成稳定燃烧并具有一定热能和形状的预热火焰，并在预热火焰的中心喷射切割氧气流进行切割。按可燃气体与氧气混合方式的不同，割炬分为射吸式割炬（或称低压割炬）和等压式割炬两类，其中射吸式割炬使用广泛。

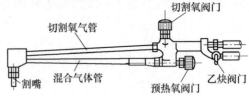

图 8-23　割炬

（二）气割工艺

气割设备简单，操作灵活方便，适应性强，常用于纯铁、低碳钢、低合金结构钢的下料，铸钢浇注冒口的切除及板材开坡口等。气割在中小企业中应用较多，目前正逐渐被半自动切割、数控火焰切割、离子切割和数控等离子弧切割技术等取代。

1. 氧乙炔焰切割金属的条件

利用氧乙炔焰切割金属的条件如下。

1）金属材料的燃点必须低于其熔点。例如，低碳钢的燃点为 1 350℃，熔点为 1 500℃，所以低碳钢具有良好的气割条件。否则，金属在燃烧之间就已经熔化，从而使工件割口过宽且不整齐。

2）燃烧生成的金属氧化物的熔点应低于金属本身的熔点，这样熔渣具有一定的流动性，便于被高压氧气流吹掉。例如，金属铝的熔点是 660℃，而其氧化物的熔点却是 2 050℃，所以金属铝不能采用氧乙炔焰切割。

3）金属在氧气中燃烧时所产生的热量应大于金属本身由于热传导而散失的热量，这样才能保证有足够高的预热温度，使切割过程不断地进行。

2. 气割氧压力

气割氧压力一般根据割炬或板厚选择，通常取 0.2~0.6MPa。随着被割件厚度的增加或割炬型号、割嘴号码的增大，气割氧压力应增大；相反，割件越薄，则气割氧压力越低。

3. 气割速度

气割速度主要由被割件的厚度决定。割件越厚，气割速度越慢；相反，割件越薄，气割速度越快。

4. 割嘴与割件间的倾斜角

割嘴与割件间的倾斜角是指割嘴与气割运动方向之间的夹角，它直接影响气割速度。割嘴倾斜角的大小由割件厚度来确定。直线切割时，当割件厚度为 20~30mm 时，割嘴应与割件表面垂直；厚度小于 20mm 时，割嘴应与切割运动方向相反方向成 60°~70°；当割件厚度大于 30mm 时，割嘴应与切割运动方向成 60°~70°。曲线切割时，不论厚度大小，割嘴都必须与割件表面垂直，以保证割口平整。

割嘴离割件表面的距离可根据预热火焰及割件的厚度决定。一般割嘴离割件表面的距离是 3~5mm，并要求在整个切割过程中保持一致。

5. 基本操作方法

气割前根据割件厚度选择割炬和割嘴，并对割件表面切口处的铁锈、油污等杂质进行清理；割件要垫平，并在下方留出一定的间隙，预热火焰的点燃过程与气焊相同，预热火焰一一般调整为中性焰或轻微氧化焰。气割时将预热火焰对准割件切口进行预热，待加热到金属表层即将氧化燃烧时，再以一定压力的氧气流吹入切割层，吹掉氧化燃烧产生的熔渣，不断移动割炬，切割便可以连续地进行下去，直至切断为止。

第四节 其他焊接方法简介

一、埋弧焊

埋弧焊是指电弧在焊剂层下燃烧进行焊接的方法。埋弧焊属于电弧焊的一种，可分为自动埋弧焊和半自动埋弧焊两种。埋弧焊的工作原理是，电弧在颗粒状的焊剂下燃烧，焊丝由送丝机构自动送入焊接区，电弧沿焊接方向的移动靠手工操作或机械自动完成（分别称为半自动埋弧焊和自动埋弧焊）。

自动埋弧焊设备如图8-24所示。电源接在导电嘴和焊件上，颗粒状焊剂通过软管均匀地撒在被焊的位置，焊丝被送丝电动机自动地送入电弧燃烧区，并维持选定的弧长，在焊接小车的带动下，以一定的移动速度完成焊接。

自动埋弧焊的优点是：允许采用较大的焊接电流使生产率提高，焊缝保护好，焊接质量高，能节省材料和电能，无弧光、无飞溅、烟雾少，劳动条件好，容易实现焊接自动化和机械化。缺点是焊接时

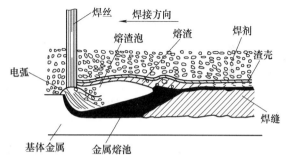

图8-24 埋弧自动焊示意图

电弧不可见，不能及时发现问题，接头的加工与装配要求较高，设备较昂贵，焊前准备时间长。

埋弧焊主要用于焊接低碳钢、低合金高强度钢，也可用于焊接不锈钢、耐热钢、低温钢及纯铜等。特别适合于大批量焊接较厚的大型结构件的直线焊缝和大直径环形焊缝。

二、气体保护焊

气体保护焊是利用外加气体作为电弧介质并保护电弧和焊接区的电弧焊，简称气体保护焊或气电焊。气体保护焊按所用的电极材料不同，可分为熔化极气体保护焊和非熔化极气体保护焊两种；按所用保护气体的不同，可分为氩弧焊、二氧化碳气体保护焊、氮弧焊、氦弧焊等。

1. 氩弧焊

氩弧焊是以氩气作为保护气体的气体保护焊。按所用的电极材料不同，氩弧焊可分为非熔化极（钨极）氩弧焊和熔化极氩弧焊两种，如图8-25所示。

氩弧焊的特点是：氩弧焊是一种明弧焊，便于观察，操作灵活，适宜于各种位置的焊接，焊后无熔渣，易实现焊接自动化；焊缝表面成形好，具有较好的力学性能；焊接电弧燃烧稳定，飞溅较小；可焊接1mm以下薄板及某些异种金属。但氩弧焊所用的设备及控制系统比较复杂，维修困难，氩气价格较贵，焊接成本高。

氩弧焊应用范围广泛，几乎可以用于所有的钢材、非铁金属及其合金。氩弧焊通常用于焊接铝、镁、钛及其合金，低合金钢，耐热合金等，但对于低熔点和易蒸发的金属焊接困难。

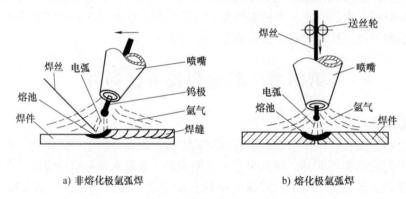

a) 非熔化极氩弧焊　　　　　　　b) 熔化极氩弧焊

图 8-25　氩弧焊示意图

2. 二氧化碳气体保护焊

二氧化碳气体保护焊是用二氧化碳气体作为保护气体的气体保护焊。它是以可熔化的焊丝作电极，以自动或半自动的方式进行焊接，如图 8-26 所示。焊接时焊丝连续送进，二氧化碳气体从喷嘴中以一定流量喷出，电弧引燃后，电弧与熔池被二氧化碳气体包围，防止空气侵入。二氧化碳是氧化性气体，高温下能使钢中的合金元素烧损。所以，必须选择具有脱氧能力的合金钢焊丝，如 H08MnSi 等。

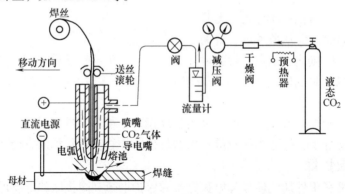

图 8-26　二氧化碳气体保护焊示意图

二氧化碳气体保护焊的特点是：二氧化碳气体来源广，价格低，使用二氧化碳气体保护焊的成本约为埋弧焊的 40% ~ 50%；电弧的穿透能力强，熔池深；明弧操作，无熔渣，焊接速度快，生产率比焊条电弧焊高 2 ~ 4 倍，而且热影响小，焊件变形小，焊接质量高。但二氧化碳气体保护焊的焊接设备较为复杂，要求采用直流电源；焊接时弧光较强，飞溅较大，易产生气孔，焊缝表面不平滑，室外焊接时常受风的影响。二氧化碳气体保护焊主要用于低碳钢和低合金钢薄板等材料的焊接。

三、等离子弧焊

等离子弧是经过压缩的、高能量密度的自由电弧。等离子弧焊就是利用等离子弧作为热源的一种焊接方法。当自由电弧经过水冷却喷嘴孔道时，受到喷嘴细孔的机械压缩；弧柱周围的高速冷却气流使电弧产生热收缩；弧柱的带电粒子流在自身磁场作用下，产生相互吸引力，使电弧产生磁收缩，如图 8-27 所示。

等离子弧焊接的特点是：电弧稳定性好，等离子弧能量易于控制，弧柱温度高（可达 15 700℃ 以上），穿透能力强，焊接质量高，生产率高，焊缝深宽比大，热影响区小。但其焊枪结构复杂，对控制系统要求较高，焊接区可见度较差，焊接最大厚度受到限制。

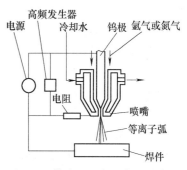

图 8-27 等离子弧发生装置示意图

用等离子弧可以焊接绝大部分金属，但由于焊接成本较高，故主要适于焊接某些焊接性差的金属材料和精细工件等。等离子弧焊常用于不锈钢、耐热钢、高强度钢及难熔金属材料的焊接。此外，还可以焊接厚度为 0.025 ~ 2.5mm 的箔材及板材，也可进行等离子弧切割。

四、电阻焊（接触焊）

电阻焊是工件组合后通过电极施加压力，利用电流流过接头的接触面及邻近区域产生的电阻热进行焊接的方法。生产中根据接头的形式不同，电阻焊分为点焊、缝焊和对焊三种，如图 8-28 所示。

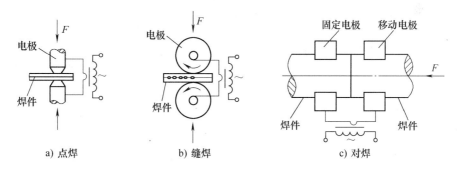

a) 点焊　　　　　　b) 缝焊　　　　　　c) 对焊

图 8-28 电阻焊示意图

电阻焊的特点是：生产率较高，成本较低，劳动条件好，工件变形小，易实现机械化与自动化，由于焊接过程极快，因而电阻焊设备需要相当大的电功率和机械功率。

电阻焊在航空、汽车、自行车、地铁车辆、建筑、量具、无线电等行业中应用广泛，主要用于低碳钢、不锈钢、铝、铜等材料的焊接。其中点焊主要用于厚度在 4mm 以下的薄板的焊接；缝焊主要用于厚度在 3mm 以下的薄板的焊接；对焊主要用于较大截面（直径或边长小于 20mm）焊件与不同种类的金属和合金的对接。

五、电渣焊

电渣焊是利用电流通过液态熔渣所产生的电阻热而进行焊接的一种熔焊方法，如图 8-29 所示。完成一道电渣焊的焊缝需要经历引弧造渣阶段、正常焊接阶段和引出阶段。根据所用电极形状的不同，电渣焊可分为丝极电渣焊、熔嘴电渣焊、板极电渣焊和管极电渣焊。

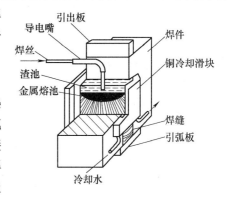

图 8-29 丝极电渣焊示意图

电渣焊时，焊缝尽可能处于垂直位置，当需要倾斜时最大不超过30°。焊件不需开坡口，装配间隙（焊缝宽度）一般为25～38mm，而且是上端大、下端小，一般相差3～6mm。焊缝金属在液态停留时间长，且焊缝轴线与浮力方向一致，因此，不易产生气孔及夹渣等缺陷。焊缝及靠近焊缝区的冷却速度缓慢，对于难焊接的钢材，不易出现淬硬组织和冷裂缝倾向，故焊接低合金高强度钢及中碳钢时，通常不需预热。但焊接热影响区在高温停留时间长，易产生晶粒粗大和过热组织。焊缝金属呈铸态组织，焊接接头冲击韧度低，一般焊后需要正火或回火，以改善接头的组织与性能。

电渣焊生产效率高，劳动卫生条件好，特别适合焊接板材厚度在40mm以上的结构件，可以焊接非合金钢、耐热钢、不锈钢、铝及铝合金等。在重型机械、船舶、压力容器等制造业中应用广泛，主要用于厚壁压力容器纵焊缝的焊接以及大型的铸-焊、锻-焊或厚板拼焊结构的制造。

六、钎焊

钎焊与熔化焊相比，焊件加热温度低、组织和力学性能变化较小，接头光滑平整，可以连接异种金属材料；某些钎焊方法可以一次焊多个工件、多个接头，生产率高。但钎焊接头强度较低，工作温度不能太高。钎焊广泛应用于机械、汽车、轻工、电工电子、航空和航天、核能等领域。钎焊根据钎料熔点的不同，可分为硬钎焊和软钎焊。

1. 硬钎焊

所用钎料熔点在450℃以上的钎焊称为硬钎焊。其焊接强度大约为300～500MPa。属于硬钎焊的钎料有铜基、铝基、银基、镍基、锰基钎料等，常用的是铜基钎料。硬钎焊时需要加钎剂，对铜基钎料常用硼砂、硼酸混合物。硬钎焊的加热方式有火焰加热、电阻加热、炉内加热、电弧加热、激光加热等，适合于受力较大的工件及工具的焊接。

2. 软钎焊

所用钎料熔点在450℃以下的钎焊称为软钎焊。其焊接强度一般不超过140MPa。属于软钎焊的钎料有锡铅钎料、锡银钎料、铅基钎料、镉基钎料等，常用的为锡铅钎料。软钎焊时所用的钎剂为松香、酒精溶液、氯化锌或氯化锌加氯化氨水溶液。软钎焊时可用铬铁、喷灯或炉子加热焊件。软钎焊常用于受力不大的仪表、导电元件等的焊接。

第五节　常用金属材料的焊接

一、金属材料的焊接性

焊接性是材料在限定的施工条件下焊接成设计要求规定的构件，并满足预定服役要求的能力。它包括两方面的内容，其一是使用焊接性：指在一定工艺条件下所获得的焊接接头或整体结构，满足技术条件所规定的各项使用性能的能力，如对强度、塑性、耐蚀性、低温韧性、抗疲劳、高温抗蠕变等；其二是工艺焊接性：指在一定的焊接工艺条件下，金属材料在焊接中由于受到热作用和冶金作用，所得焊接接头性能发生改变的程度，尤其是对产生裂纹等缺陷的敏感性。例如，钛及钛合金采用气焊和焊条电弧焊进行焊接时，焊接接头会出现气孔、冷裂纹和塑性下降，而采用氩弧焊方法焊接，则焊接接头中就不会出现上述问题。

焊接性是一个相对概念。如果金属材料在比较简单的焊接工艺条件下能够获得优质的焊接接头，我们就说该金属材料的焊接性好；如果金属材料在比较复杂的焊接工艺条件下

（如高温预热、真空保护、焊后热处理等）才能进行焊接，或其焊接接头不能很好地满足使用要求，我们就说该金属材料的焊接性差。例如，低碳钢在一般条件下，不需要复杂的工艺措施，就能获得优质的焊接接头，其焊接性好。但在低温条件下焊接时，就需要采取预热等措施，才能保证焊接接头质量，此时低碳钢的焊接性就变差。金属材料的焊接性主要受其化学成分、焊接方法、构件类型及使用条件四个因素影响。

对于非合金钢及低合金钢，常用碳当量来评定它的焊接性，所谓碳当量是指把钢中的合金元素（包括碳）含量按其作用换算成碳的相当含量的总和。国际焊接学会推荐的碳当量 CE 的计算公式如下

$$CE = w(C) + w(Mn)/6 + (w(Cr) + w(Mo) + w(V))/5 + (w(Ni) + w(Cu))/15$$

在计算碳当量时，各元素的质量分数都取化学成分范围的上限。

根据一般经验，碳当量 CE < 0.4% 时，淬硬倾向小，产生冷裂纹倾向小，焊接性良好，焊接时不需预热；CE = 0.4% ~ 0.6% 时，淬硬倾向较大，产生冷裂纹倾向明显，焊接性较差，一般需要预热；CE > 0.6% 时，淬硬倾向严重，产生冷裂纹倾向严重，焊接性差，需要较高的预热温度和严格的工艺措施。

二、焊接接头的组织与性能

如图 8-30 所示，金属材料焊接接头包括焊缝区、熔合区和热影响区三部分。焊缝是焊件经焊接后所形成的结合部分。熔合区是焊接接头中焊缝向热影响区过渡的区域，即焊缝与母材交接的过渡区，熔合区的范围很窄（非合金钢电弧焊时宽度仅为 0.133 ~ 0.5mm）。热影响区是焊接或切割过程中金属材料（但未熔化）因受热影响而发生金相组织和力学性能变化的区域。

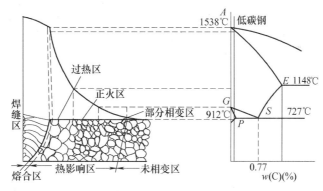

图 8-30　低碳钢熔焊接头组织示意图

1. 焊缝

焊缝组织是由熔池金属结晶后得到的铸态组织。熔池中金属的结晶一般从液固交界的熔合线上开始，晶核从熔合线向两侧和熔池中心长大。由于晶核向熔合线两侧生长受到相邻晶体的阻挡，所以，晶核主要向熔池中心长大，这样就使焊缝金属获得柱状晶粒组织。由于熔池较小，熔池中的液态冷却较快，所以，柱状晶粒并不粗大。另外，由于焊条中含有合金元素，因此可以保证焊缝金属的力学性能与母材相近。

2. 熔合区

熔合区在焊接过程中始终处于半熔化状态，该区域晶粒粗大，塑性和韧性差，化学成分不均匀，容易产生裂纹，是焊接接头组织中力学性能最差的区域。

3. 热影响区

热影响区由于温度分布不均匀，可以将热影响区分为过热区、正火区和部分相变区。

（1）过热区　它是指热影响区中，热影响温度接近于铁碳合金相图中的 AE 线，冷却后具有过热组织或晶粒显著粗大的区域。过热区的塑性和韧性最差，容易产生焊接裂纹，该区域是焊接接头组织中最薄弱的区域。

（2）正火区　它是指热影响区中，热影响温度接近于 Ac_3 线，具有正火组织特征的区域。该区域的组织冷却后获得细小均匀的铁素体和珠光体组织。正火区组织的性能较好，优于母材，是焊接接头组织中性能最好的区域。

（3）部分相变区　它是指热影响区中，热影响温度处于 $Ac_1 \sim Ac_3$ 线之间，是部分组织发生相变的区域。该区域的组织冷却后得到细小铁素体和珠光体组织，但组织不均匀，力学性能略有下降。

三、常用金属的焊接

1. 非合金钢的焊接

（1）低碳钢的焊接　低碳钢的碳的质量分数较小，塑性好，一般没有淬硬与冷裂倾向，所以，低碳钢的焊接性良好。一般不需预热，几乎所有的熔焊和压焊方法都可获得优良的焊接接头。只有在厚度大的大型结构件以及在 0℃ 以下环境中焊接时，需要考虑采取预热措施。

（2）中碳钢和高碳钢的焊接　中碳钢和高碳钢的碳的质量分数较高，淬硬与冷裂倾向较大，焊接性较差。因此，焊前必须预热及焊后进行热处理。

2. 低合金钢和合金钢的焊接

当低合金钢的屈服强度在 400MPa 以下，碳当量较小时，其焊接性良好；屈服强度在 400MPa 以上，碳当量较大时，淬硬倾向较大，其焊接性较差，焊前需预热，焊后还要热处理。中、高合金钢的碳当量较大，其焊接性更差，因此，焊接时必须采取措施，通常是焊前预热，焊后热处理。

3. 铸铁的焊接

铸铁的焊接性较差，焊接时焊缝金属的碳和硅等元素烧损较多，易产生白口组织及裂纹。因此，焊接时必须采取严格的工艺措施，一般采取焊前预热焊后保温缓冷以及通过调整焊缝化学成分等方法来防止白口组织及裂纹的产生。

4. 铜及铜合金的焊接

铜及铜合金的焊接性一般较差，同时由于铜的热导率高，焊接时母材和填充金属难以熔合，容易产生变形、气孔及热裂纹，焊接接头性能低，因此，必须采用大功率热源，必要时还要采取预热措施。生产中一般采用不同的焊接方法来焊接不同的铜合金，这样可以改善铜及铜合金的焊接性。目前常用氩弧焊焊接纯铜、黄铜、青铜及白铜；黄铜还可采用气焊。另外，还可以采用钎焊及等离子弧焊等方法进行焊接。

【安全知识】　焊接黄铜时易产生锌蒸发现象。蒸发的锌会在焊接区产生一层白色烟雾，不仅使焊接操作困难，而且还影响焊工身体健康。此外，锌的蒸发还使黄铜的力学性能降低。为了防止锌的蒸发可采用含硅的焊丝，因为硅氧化后会在熔池的表面形成一层氧化物薄膜，可阻止锌的蒸发。

5. 铝及铝合金的焊接

铝及铝合金的焊接一般较为困难，铝极易生成熔点（2 050℃）很高的氧化铝薄膜，其密度比纯铝大 1.4 倍，且易吸收水分，焊接时易形成气孔、夹渣等缺陷；铝的热导率高，焊接时消耗的热量多，必须采用大功率的热源；铝的线胀系数较大，熔点低，液态时溶解氢的能力很强，易使焊件产生变形、气孔和热裂纹。此外，铝及铝合金从固态转变为液态时，无明显的颜色变化，使操作者难以掌握加热温度。生产中一般采用不同焊接方法来焊接不同的铝或铝合金。目前最常用的是氩弧焊，它适合于各类铝合金。此外，气焊适用于不重要的结构件，焊条电弧焊适合于焊接 4mm 以上的铝板。另外，等离子弧焊及电子束焊也适宜于焊接不同的铝合金。

第六节 焊接应力、焊接变形及焊接缺陷

一、焊接应力与焊接变形产生的原因

焊接是一种局部加热的工艺过程。焊后当焊件温度冷至室温时，残存于焊件中的内应力则为焊接应力。焊后残存于焊件上的变形称为焊接变形，焊接变形是由于焊接应力超过焊件的屈服强度（R_m）时产生的。焊接应力和焊接变形的大小，一方面取决于材料的线膨胀系数、弹性模量、屈服强度、热导率、比热、密度等，另一方面还取决于工件的形状、尺寸和焊接工艺。

焊接应力是形成各种焊接裂缝的因素之一。焊接应力与变形在一定的条件下，还影响焊接结构的性能，如强度、刚度、受压时的稳定性，尺寸的准确性、稳定性、加工精度，耐蚀性等。因此，在焊接过程中，应尽可能减少焊接应力与变形，以保证焊接结构有较高的质量。

二、焊接变形的基本形式

焊接结构件在焊接以后，一般都会发生变形，而且变形的形式较为复杂。常见的焊接变形可归纳为收缩变形、角变形、弯曲变形、扭曲变形、波浪变形五种基本形式，如图 8-31 所示。

a) 收缩变形　　　b) 角变形　　　c) 弯曲变形　　　d) 扭曲变形　　　e) 波浪变形

图 8-31　常见的焊接变形形式

三、预防和减少焊接应力与焊接变形的措施

预防和消除焊接应力与焊接变形一般从设计方面和工艺方面采取措施。

1. 设计方面可采取的措施

（1）选用合理的焊缝尺寸和形状　在保证焊接结构件有足够的承载能力的前提下，应尽量采用尺寸小的焊缝。对仅起连接作用和受力不大的角焊缝，应按板厚选取工艺上可能的最小尺寸。

（2）尽可能减少焊缝数量　焊接结构应尽量选用型材、冲压件、铸件等。这样能减少焊缝数量，简化焊接工艺，使焊接应力与变形减少，保证焊接质量。

（3）尽可能使焊缝分散，避免集中　两条平行焊缝一般要求相距100mm以上，其他焊缝也应保持足够的距离，这样可以避免应力集中、焊接变形和其他缺陷，提高焊件质量。

（4）合理安排焊缝位置　只要结构上允许，应尽可能使焊缝对称于焊件截面的中性轴或者接近中性轴，这样可以使焊接弯曲变形消除或减小到最低程度。

（5）焊接接头的厚薄处要逐渐过渡　如图8-32所示，当接头两侧的焊件厚度差别很大时，由于热量不均匀，易引起应力集中，或产生其他焊接缺陷。

（6）采用刚性较小的接头形式　如图8-33所示，采用翻边连接代替插入式连接，可降低焊缝的拘束度，减少焊接应力。

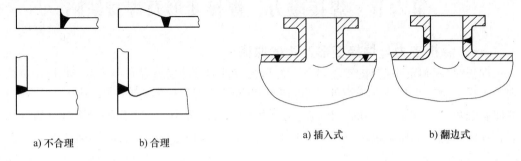

a) 不合理　　　　　b) 合理　　　　　　　　　a) 插入式　　　　　b) 翻边式

图8-32　焊接接头厚薄处要逐渐过渡　　　　　　　图8-33　焊接管连接

2. 工艺方面可采取的措施

（1）焊前进行预热，焊后进行保温缓冷　这样可以减少焊缝区和焊件其他部分的温差，降低焊缝区的冷却速度，使焊件能较均匀地冷却下来，从而减少残余应力和变形的产生。但此工艺措施增加了焊接成本，只适用于焊接性较差的金属材料。

（2）采用合理的焊接顺序和焊接方向　在选择焊接顺序和焊接方向时，应尽量使焊缝能比较自由地收缩。焊接时，应先焊收缩量较大的焊缝，后焊收缩量较小的焊缝。先焊错开的短焊缝，后焊直通的长焊缝，如图8-34a所示。对称的截面梁应按对角方式进行焊接，如图8-34b所示。

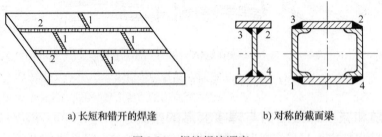

a) 长短和错开的焊逢　　　　　　　b) 对称的截面梁

图8-34　焊缝焊接顺序

（3）采用反变形法　焊前先将焊件向焊接变形相反的方向进行变形，待焊接变形产生时，焊件各部分则可回复到正常位置，从而达到消除焊接变形目的，如图8-35所示。

（4）采用刚性固定法　利用夹具或其他一些工具与方法，将焊件固定在正常位置上，焊接时焊件被强制固定不能产生变形，从而减少焊后变形。

（5）焊后及时消除应力 对于一些重要结构，焊后应及时消除所产生的内应力。常用的方法有：整体高温回火、局部高温回火、机械拉伸焊接结构、对焊件进行振动等，这些方法都能不同程度地降低焊接内应力。

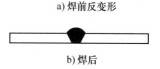
a) 焊前反变形

b) 焊后

图 8-35 反变形法示意图

四、矫正焊接变形的方法

焊后对焊接变形进行矫正是必不可少的一个工序，常用的矫正焊接变形的方法有机械矫正法和火焰矫正法两类。

机械矫正法是在冷态或热态下利用外力使焊件产生变形的部位，再产生相反的塑性变形以抵消原来的变形，使焊件恢复正常。机械矫正法通常采用压力机、千斤顶、专用矫正机和手锤等对焊件变形部位或其他部位施加一定的力，使焊件变形消失，如图 8-36 所示。机械矫正法简单易行，效果好，应用较普遍，但对高强度钢应用时应慎重，以防断裂。

火焰矫正法是利用火焰局部加热焊件，使焊件局部产生结构变形，使较长的金属在冷却后收缩，从而达到矫正变形的目的，如图 8-37 所示。火焰矫正法一般采用氧乙炔火焰，利用气焊焊炬，不需要专门的设备，方法简便、灵活，在生产上广泛应用，但在使用时，必须掌握好火焰加热的变形规律，合理地选择加热位置，控制好恰当的加热量，否则，达不到预期效果。对经过热处理的高强度钢，其加热温度要严格控制不应超过其回火温度。

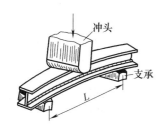

图 8-36 机械矫正法示意图

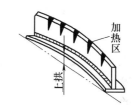

图 8-37 火焰矫正法示意图

五、焊接缺陷

焊接缺陷是指焊接过程中在焊接接头中产生的金属不连续、不致密或连接不良的现象，如未焊透与未熔合、气孔与夹渣、咬边、裂纹等缺陷，如图 8-38 所示。

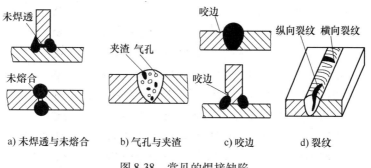

a) 未焊透与未熔合　　b) 气孔与夹渣　　c) 咬边　　d) 裂纹

图 8-38 常见的焊接缺陷

第七节　焊接结构工艺性

焊接结构的质量一方面决定于焊接结构的设计是否合理，另一方面还与焊接结构的工艺性有关。因此，焊接结构要从设计和焊接工艺两方面考虑，以保证获得优质的焊接结构。

一、焊接结构设计时应考虑的因素

为保证焊接结构的质量，进行设计时应考虑以下一些因素。

1）在满足使用性能的前提下，应选用焊接性能好的金属材料来制造焊接结构件，保证焊缝和焊接接头的质量，保证焊接结构具有较高的使用寿命。

2）要考虑焊接接头的工作环境和使用条件，如温度、压力、腐蚀性介质、振动及疲劳等。

3）对于大型焊接结构，应尽可能减少焊前预热和焊后热处理的工作量，降低制造成本。

4）尽量使焊件不再进行或仅需进行少量的切削加工。

5）尽可能减少焊缝数量，减少工作量，便于施焊，创造良好的工作条件。

6）尽可能减小焊接应力和变形的产生。

7）尽量采用新的自动化程度高的焊接技术，提高焊接质量和生产率。

8）焊缝应便于检验，保证检验人员能及早地发现焊接缺陷，确保焊接接头的质量。

二、焊接方法的选择

制造焊接结构时，选择什么样的焊接方法，才能获得质量优良的焊接接头，并具有比较高的劳动生产率，是根据金属材料的焊接性、焊件厚度、产品的接头形式、结构形式、不同焊接方法的适用范围以及所用的焊接方法的生产率和现场拥有的设备条件等进行综合考虑决定的。无论如何选择，最基本的原则是要求焊接结构件质量好、焊接工艺性好、焊接成本低、生产率高。

三、合理布置焊缝的位置

焊缝的位置直接影响到焊件的质量和焊接过程是否能顺利进行，因此，对焊缝要进行科学合理的布置。布置焊缝位置一般应考虑以下几点：

1）焊缝布置应尽量避免仰焊缝，减少立焊缝，尽量将仰焊缝和横焊缝转化为平焊缝。因为平焊操作方便，劳动条件好，生产率高，焊缝质量容易保证。

2）焊缝位置要便于施焊。在布置焊缝时，要留有足够的焊接操作空间，以满足焊接时不同的焊接工具能自如地进行焊接操作，保证焊接质量。图 8-39a 所示焊缝布置不合理，无法施焊，改为图 8-39b 所示焊缝后，操作便能顺利进行。

3）焊缝位置应保证焊接装配工作能顺利进行。如图 8-40 所示是锅炉的局部结构图，由两块平行钢板组成，板间由很多杆件支承，内部承受压力。

图 8-40a 所示的结构工艺性差，需要先把很多个杆件焊在左板上，容易引起钢板产生翘曲变形，然后再把右钢板上的多个孔同时对准多个杆件，显然很难进行装配。如果将焊接结构改成图 8-40b 所示的结构，把左钢板上的焊缝移到外面，先把杆件插入两块钢板的孔内，点焊定位，再把两端与钢板焊在一起，则装配和焊接都非常方便，而且焊后变形也较小。

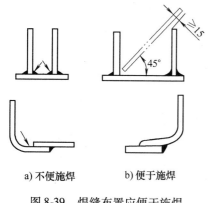

a) 不便施焊　　b) 便于施焊

图 8-39　焊缝布置应便于施焊

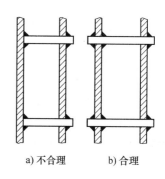

a) 不合理　　b) 合理

图 8-40　锅炉局部构架示意图

4）焊缝应尽量避开最大应力处或应力集中处。通常焊缝处是力学性能较为薄弱的部位，因此，焊缝应避开最大应力位置。如图 8-41a 和图 8-41b 所示，两图是大跨度梁，承受最大应力的截面在梁的中间，图 8-41a 所示结构由两段焊件组成，焊缝在中间位置，是承受最大应力的位置，因此，是不合理的。若改成图 8-41b 所示结构，虽然增加了一条焊缝，但是改善了焊缝的受力情况，可以提高横梁的承载能力。另外，焊缝位置应避开应力集中部位，图 8-41c 和图 8-41d 所示是球面封头与筒身相连接的焊接结构，图 8-41c 所示的焊缝在应力集中处是不合理的；图 8-41d 所示焊缝则避开了应力集中处，而且便于操作与检验，所以是合理的。

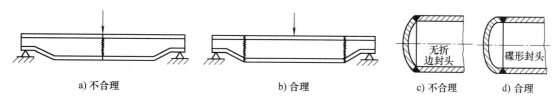

a) 不合理　　　　　　b) 合理　　　　　c) 不合理　d) 合理

图 8-41　焊缝应避开最大应力处和应力集中处

5）焊缝应尽量分散、错开和对称布置，以抵消或减少焊接变形，如图 8-42 所示。

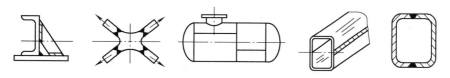

图 8-42　焊缝的合理布置

6）焊缝应尽量远离切削加工面。焊接结构上的加工面有两种不同的情况：其一是对焊接结构的位置精度要求较高时，一般应先焊接，然后再进行切削加工，以确保焊件的加工精度；其二是对焊接结构的位置精度要求不高时，可以先对焊件进行切削加工，再对加工好的零件进行焊接。

第八节　焊接新技术简介

随着科学技术和机械制造工业的发展以及新材料的不断涌现，焊接技术也在不断地发展和提高。目前焊接技术的发展具有如下特点：第一是面对不断出现的新材料和某些特殊的结构件要求，涌现出了新的焊接技术，如真空电子束焊、激光焊、真空扩散焊等；第二是改进目前已普遍应用的焊接方法，提高其焊接质量、生产率和综合效益，如已经推广应用的三丝埋弧焊、脉冲氩弧焊、窄间隙焊等；第三是积极采用以计算机为核心的控制技术和焊接机器人，提高焊接效率、工艺水平和自动化程度；第四是逐步实现清洁生产，减少污染和危害。下面介绍部分成熟的焊接新技术。

一、摩擦焊

摩擦焊是指利用焊件表面相互摩擦所产生的热，使端面达到热塑性状态，然后迅速顶锻，完成焊接的一种压焊方法，如图 8-43 所示。其特

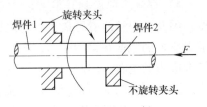

图 8-43　摩擦焊示意图

点是焊接变形小、质量高，能够进行全位置焊接，操作简单，无烟尘、辐射、飞溅、噪声、弧光等危害，易实现焊接自动化，生产率高，尤其适合于焊接异种材料，如铜与铝的焊接、铜与不锈钢的焊接等，但摩擦焊设备投资较大，工件必须有一个是回转体，不易焊接摩擦系数小或脆性材料。摩擦焊主要用于等截面的杆状工件焊接。

二、超声波焊

超声波焊是指利用超声波的高频振荡能对焊件接头进行局部加热和表面清理，然后施加压力实现焊接的一种压焊。进行超声波焊时，由于无电流流经工件，无火焰，无电弧热源的影响，所以，焊件表面无变形和热影响区，表面不需严格清理，焊接质量高，焊接速度快。超声波焊接适合于焊接厚度小于 0.5mm 的工件，特别适合于焊接异种材料。

三、爆炸焊

爆炸焊是指利用炸药爆炸产生的冲击力造成焊件迅速碰撞，实现焊接连接的一种压焊方法。可以说，任何具有足够强度和塑性并能承受工艺过程所要求的快速变形的金属，均可以进行爆炸焊。爆炸焊的质量较高，工艺操作比较简单，适合于一些工程结构件的连接，如螺纹钢的对接、钢轨的对接、导电母线的过渡对接、异种金属的连接等。

四、激光焊

激光焊是指以聚焦的激光束作为能源轰击焊件所产生的热量进行焊接的方法。其特点是能量密度高，焊接速度快；焊缝窄，热影响区和变形很小；灵活性较大，不需要焊接设备与焊件接触，可以用反射镜或偏转镜将激光在任何方向弯曲或聚焦，还可用光导纤维将其引到难以接近的部位进行焊接；可以进行同种金属和异种金属之间的焊接，也可以焊接玻璃钢等非金属材料。但激光焊的设备投入大，对高反射率的金属直接进行焊接比较困难。

五、计算机在焊接技术中的应用

计算机在焊接技术中的应用已取得了很多的成果，并获得了较好的经济效益，例如，电弧焊的跟踪自动控制，就是一种利用计算机以焊枪、电弧或熔池中心相对接缝或坡口中心位

置偏差为检测量，以焊枪位移量为操作量组成的调节控制系统。利用此系统可以提高焊接质量和效率。此外，焊接优化自适应控制、计算机辅助设计（CAD）、计算机辅助制造（CAM）、焊接机器人等技术，都是计算机在焊接技术中的具体应用和结合。可以说，计算机正逐步成为提高焊接机械化、自动化和智能化的关键，也是目前焊接技术发展的主要方向之一。

【拓展知识——新型氢氧焊割机】 新型氢氧焊割机克服了传统氧乙炔焊割机耗能高、不安全的缺点，采用电解水的原理，将水分解为氢氧混合物，利用其可燃的氢氧混合物进行各种火焰加工，氢氧混合物的燃烧热值是石油的 3 倍，使用成本是氧乙炔焊的 1/10，氢氧混合物燃烧后生成物是水，不污染环境。新型氢氧焊割机可用于钢铁材料、非铁金属的焊接和切割、玻璃制品的封口和烧制。

复习与思考

一、填空题

1. 焊接电弧由_____、_____、_____三部分组成。

2. 采用直流电焊机焊接时，如果将焊件接_____极、焊条接_____极，则电弧热量大部分集中在焊件上，焊件熔化加快，可保证足够的熔深，适用于焊接厚焊件，这种接法称为正接法。

3. 焊条电弧焊的电源可分为弧焊_____器（交流弧焊电源）和弧焊_____器（直流弧焊电源）两类。

4. 电焊条由_____和_____组成。

5. 按焊缝在空间位置的不同，焊接位置分为_____焊位置、_____焊位置、_____焊位置和_____焊位置四种。

6. 焊接接头的基本形式有_____、_____、_____、_____。

7. 气焊的主要设备和工具有_____、_____、_____、_____、_____等。

8. 改变氧气和乙炔气体的体积比，可得到_____焰、_____焰和_____焰三种不同性质的气焊火焰。

9. 焊接变形的基本形式有_____、_____、_____、_____。

10. 预防和消除焊接应力与焊接变形一般从_____方面和_____方面采取措施。

11. 矫正焊接变形的方法有_____矫正法和_____矫正法两大类。

二、单项选择题

1. 下列焊接方法中属于熔焊的有_____。

A. 焊条电弧焊；　　　　B. 电阻焊；　　　　C. 软钎焊

2. 阴极区的温度大约是_____，阳极区的温度大约是_____，弧柱区的温度大约是_____。

A. 2 400K 左右；　　　　B. 2 600K 左右；　　　　C. 6 000 ~ 8 000K

3. 焊接一般结构件时用_____，焊接重要结构件时用_____，当焊缝处有铁锈、油脂等时用_____，要求焊缝抗裂性能高时用_____。

A. 酸性焊条；　　　　　B. 碱性焊条

4. 气焊低碳钢时应选用_____，气焊黄铜时应选用_____，气焊铸铁时应选用_____。

A. 中性焰；　　　　B. 氧化焰；　　　　C. 碳化焰

5. 下列金属中焊接性好的是_____，焊接性差的是_____。

A. 低碳钢与低合金高强度钢；　　　　　B. 铸铁与高合金钢

6. 下列减少和预防焊接变形的措施中哪些是工艺措施_____。

A. 焊前预热、反变形法、刚性固定法等；

B. 减少焊缝数量、合理安排焊缝位置等

三、判断题

1. 焊条电弧焊是非熔化极电弧焊。（　　）

2. 电焊钳的作用就是夹持焊条。（　　）

3. 选用焊条直径越大时，焊接电流也应越大。（　　）

4. 在焊接的四种空间位置中，横焊是最容易操作的。（　　）

5. 所有的金属都能进行氧乙炔焰切割。（　　）

6. 钎焊时的温度都在450℃以下。（　　）

四、简答题

1. 焊条的焊芯与药皮各起什么作用？

2. 用氧乙炔焰切割金属的条件是什么？

3. 预防和减少焊接应力与变形的措施有哪些？

4. 如何合理地布置焊缝？

5. 用直径20mm的低碳钢制作圆环链，少量生产和大批量生产时各采用什么焊接方法？

五、课外探讨与交流

深入社会仔细观察、分析焊接技术在机械装备制造和工程建设方面的应用，分析科学技术在焊接中的应用，并写一篇关于《焊接技术应用与发展》的短文。

第九章　切削加工基础知识

【学习目标与学习方法】

本章主要介绍切削运动、切削用量、切削刀具材料、切削刀具几何角度、切削过程中的物理现象、金属切削机床、各类表面基本切削加工方法、精密加工方法、特种加工、数控加工及机械加工工艺过程等内容。在学习过程中，第一，要理解切削运动、切削用量、切削刀具几何角度等概念；第二，了解切削刀具材料的特性和切削过程中的物理现象；第三，了解各类车床的分类方法和基本功能；第四，了解各类表面的切削加工方法，尤其是外圆表面和圆锥表面的车削加工要作为重点内容学习；第五，本章内容实践性强，学习时要利用模型、挂图、实物、电教片等媒体资料，进行对照学习，加深对内容的理解，同时要初步形成一定程度的实践技能；第六，要仔细地对所学内容进行分类、归纳和总结，提高学习效果。

现代机械设备的精度和性能要求较高，对组成机械设备的大部分机械零件不仅有较高的尺寸和形状要求，而且还有较高的表面粗糙度要求。为了满足这些要求，除少部分零件是采用精密铸造或精密锻造方法直接获得外，大部分机械零件都要部分或全部地依靠切削加工方法获得。切削加工是指在机床上利用切削工具与工件（铸件、锻件等）的相对运动，从工件上切除多余材料，获得符合预定技术要求的零件或半成品零件的加工方法。切削加工是在常温状态下进行的，它包括机械加工和钳工加工两种。机械加工方法主要有：车削、钻削、刨削、铣削、磨削、齿轮加工等，在机械装备制造中占有重要地位，习惯上常说的切削加工往往是指机械加工。钳工一般是由操作人员手持工具对工件进行加工，由于实用工具简单，操作灵活方便，在零件的制造、修理和装配中是不可缺少的加工方法。

第一节　切削加工运动及切削要素

合理选择切削运动和切削用量是切削加工中最常遇到的两个基本问题，准确认识它们是顺利进行切削的基础。

一、切削运动

切削过程中，切削刀具与工件间的相对运动，就是切削运动。它是直接形成工件表面轮廓的运动，如图 9-1 所示。切削运动包括主运动和进给运动两个基本运动。

1. 主运动

主运动是由机床或人力提供的主要运动，它促使切削刀具和工件之间产生相对运动，从而使切削刀具前面接近工件。主运动是直接切除切屑所需要的基本运动。它在切削运动中形成机床的切削速度，也是消耗机床功率最大的运动。一般主运动只有一个，图 9-1a 所示工件的旋转运动即为主运动。机床主运动的速度可达每分钟数百米至数千米，个别情况下切削速度比较低，如刨削、插削、拉削等。

主运动可以是刀具的旋转运动（如钻削时钻头旋转，铣削时铣刀旋转等），也可以是刀具的直线运动（如刨削时刨刀的运动、拉削时拉刀的运动等）。同时，主运动也可以是工件的旋转运动（如车削时工件的转动）或工件的直线运动（如龙门刨床上工件的直线运动）。多数机床的主运动是旋转运动，如车削、钻削、铣削、磨削中的主运动均为旋转运动。

2. 进给运动

进给运动是由机床或人力提供的运动，它使刀具与工件之间产生附加的相对运动，加上主运动，即可不断地或连续地切削，并获得具有所需几何特性的已加工表面。图9-1a 中车刀的轴向移动即为进给运动。进给运动的速度一般远小于主运动速度，而且消耗机床的功率也较少。切削过程中进给运动可能有一个（如钻削时钻头的轴向移动），也可能有若干个（如车削时车刀的纵向移动和横向移动）。进给运动形式有平移的（直线）、旋转的（圆周）、连续的（曲线）及间歇的。直线进给又有纵向、横向、斜向三种。

主运动和进给运动可以由刀具、工件分别来完成，也可以由刀具单独完成主运动和进给运动。

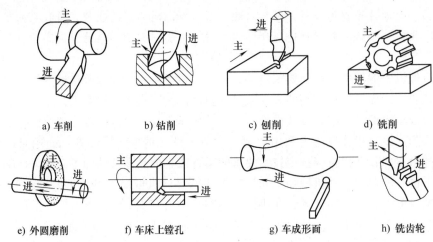

a) 车削　　　　　b) 钻削　　　　　c) 刨削　　　　　d) 铣削

e) 外圆磨削　　　f) 车床上镗孔　　　g) 车成形面　　　h) 铣齿轮

图 9-1　切削运动与进给运动示意图

二、切削用量

切削用量是指在切削加工过程中的切削速度、进给量和背吃刀量的总称。要完成切削过程，切削速度、进给量和背吃刀量三者缺一不可，故它们又称为切削用量三要素。以车削为例，在每次切削中，工件上形成三个表面，如图9-2 所示。

（1）待加工表面　工件上有待切除的表面。

（2）已加工表面　工件上经刀具切削后产生的表面。

（3）过渡表面　工件上由切削刃正在切削的表面，它是待加工表面和已加工表面之间的过渡表面。

1. 切削速度 v_c

在进行切削加工时，刀具切削刃上的某一点相对于待加工表面在主运动方向上的瞬时速度，称为切削速度，其单位为 m/s。当主运动是旋转运动时，切削速度是指圆周运动的线速度，即

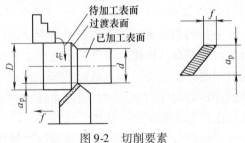

图 9-2　切削要素

$$v_c = \pi D n / (60 \times 1000)$$

式中　D——工件或刀具在切削表面上的最大回转直径（mm）；

　　　n——主运动的转速（r/min）。

当主运动为往复直线运动时，则其平均切削速度为

$$v_c = 2 L_m n_r / (60 \times 1000)$$

式中　L_m——刀具或工件往复直线运动的行程长度（mm）；

　　　n_r——主运动每分钟的往复次数，亦即行程数（str/min）。

2. 进给量 f

进给量是指主运动的一个循环内（一转或一次往复行程）刀具在进给方向上相对工件的位移量。例如，车削时，进给量 f 是工件旋转一周，车刀沿进给方向移动的距离（mm/r）。

3. 背吃刀量 a_p

背吃刀量一般是指工件已加工表面与待加工表面间的垂直距离，也称切削深度，单位为mm。车外圆时的背吃刀量如图9-2所示。

$$a_p = (D - d) / 2$$

式中　D——待加工表面直径（mm）；

　　　d——已加工表面直径（mm）。

切削用量三要素是调整机床运动的主要依据。它直接影响工件的加工质量、刀具的磨损和寿命，机床的动力消耗及生产率。选择切削用量的一般原则是：先尽量选择较大的背吃刀量；再尽量选择较大的进给量；最后尽量选择较大的切削速度。

第二节　切削刀具

切削刀具（简称刀具）是完成切削加工过程必不可少的物质条件之一。要保证工件加工质量，提高切削效率，降低切削加工费用，正确选择切削刀具几乎与正确选择机床同等重要。对于切削刀具来说，切削刀具材料与切削刀具的几何角度是两个最重要的因素。

一、切削刀具材料

切削刀具种类很多，无论哪种切削刀具，一般都是由刀柄与刀头两部分组成。刀柄用于夹持切削刀具，在机床上刀头直接担负切削任务，所以，刀头又称为切削部分。切削加工用的刀具由于切削速度高，切削力大，因此，刀头材料必须具备某些特殊性能，必须用特殊材料制作。作为切削刀具的刀柄部分一般只要求具有足够的强度和刚度即可，普通钢材即可满足这些要求。通常将刀头用焊接（钎焊）或用机械夹固的方法固定在刀柄上，以降低切削刀具的制造成本。但也有因工艺上的原因采用同一种材料制成整体式切削刀具。通常所说的切削刀具材料实际上是指刀头部分。

1. 切削刀具材料应具备的基本性能

切削加工过程中刀头部分受到高温、高压和强烈摩擦作用，因此，切削刀具材料必须具备如下性能。

（1）高硬度和高耐磨性　切削刀具材料的硬度一般必须大于被切削材料的硬度，室温下一般要求60~65HRC，满足足够的切削工作时间，提高切削效率。

（2）高热硬性　热硬性是指切削刀具在高温下保持其高硬度和高耐磨性的能力。

（3）较好的化学稳定性　化学稳定性指切削刀具在切削过程中不发生粘结磨损及高温扩散磨损的能力。

（4）足够的强度和韧性　要求切削刀具在切削过程中能够承受冲击和振动而不破坏的能力。

除上述基本性能外，切削刀具材料还应该具备良好的热塑性、磨削加工性、焊接性、热处理工艺性等，以便于加工制造。

2. 常用刀具材料的种类及选用

目前切削刀具材料主要有：碳素工具钢与合金工具钢、高速钢、硬质合金及其他刀具材料（如金属陶瓷、氮化硅陶瓷、立方氮化硼、金刚石等）。

（1）碳素工具钢　碳素工具钢淬火后有较高的硬度（60 ～ 64HRC 或 81 ～ 83HRA），价格低，但它的热硬性差，在 200 ～ 250℃ 时硬度就明显下降。所以，碳素工具钢允许的切削速度较低（$v_c < 10\text{m/min}$），主要用于制作手工用切削刀具及低速切削刀具，如手工用铰刀、丝锥、板牙等，不宜用来制造形状复杂的刀具。常用的碳素工具钢有 T10 钢或 T10A 钢、T12 钢或 T12A 钢等。

（2）合金工具钢　合金工具钢的热硬性温度约为 300 ～ 350℃，硬度高（60 ～ 65HRC 或 81 ～ 84HRA），允许的切削速度比碳素工具钢稍高些，多用来制造形状比较复杂，要求淬火后变形小的切削刀具，如冷剪切刀、板牙、丝锥、铰刀、搓丝板、拉刀等。常用的合金工具钢有 9SiCr 钢、CrWMn 钢、Cr12MoVA 钢等。

（3）高速钢　高速钢的热硬性温度可达 550 ～ 650℃，硬度高（63 ～ 70HRC 或 83 ～ 87HRA），允许的切削速度比碳素工具钢高 1 ～ 2 倍，适用于制作切削速度较高的精加工切削刀具和各种复杂形状的切削刀具，如车刀、铣刀、麻花钻头、丝锥、滚刀、拉刀、铰刀、宽刃精刨刀等。常用高速钢有 W18Cr4V 钢、W6Mo5Cr4V2 钢、W2Mo9Cr4V2 钢和 W12Cr4V5Co5 钢等。

（4）硬质合金　硬质合金热硬性温度高达 800 ～ 1000℃，具有很高的硬度（最高可达 92HRA），允许的切削速度约为高速钢的 4 ～ 10 倍。但硬质合金韧性较差，怕振动和冲击，成形加工较难，主要用于高速切削，要求耐磨性很高的切削刀具，如车刀、铣刀等。

（5）其他刀具材料　其他刀具材料主要是指陶瓷、立方氮化硼、金刚石等。陶瓷材料的特点是高温时硬度高、耐磨性和化学稳定性好，切屑与刀具的前刀面粘结小，但抗弯强度和冲击韧度差，随着对陶瓷刀具材料的研究和改进，陶瓷刀具材料的应用会越来越广。立方氮化硼和金刚石的硬度高、价格高，仅用于某些特殊材料的精加工等。

二、切削刀具的角度

为了提高切削质量和效率，切削刀具的切削部分（刀头）必须具有合理的几何形状，即组成刀具切削部分的各表面之间应有正确的相对位置，这种位置是靠刀具角度来保证的。

切削刀具的种类繁多，尺寸大小和几何形状的差别也较大，但切削刀具的几何角度却有共同之处，其中以车刀最具有代表性，它是最简单也是最常用的切削刀具，其他刀具都可看作是车刀的演变和组合。因此，认识了车刀的结构，也就初步了解了切削刀具的共性。

（一）车刀切削部分的组成

最常用的外圆车刀切削部分由三个刀面、两个切削刃和一个刀尖组成，简称三面、两刃、一尖，如图 9-3 所示。

（1）前面　切削刀具上切屑流过的表面称为前面。切削刀具前面可以是平面，也可以是曲面，目的是使切屑顺利流出。

（2）后面　与工件上切削中产生的过渡表面相对的表面，称为后面，又称后刀面。它倾斜一定角度以减小与工件的摩擦。

（3）副后面　切削刀具上同前面相交形成副切削刃的后面称为副后面。它倾斜一定角度以免擦伤已加工表面。

（4）主切削刃　前面与后面的交线称为主切削刃。它担负主要的切削任务。

（5）副切削刃　前面与副后面的交线称为副切削刃。即切削刃上除主切削刃外的刀刃，仅担负少量切削任务。

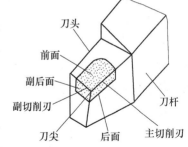

图 9-3　外圆车刀组成示意图

（6）刀尖　主切削刃与副切削刃的连接处相当少的一部分切削刃，称为刀尖。刀尖并非绝对尖锐，一般呈圆弧状，以保证刀尖有足够的强度和耐磨性。

（二）车刀切削部分的几何参数

1. 辅助平面

为了确定车刀各刀面及切削刃的空间位置，必须选定一些坐标平面和测量平面作为基准，二者统称为辅助平面。常用的辅助平面有：基面、切削平面和正交平面等。

（1）基面　过切削刃选定点的平面，它平行（或垂直）于刀具在制造、刃磨及测量时适合于安装或定位的一个平面（或轴线），称为基面。一般来说，基面的方位垂直于假定的主运动方向。

（2）切削平面　通过切削刃选定点与切削刃相切并垂直于基面的平面，称为切削平面。过切削刃上任一点的切削平面与基面互相垂直，如图 9-4 所示。

（3）正交平面　通过切削刃选定点并同时垂直于基面和切削平面的平面称为正交平面。车刀的基面、切削平面、正交平面在空间上是相互垂直的，如图 9-5 所示。

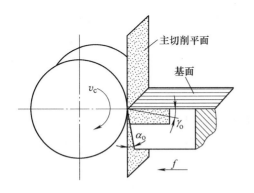

图 9-4　基面与切削平面的空间位置

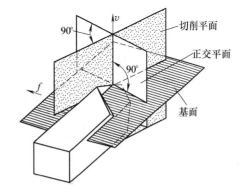

图 9-5　基面、切削平面和正交平面的空间关系

2. 切削刀具角度的基本定义

普通外圆车刀一般有：前角 γ_o、后角 α_o、副后角 α_o'、主偏角 κ_r、副偏角 κ_r'、刃倾角

λ_s、楔角 β_o、切削角 δ、刀尖角 ε_r、副前角 γ'_o 10 个角度，如图 9-6 所示。

（1）前角 γ_o　在正交平面中测量的由前面与基面构成的夹角，称为前角。前角表示前面的倾斜程度，并有正、负和零之分。增大前角，切削刀具锋利，切削轻快，但前角太大，则切削刀具强度降低。硬质合金车刀的前角一般是 $-5° \sim +25°$。当工件材料硬度较低、塑性较好或精加工时，前角取较大值，反之，前角取较小值。

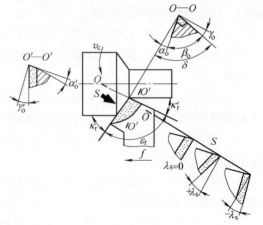

（2）后角 α_o　在正交平面中测量的后面与切削平面构成的夹角，称为后角。后角表示后面的倾斜程度，后角增大，可减小切削刀具后面与工件之间的摩擦。但后角太大，则刀具强度降低。粗加工时，后角一般取 $6° \sim 8°$；精加工时，后角一般取 $10° \sim 12°$。

图 9-6　外圆车刀的 10 个角度

（3）副后角 α'_o　在正交平面中测量的由副后面与副切削平面之间构成的夹角，称为副后角。它表示副后面的倾斜程度。

以上三个角度表示车刀三个刀面的空间位置，都是两平面之间的夹角。

（4）主偏角 κ_r　在基面中测量，由主切削刃在基面上的投影与进给方向之间形成的夹角，称为主偏角。它表示主切削刃在基面上的方位。增大主偏角使进给力加大，有利于消除振动，但刀具磨损加大，散热条件较差。主偏角一般为 $45° \sim 90°$，粗加工时取较大值，精加工时取较小值。

（5）副偏角 κ'_r　在基面中测量，副切削刃在基面上的投影与进给反方向之间形成的夹角，称为副偏角。它表示副切削刃在基面上的方位。增大副偏角可减小副切削刃与工件已加工表面之间的摩擦，改善散热条件，但工件表面粗糙度值增大。副偏角一般为 $5° \sim 10°$，粗加工时取较大值，精加工时取较小值。

（6）刃倾角 λ_s　在切削平面内测量，由主切削刃与基面之间构成的夹角称为刃倾角。规定主切削刃上刀尖为最低时，λ_s 为负值；主切削刃与基面平行时，λ_s 为零；主切削刃上刀尖为最高点时，λ_s 为正值，如图 9-6 所示。刃倾角一般为 $-5° \sim +10°$，粗加工时取负值，精加工时取正值。

上述三个角度表示车刀两个切削刃在空间的位置。

以上 6 个角度为切削刀具的独立角度，此外还有 4 个派生角度：楔角 β_o、切削角 δ、刀尖角 ε_r、副前角 γ'_o。它们的大小完全取决于前 6 个角度。其中 $\gamma_o + \alpha_o + \beta_o = 90°$；$\kappa_r + \kappa'_r + \varepsilon_r = 180°$。

三、常用车刀

常用车刀的结构形式有：整体式车刀、焊接式车刀（图 9-7a）、机械夹固式车刀（图 9-7b）等。目前应用最多的是焊接式车刀和机械夹固式车刀。车刀按用途可分为外圆车刀、端面车刀、切断刀、镗孔刀、成形车刀、螺纹车刀等。

a) 焊接式车刀

b) 机械夹固式车刀

图9-7　车刀结构

第三节　金属切削过程中的物理现象

金属在切削过程中会伴随着一系列物理现象的产生，如积屑瘤、切削力、切削热、刀具磨损等。研究这些物理现象，对于保证切削质量，提高切削刀具使用寿命，降低生产成本，提高生产率，都有着重要意义。

一、切屑种类

切屑和已加工表面的形成过程，实质上是工件受到切削刀具刀刃和前面挤压后，发生滑移变形，从而使工件被切削层与母体分离的过程。

常见的切屑类型有崩碎切屑、带状切屑和节状切屑三种，如图9-8所示。形成何种类型的切屑主要取决于工件材料的塑性大小、切削刀具前角大小和切削用量。通常切削脆性材料时易形成崩碎切屑，切削塑性材料或高速切削、切削刀具前角大时易形成带状切屑。一般情况下，形成带状切屑时产生的切削力和切削热都较小，而且切削平稳，工件表面粗糙度值小，切削刀具刃口不易损坏，所以，带状切屑是一种较为理想的切屑。但必须采取断屑措施，否则切屑连绵不断，会缠绕在工件和切削刀具上，严重影响切削过程，甚至会造成人身伤害事故。形成崩碎切屑时，切削力波动大，对工件表面粗糙度和提高切削刀具刃口强度均不利。切削脆性材料如铸铁、铸造黄铜等金属材料时，会形成崩碎切屑。其他情况则容易形成节状切屑。

a) 崩碎切屑

b) 带状切屑

c) 节状切屑

图9-8　切屑类型示意图

采用高速切削（$v_c > 100$m/min，使切削刀具前面温度超过600℃）或低速切削（$v_c < 5$m/min，使切削刀具前面温度低于200℃）、增大切削刀具的前角、研磨刀具的前面、使用冷却润滑液等措施，均可以避免刀具产生积屑瘤。

二、总切削力

切削刀具在切削工件时，必须克服被切工件材料的变形抗力，克服切削刀具与工件、切削刀具与切屑之间的摩擦力，才能将切屑切下。切削刀具的总切削力是切削刀具上所有参与切削的各切削部分所产生的切削力的合力。

1. 总切削力

为了便于测量和研究，一般并不直接讨论总切削力 F，而是将它分解成三个相互垂直的分力 F_c（主切削力）、F_f（进给力）、F_p（背向力），如图 9-9 所示。车削时总切削力的计算公式是：

$$F = \sqrt{F_c^2 + F_f^2 + F_p^2}$$

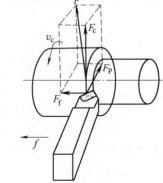

（1）主切削力 F_c　它是总切削力在主运动方向上的正投影，是三个分力中最大者。它大约占总切削力的 80% ~ 90%，消耗机床功率最多。F_c 作用在切削刀具上，使刀片受压，刀柄受弯曲，因此，在实际应用中 F_c 最重要，是核算机床功率、机床刚度，刀柄和刀片强度的主要依据，也是选择切削用量时需要考虑的主要因素。

（2）进给力 F_f　它是总切削力在进给运动方向上的正

图 9-9　车削时总切削力的分解图

投影。由于进给方向速度小，因此，进给力做的功也很小，只占总功率的 1% ~ 5%。进给力是校验机床走刀机构强度的依据。

（3）背向力 F_p　它是总切削力在垂直于进给方向的分力，是与切削深度方向平行的分力，作用在工件的半径方向。车内外圆和磨内外圆时背向力不做功，但会引起工件轴线纵向弯曲变形，因而使轴与孔在长度方向切除的量不均匀，使轴与孔各处直径不相同而变成腰鼓形。另外，背向力还容易引起工件振动。增大主偏角可以减小背向力。

2. 影响总切削力的因素与减小总切削力的措施

（1）工件材料　工件材料的强度、硬度越高，即变形抗力越大，则总切削力也越大。

（2）切削用量　背吃刀量 a_p 和进给量 f 加大时，切削力明显增大。但 a_p 的影响比 f 大，a_p 增大一倍，总切削力增大一倍；进给量增大一倍，总切削力增加 70% ~ 80%。由此看来，减小背吃刀量 a_p 可有效地降低总切削力。但减小背吃刀量会使生产率降低，所以，单纯地靠减小背吃刀量来减小总切削力并不是理想措施。从减小总切削力又不降低生产率考虑，取较大的进给量和较小的背吃刀量是合理的。切削速度 v_c 对总切削力的影响较小。

（3）切削刀具几何角度　增大前角可有效地减小总切削力；增大主偏角 κ_r，F_f 增大，F_p 减小，有利于减少工件变形和振动。

（4）冷却润滑条件　充分的冷却润滑，可使总切削力减小 5% ~ 20%。同时还有利于减少切削刀具与工件的切削热。实验证明：充分的冷却润滑可使切削区的平均温度降低 100 ~ 150℃。

三、切削热

在切削过程中，机床所消耗的功几乎全部转化为热量，所以，切削热的大小反映了切削过程中消耗功的大小，切削热的直接来源有两个：内摩擦热和外摩擦热。内摩擦热是由切削层金属的弹、塑性变形产生；外摩擦热是由切屑与切削刀具前面、过渡表面，工件与切削刀具后面，已加工表面与刀具副后面之间的摩擦产生的。切削热对切削刀具与被加工零件有如下一些影响：

1）使切削刀具硬度降低，造成切削刀具很快磨损。

2）造成工件温度过高，可能导致工件内部组织发生变化，影响工件的使用性能。

3）使工件膨胀变形，影响测量精度及加工精度。

由此可见，减小切削热并降低切削温度对提高切削质量是很重要的。一般来说，所有能够减小总切削力的措施都可减少切削热，如合理选择切削用量，合理选择切削刀具材料和刀具的几何角度等。

四、切削刀具的磨损与切削刀具的寿命

在切削过程中由于切削刀具前后刀面始终处于摩擦和切削热的作用下，因此，切削刀具发生磨损是必然的。切削刀具磨损形式主要有：后刀面磨损、前刀面磨损、前后两刀面同时磨损三种。一把新的切削刀具使用几十分钟或十几小时就会变钝，因此，切削刀具必须重新刃磨，否则，将影响切削质量与切削效率。我们把切削刀具两次刃磨中间的实际切削时间称为切削刀具的寿命，单位是 min。

影响切削刀具寿命的因素很多，如切削刀具材料、刀具角度、切削用量和冷却润滑情况等，其中以切削速度影响最大。因此，生产上常常限定切削速度，以保证切削刀具的寿命。

第四节　金属切削机床的分类和编号

金属切削机床简称为机床，是用切削刀具对工件进行切削加工的机器，它是机械装备制造的主要加工设备。

一、金属切削机床的分类

目前我国金属切削机床的分类方法主要是按加工性质和所用切削刀具进行分类的，共分为 11 大类。金属切削机床按其工作原理可划分为：车床、钻床、镗床、刨插床、铣床、磨床、拉床、齿轮加工机床、螺纹加工机床、锯床和其他机床。其中最基本的金属切削机床是：车床、铣床、钻床、刨床和磨床。同一类金属切削机床中，按加工精度不同，可分为普通机床、精密机床和高精度机床三个等级；按使用范围可细分为通用机床和专用机床；按自动化程度可分为手动机床、机动机床、半自动机床和自动化机床；按尺寸和质量大小可分为一般机床和重型机床等。

二、金属切削机床型号的编制方法

金属切削机床的型号是用来表示机床的类别、主要参数和主要特征的代号。金属切削机床的型号由大写汉语拼音字母和阿拉伯数字组成。

1. 金属切削机床的类代号

机床型号的第一个字母表示机床的类，并按名称的汉语拼音的第一个大写字母表示（见表9-1）。

表9-1　机床的类和分类代号

类	车床	钻床	镗床	磨床			齿轮加工机床	螺纹加工机床	铣床	刨插床	拉床	锯床	其他机床
代号	C	Z	T	M	2M	3M	Y	S	X	B	L	G	Q
读音	车	钻	镗	磨	二磨	三磨	牙	丝	铣	刨	拉	割	其

2. 金属切削机床的特性代号

金属切削机床的特性代号包括通用特性和结构特性，也用汉语拼音字母表示。当某类机床，除有普通型式外，还有如表 9-2 中所列的各种通用特性时，则应在类别代号之后加上相应的通用特性代号，如 CM6132 型号中"M"表示"精密"之意，是精密普通车床。

表 9-2　机床的通用特性代号

通用特性	高精度	精密	自动	半自动	数控	加工中心（自动换刀）	仿形	轻型	加重型	柔性加工单元	数显	高速
代号	G	M	Z	B	K	H	F	Q	C	R	X	S
读音	高	密	自	半	控	换	仿	轻	重	柔	显	速

结构特性代号是为了区别主参数相同而结构不同的机床，如 CA6140 和 C6140 是结构有区别而主参数相同的普通车床。当机床有通用特性代号，也有结构特性代号时，结构特性代号应排在通用特性代号之后。此外，结构特性代号字母是根据各类机床的情况分别规定的，在不同型号中的含义可以不同。通用特性代号已用的字母及字母"I"、"O"不可作为结构特性代号使用。

3. 金属切削机床的组、系代号

每类机床按其用途、性能、结构相近或有派生关系，分为 10 个组，每个组又分 10 个系列。在机床型号中，跟在字母后面的两个数字分别表示机床的组和系。例如，CM6132 中的"6"表示落地及卧式车床组，"1"表示卧式车床系。

4. 金属切削机床的主参数

机床的主参数表示机床规格的大小和工作能力。在机床型号中，表示机床组和系的两个数字后面的数字表示机床的主参数或主参数的折算值。

5. 金属切削机床的重大改进

规格相同的机床，经改进设计，其性能和结构有了重大改进后，按改进设计的次序，分别用汉语拼音字母 A、B、C……表示，并写在机床型号的末尾。例如，CQ6140B，表示工件最大回转直径为 400mm 的经第二次重大改进的轻型卧式车床。

【拓展知识——金属切削机床发展史】　金属切削车床的发展大致可区分成四个阶段：雏形期、基本架构期、独立动力期与数字控制期。车床的诞生是逐渐演进形成的。早在 4 000 年前就记载有人利用简单的拉弓原理完成钻孔工作，这是有记录最早的机床，并被用于木材的车削与钻孔。车床的英文 Lathe（Lath 是木板的意思）就是由此而来。工业革命前，车床的发展和演变都很慢，木质的床身，速度慢且动力低，除了用在木工外，并不适合进行金属切削，这段时期称为车床的雏形期。18 世纪开始的工业革命，由于各种金属制品被大量使用，为了满足金属零件的加工，车床成了关键性设备。18 世纪初车床的床身已采用金属，结构强度变大，更适合进行金属切削；但结构简单，只能进行车削与螺旋加工。到了 19 世纪才有完全以铁制零件组合完成的车床，再加上诸如螺杆等传动机构的导入，一部具有基本功能的车床被开发出来。但因动力只能靠人力、兽力或水力带动，仍无法满足生产需求，只能算是刚完成基本架构的建构，这段时期称为车床的基本架构期。瓦特发明蒸汽机后，使得车床可以借助蒸汽产生的动力用来驱动车床运转，此时车床的动力是集中一处，再由皮带与齿轮的传递分散到工厂各处的车床。20世纪初拥有独立动力源的动力车床（Engine Lathe）被开发出来，这段时期称为车床的独立动力期。20世纪中期，计算机出现，随后不久计算机被应用在机床上，数控机床逐渐取代传统的车床成为工厂的精密机器，生产效率倍增，零件加工精度大幅提升，且随着计算机软、硬件日趋进步与成熟，许多以往视为无法加工的技术被一一克服，这段时期称为车床的数字控制期。

第五节　车床及车削加工

车床主要用于加工各种回转体表面。由于大多数机器零件都有回转体表面，所以，车床比其他类型的机床应用更加普遍。目前车床种类有：卧式车床、立式车床、转塔车床、自动和半自动车床等，其中以卧式车床应用最广泛。

一、车床的功能和运动

车床的基本功能是加工外圆柱面，如各类轴、圆盘、套筒等。车削时工件旋转为主运动，车刀纵向移动和横向移动为进给运动。车床车削工作范围如图9-10所示。

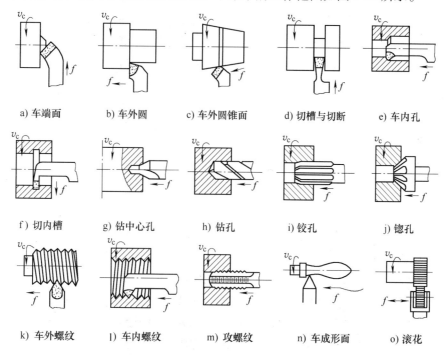

a) 车端面　　b) 车外圆　　c) 车外圆锥面　　d) 切槽与切断　　e) 车内孔

f) 切内槽　　g) 钻中心孔　　h) 钻孔　　i) 铰孔　　j) 镗孔

k) 车外螺纹　　l) 车内螺纹　　m) 攻螺纹　　n) 车成形面　　o) 滚花

图9-10　车床车削工作范围示意图

二、卧式车床组成

卧式车床主要由左右床脚、床身、主轴箱、交换齿轮箱、进给箱、光杠、丝杠、溜板箱、刀架和尾座等部分构成，如图9-11所示。

床身是车床的基础零件，用来支承和连接其他部件。车床上所有的部件均利用床身来获得准确的相对位置和相互间的位移，刀架和尾座可沿床身上的导轨移动。

　　主轴箱（或称床头箱或主变速箱）固定在床身的左端，箱内装有主轴部件和主运动变速机构。主轴箱的主要任务是将主电动机传来的旋转运动经过一系列的变速机构使主轴得到所需的正反两种转向的不同转速，同时主轴箱分出部分动力将运动传给进给箱。主轴箱中的主轴是车床的关键零件。主轴右端有外螺纹用以安装卡盘等附件，内表面是莫氏锥孔，用以安装顶尖，支持轴类零件。变速机构安装在主轴箱内，由电动机通过带传动，经主轴箱齿轮变速后，带动齿轮主轴转动。

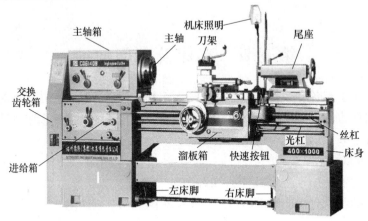

图 9-11　卧式车床组成示意图

　　进给箱（又称走刀箱）安装在床身的左前侧，是改变车刀进给量、传递进给运动的变速机构。进给箱中装有进给运动的变速机构，调整（改变进给箱外面手柄的位置）变速机构，可得到所需的进给量或螺距，通过光杠或丝杠将运动传至刀架以进行切削。

　　丝杠与光杠用以连接进给箱与溜板箱，并把进给箱的运动和动力传给溜板箱，使溜板箱获得纵向直线运动。丝杠是为车削各种螺纹而设置的，在车削工件的其他表面时，只用光杠，不用丝杠。

　　溜板箱是纵向和横向进给运动的分配机构。溜板箱内装有将光杠和丝杠的旋转运动变成刀架直线运动的机构，通过光杠传动实现刀架的纵向进给运动、横向进给运动和快速移动，通过丝杠带动刀架作纵向直线运动，以便车削螺纹。溜板箱上装有各种操纵手柄及按钮，可以方便地选择纵横机动进给运动的接通、断开及变向。溜板箱内设有连锁装置，可以避免光杠和丝杠同时转动。

　　刀架用来夹持车刀，并使其作纵向、横向或斜向移动。刀架安装在小滑板上，用来夹持车刀；小滑板装在转盘上，可沿转盘上导轨作短距离移动；转盘可带动刀架在中滑板上顺时针或逆时针转动一定的角度；中滑板可在床鞍的横向导轨上面作垂直于床身的横向移动；床鞍可沿床身的导轨作纵向移动。

　　尾座安装在床身导轨的右端，用来支承工件或装夹钻头、铰刀等进行外圆及孔加工。尾座可根据工作需要沿床身导轨进行位置调节，进行横向移动，用来加工锥体等。

三、卧式车床传动系统简介

　　图 9-12 所示是 C6140 型卧式车床的传动系统图。C6140 型卧式车床通过主运动和进给运动的相互配合来完成对工件的加工。

　　主运动由电动机（1 450r/min）开始经过传动带传递到主轴箱内，通过改变操作手柄的位置，使主轴箱不同的齿轮进行啮合，可使主轴获得 24 种正转速度和 12 种反转速度。然后主轴通过其上的卡盘带动工件旋转，并获得这些不同的转速。

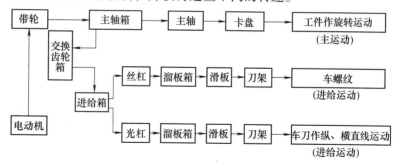

图 9-12　C6140 型卧式车床传动路线图

进给运动是由主轴箱把旋转运动输出到交换齿轮箱，再通过进给箱变速后由丝杠或光杠驱动滑板箱，然后由溜板箱将运动传给刀架，最终实现刀架的纵向进给、横向进给及车螺纹运动。

四、车床附件及工件安装

机床附件是指随机床一道供应的附加装置，如各种通用机床的夹具、靠模装置及分度头等。利用这些附件可以充分发挥机床的功能，提高加工效率，完成不同形状工件的加工。不同的机床有不同的附件，常用的卧式车床附件有卡盘、花盘、顶尖（固定顶尖和活顶尖）、拨盘、鸡心夹头、中心架、跟刀架和心轴等。

1. 卡盘

卡盘是应用最多的车床夹具，它是利用其背面法兰盘上的螺纹直接装在车床主轴上，卡盘分自定心卡盘和单动卡盘，如图 9-13 和图 9-14 所示。

自定心卡盘的夹紧力较小，装夹工件方便、迅速，不需找正，具有较高的自动定心精度，特别适合于装夹轴类、盘类、套类等对称性工件，但不适合装夹形状不规则的工件。

单动卡盘夹紧力大，其卡爪可以单独调整，因此，特别适合于装夹形状不规则的工件。但装夹工件较慢，需要找正，而且找正的精度主要取决于操作人员的技术水平。

2. 花盘

花盘表面开设有通槽和 T 形槽，安装和装夹工件时用螺栓和压板，对于一些形状不规则的工件，不能使用自定心卡盘和单动卡盘装夹时，可使用花盘进行装夹，如图 9-15 所示。

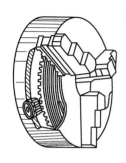

图 9-13　自定心卡盘

图 9-14　单动卡盘

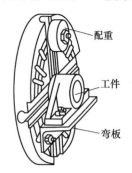

图 9-15　花盘装夹工件

3. 顶尖、拨盘和鸡心夹头

对于细长的轴类工件一般可以采用两种方法进行装夹：第一种方法是用车床主轴卡盘和

车床尾座后顶尖装夹工件（图9-16），该方法适合于一次性装夹，多次装夹时很难保证工件的定心精度；第二种方法是工件的两端均用顶尖装夹定位，利用拨盘和鸡心夹头带动工件旋转（图9-17），该方法可用于多次装夹，并且不会影响工件的定心精度。

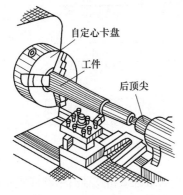
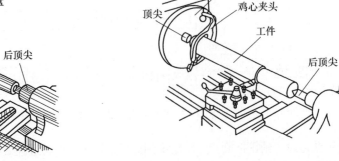

图9-16　使用卡盘和尾座后顶尖装夹工件　　　　图9-17　使用前顶尖和尾座后顶尖装夹工件

通用顶尖按结构可分为固定顶尖和活顶尖；按安装位置可分为前顶尖（安装在主轴锥孔内）和后顶尖（安装在尾座锥孔内）。前顶尖总是固定顶尖，后顶尖可以是固定顶尖，也可以是活顶尖。

拨盘与鸡心夹头的作用是当工件用两顶尖装夹时带动工件旋转。拨盘靠其上的螺纹旋装在车床的主轴上，带动鸡心夹头旋转，鸡心夹头则依靠其上的紧固螺钉拧紧在工件上，并带动工件一起旋转。

4. 中心架与跟刀架

车削细长轴时，由于工件刚度差，在背向力及工件自重的作用下，工件会发生弯曲变形和振动，车削后会造成工件形成两头细中间粗的"腰鼓"形。为了防止发生这种现象，常使用中心架或跟刀架作为辅助支承，以增加工件的刚度。

中心架固定在车床导轨上，由上下两部分组成，如图9-18所示。上半部可以翻转，以便装入工件。中心架内有三个可以调节的径向支爪（一般是铜质的）。

跟刀架固定在床鞍（大拖板）上，并随床鞍一起移动，如图9-19所示。跟刀架有两个支爪，车刀装在这两个支爪的对面稍微靠前的位置，并依靠背向力及工件自重作用使工件紧靠在两个支爪上。

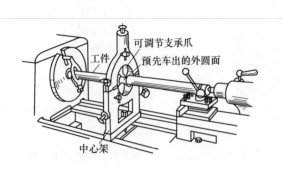
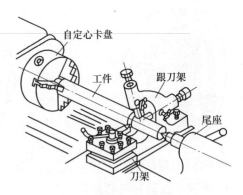

图9-18　使用中心架车削细长轴　　　　　图9-19　使用跟刀架车削细长轴

5. 心轴

当精加工盘套类零件时，常以工件的内孔作为定位基准，工件安装在心轴上，再把心轴装在两顶尖之间进行加工。这样做既可以保证工件内外圆加工的同轴度，又可以保证工件的被加工端面与轴线的垂直度。常用的心轴有锥度心轴（图9-20）、圆柱心轴（图9-21）和可胀心轴等。

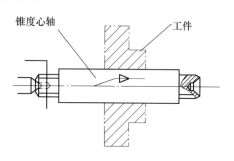

图9-20　锥度心轴夹持工件

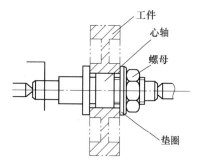

图9-21　圆柱心轴夹持工件

【史海回顾——机床】　在发明车床的人中，最引人注目的是一个名叫莫兹利的英国人，他于1797年发明了划时代的由丝杠传动刀架车床。这种车床带有精密的导螺杆和可互换齿轮，是一台全金属制的车床，配有能够沿着2根平行导轨移动的刀具座和尾座。导轨的导向面是三角形的，在主轴旋转时带动丝杠使刀架横向移动，这是近代车床所具有的主要机构，用这种车床可以车制任意节距的精密金属螺丝。莫兹利也因此被称为"英国机床工业之父"。

五、车削

车削是利用工件的旋转和刀具相对于工件的移动来加工工件的一种切削加工方法。车削分为粗车、半精车、精车和精细车。

粗车属于低精度车削加工，其目的主要是迅速地切去毛坯的硬皮和大部分加工余量。为此应充分发挥刀具和机床的切削能力，提高生产率。粗车加工的公差等级是IT13～IT11，表面粗糙度为$Ra50～12.5\mu m$。粗车是精车的预备工序。

半精车是在粗车基础上进行的，属于中等精度车削加工，其目的是切除粗加工后留下的误差，使工件达到一定精度要求，并为精车作准备。半精车加工的公差等级是IT10～IT9，表面粗糙度是$Ra6.3～3.2\mu m$。

精车是在半精车基础上进行的，属于较高精度车削加工，其目的是满足工件的加工精度。精车时一般取较高的切削速度和较小的进给量与背吃刀量。精车加工的公差等级是IT8～IT7，表面粗糙度为$Ra1.6～0.8\mu m$。

精细车是在高精密车床、在高切削速度、小进给量及小背吃刀量的条件下，使用经过仔细刃磨的人造金刚石或细颗粒硬质合金车刀进行的车削加工。加工的公差等级是IT6～IT5，表面粗糙度为$Ra0.4～0.2\mu m$。

1. 车外圆

将工件车削成圆柱形外表面的方法称为车外圆，常见的外圆车刀及车外圆方法如图9-22

所示。车外圆时，长轴类工件一般用两顶尖装夹，短轴及盘套类工件常用卡盘装夹。根据工件加工精度要求，车削步骤一般分为粗车、半精车、精车和精细车。

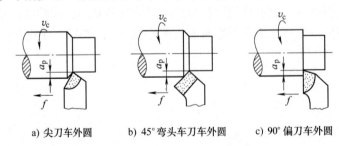

a) 尖刀车外圆　　　　　b) 45°弯头车刀车外圆　　　　c) 90°偏刀车外圆

图 9-22　外圆车刀及车外圆方法

2. 车端面

对工件端面进行车削的方法称为车端面。车端面时常用偏刀或弯头车刀，如图 9-23 所示。车削时可由工件外层向其中心切削，也可由工件中心向外层切削。车刀安装时，刀尖应准确地对准工件中心，以免车出的端面中心留有凸台。

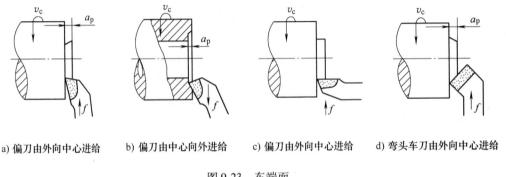

a) 偏刀由外向中心进给　　　b) 偏刀由中心向外进给　　　c) 偏刀由外向中心进给　　　d) 弯头车刀由外向中心进给

图 9-23　车端面

3. 切槽与切断

（1）切槽　在工件表面上车削沟槽的方法称为切槽。切槽与车端面相似。切窄槽时，切槽刀切削刃的宽度应与槽宽一致；切宽槽时，可使用与切窄槽一样的切槽刀，依次横向进给，切至接近槽深为止，留下少量的余量在纵向进给时一次切除，使槽的宽度和深度达到要求，如图 9-24 所示。

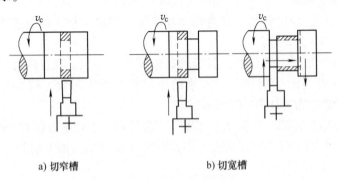

a) 切窄槽　　　　　　　　　b) 切宽槽

图 9-24　切槽方法示意图

（2）切断　将坯料或工件分成两段或若干段的车削方法成为切断。切断主要用于圆棒料按尺寸要求下料或把加工完成的工件从坯料上切下来。切断要使用切断刀，刀尖应与工件轴线平行。在切断过程中，由于切削刀具要切入工件内部，所以排屑及散热条件较差，刀头易断。常用的切断方法是：直进法和左右借刀法两种，如图 9-25 所示。直进法用于切断铸铁等脆性材料，左右借刀法用于切断钢等塑性材料。

无论是切槽还是切断，所用的切削速度和进给量都不宜大。

4. 车台阶

车削台阶处的外圆和端面的方法称为车台阶。车台阶一般使用主偏角 $\kappa_r \geqslant 90°$ 的偏刀，在车削台阶外圆的同时车出台阶端面。如果台阶高度小于 5mm，可用主偏角 $\kappa_r = 90°$ 的偏刀，一次进给车出台阶，如图 9-26a 所示；如果台阶高度大于 5mm，可用主偏角 $\kappa_r > 90°$ 的偏刀，多次分层纵向进给切削，最后一次纵向进给完后，车刀刀尖应紧贴台阶端面横向退出，车出台阶，如图 9-26b 所示。

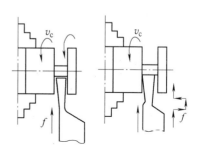

a) 直进法　　　　b) 左右借刀法

图 9-25　切断方法示意图

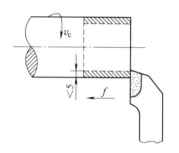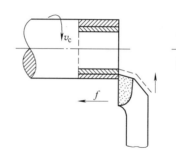

a) 一次进给车台阶　　　　　　　　b) 多次进给车台阶

图 9-26　车台阶方法示意图

5. 车圆锥

将工件车削成圆锥表面的方法称为车圆锥。工件上的圆锥面是通过车刀相对于工件轴线斜向进给实现的。根据这一原理，常用的车圆锥的方法有：小滑板转位法、偏移尾架法、靠模法、宽刀法等。

（1）小滑板转位法　如图 9-27 所示，使刀架小滑板绕转盘轴线转动一圆锥斜角（$\alpha/2$）后固定，然后用手转动小滑板手柄斜向进给，实现圆锥面车削的方法。该方法调整方便，操作简单，但不能自动进给，加工表面较粗糙。另外，小滑板丝杠的长度有限，多用于车削长度小于100mm 的大锥度圆锥面。

（2）偏移尾座法　工件装夹在双顶尖之间，车削圆锥面时，尾座在机床导轨上横向调整，偏移 A 距离，使工件

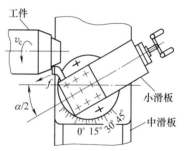

图 9-27　小滑板转位法车圆锥面

旋转轴线与车刀纵向进给方向的夹角等于圆锥面斜角（$\alpha/2$），然后利用车刀纵向进给，即可车出所需要的锥圆面，如图 9-28 所示。偏移量 A 的计算公式是

$$A = L\sin(\alpha/2) \approx L\tan(\alpha/2) = L(D - d)/2l$$

当 $\alpha/2 < 8°$ 时，$\sin(\alpha/2) \approx \tan(\alpha/2)$

式中　L——工件总长度（mm）；

　　　D——圆锥大端直径（mm）；

　　　l——圆锥面长度（mm）；

　　　d——圆锥小端直径（mm）。

偏移尾座法能自动进给加工较长的圆锥面，但不能加工斜度较大的工件。车削时，由于顶尖与工件的中心孔接触不良，工件不稳定，故常用球形顶尖来改善接触状况。

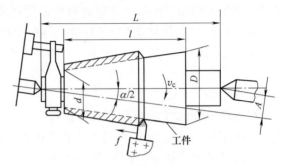

图 9-28　偏移尾座法车圆锥面

（3）靠模法　靠模是车床的专用附件。加工时靠模装在床身上，可以方便地调整圆锥斜角（$\alpha/2$）。安装靠模时要卸下中滑板的丝杠与螺母，使中滑板能横向自由滑动，中滑板的接长杆用滑块铰链与靠模连接。当床鞍纵向进给时，中滑板带动刀架一面纵向移动，一面横向移动，使车刀运动的方向平行于靠模，车削出所要求的圆锥面，如图 9-29 所示。用靠模法能加工较长的圆锥面，精度较高，并能实现自动进给，但不能加工锥度较大的表面。

（4）宽刀法　如图 9-30 所示，使用与工件轴线成 $\alpha/2$ 角的宽刃车刀，切削时车刀作横向或纵向进给即可车出所需的圆锥面。宽刀法可以加工较短的圆锥面（$L = 20 \sim 25\text{mm}$），较长的圆锥面不适合采用此法，因为容易产生振动，使加工表面产生波纹。

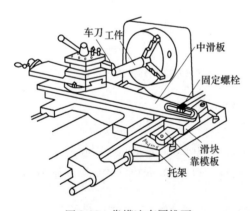

图 9-29　靠模法车圆锥面

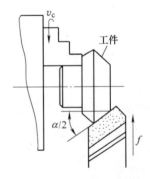

图 9-30　宽刀法车圆锥面

6. 车成形回转面

母线为曲线的回转表面称为成形回转面，如曲面手柄、圆球面等。这种表面的成形一般是由车刀的纵向进给与横向进给相互配合实现的，加工方法有：双手控制法、成形刀法和靠模法。

（1）双手控制法　双手控制法是用双手分别操作小滑板和中滑板手柄，通过车刀的纵向和横向进给合成运动得到所需要的成形表面，如图 9-31 所示。双手控制法简单易行，但生产率低，对操作者的技术要求高。

（2）成形刀法　利用切削刃形状与工件成形面的母线形状相同的车刀进行加工的方法称为成形刀法。切削时车刀作横向进给运动就能加工出成形表面，该方法操作简单，生产率高。但切削刃与工件的接触面大，容易引起工件振动。常用于成批生产形状较简单、轴向尺寸较小的成形表面。

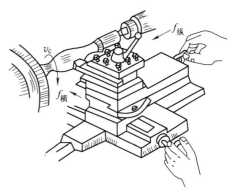

图 9-31　双手控制法车成形面

（3）靠模法　靠模法与用靠模车圆锥面的方法相同。不同的是把锥度靠模换上一个有曲面槽的靠模，曲面形状与被加工的成形表面形状相同，同时把滑块换成滚柱即可。用靠模法车成形面操作方便，生产率高，成形面准确，质量稳定，但加工的成形面的曲率不能变化过大。

7. 车孔

车孔是利用车床对工件上的孔进行车削的加工方法，也称为车内圆或镗孔。车孔时，车孔刀安装在小刀架上作纵向进给运动，如图 9-32 所示。车孔时，逆时针转动小滑板手柄为横向吃刀，顺时针转动小滑板手柄为横向退刀，正好与车外圆时转动方向相反。车孔刀刀杆较细，刀头小，刚性差，加工时易变形，所以，背吃刀量及进给量不易过大。车床加工孔的质量较钻床高，能保证孔的轴线与端面垂直度要求。

8. 车螺纹

将工件表面车削成螺纹的方法称为车螺纹。车螺纹时，为了获得准确的螺距，必须用丝杠带动车刀进给，使工件每转一周，车刀移动的距离等于工件的螺纹导程。车床主轴至丝杠的传动路线如图 9-33 所示。更换交换齿轮或改变进给手柄位置，即可车出不同螺距的螺纹。

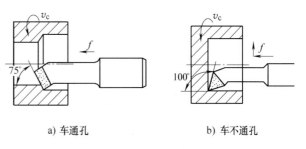

a) 车通孔　　　　　　b) 车不通孔

图 9-32　车孔示意图

为了保证螺纹形状准确，螺纹车刀的形状必须与待加工螺纹的标准截面形状一致，安装车刀时要严格对准工件的中心位置并垂直于工件的轴线，如图 9-34 所示。

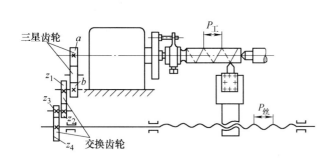

图 9-33　车螺纹时的传动路线

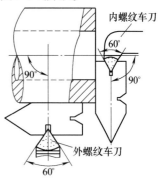

图 9-34　螺纹车刀对刀与检验

第六节　钻床及钻削加工、镗床及镗削加工、拉床及拉削加工

钻床和镗床均为孔加工机床。钻床通常用来加工直径在100mm以内的孔，而镗床则不仅可以加工小孔，还可以加工直径较大的孔。

一、钻床及钻削加工

在钻床上主要用钻头、扩孔钻或铰刀等在工件上进行孔加工。钻床的种类很多，常用的有：台式钻床（图9-35）、立式钻床（图9-36）和摇臂钻床（图9-37）等。

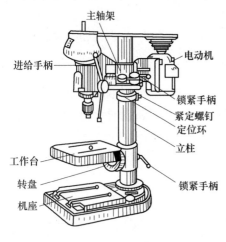

图9-35　台式钻床

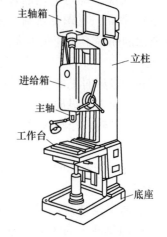

图9-36　立式钻床

1. 钻床的功能和运动

钻床的主要功能是用钻头钻孔或攻螺纹。通过钻头的回转运动（主运动）及其轴向进给完成成形运动。钻削时，一般是钻头轴向进给，工件固定不动。钻孔为孔的粗加工，为了获得精度较高的孔，钻孔后还可进一步进行扩孔、铰孔及磨孔等加工。

2. 钻床的组成

立式钻床主要由主轴、主轴箱、进给箱、立柱、工作台和机座等组成。电动机的运动通过主轴箱使主轴获得所需的转速。加工时工件固定在工作台上不动，由主轴带动钻头一边旋转，一边向下进给进行钻削。立式钻床适用于

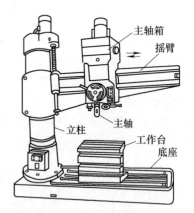

图9-37　摇臂钻床

加工孔径在50mm以下的中型工件的孔。台式钻床与立式钻床结构相似，适用于加工孔径在12mm以下的小型工件上的孔。

摇臂钻床有一个能绕立柱旋转的摇臂，其上装有主轴箱，主轴箱可沿摇臂作水平运动。钻孔时，工件装夹在工作台上，因此，摇臂钻床可方便地调整钻头位置，而不需移动工件进行加工。摇臂钻床适合于加工大型或重型工件和多孔工件上的孔。

孔是盘套类、箱体类零件的主要组成表面，其主要技术要求与外圆面基本相同。但是，

孔的加工难度较大，要达到与外圆面同样的技术要求需要更多的加工工序。在实体材料上进行孔加工的基本方法是钻孔、镗孔、车孔和拉孔。

3. 钻削（钻孔）加工

钻削（或钻孔）是指用钻头或扩孔钻在工件上加工孔的方法。钻孔加工的尺寸公差等级一般是 IT10 左右，表面粗糙度 $Ra12.5\mu m$ 左右。钻孔可采用钻头旋转，工件固定的方式，或者是工件旋转，钻头固定的方式。

（1）钻头旋转　此为工件固定的方式。在钻床、铣床、镗床上钻孔均是钻头旋转作主运动。当钻头刚性不足时，钻头进给时其轴线易产生偏离现象，引起孔的轴线偏斜，但孔径无明显变化，如图 9-38a 所示。

（2）工件旋转　此为钻头固定的方式。在车床上钻孔时工件旋转是主运动，孔的轴线不偏斜并与端面垂直，由于钻头切削刃受力不均匀，钻头会发生摆动，孔径会形成锥形或腰鼓形，如图 9-38b 所示。钻小孔或钻深孔时，为了防止孔的轴线偏斜，应尽可能采用工件旋转，钻头固定的钻孔方式。

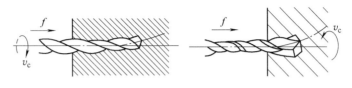

a) 钻头旋转工件固定方式钻孔　　　　b) 工件旋转钻头固定方式钻孔

图 9-38　两种钻孔方式下钻头引偏产生的加工误差

4. 钻孔工艺特点

受孔径限制，一般钻头的刚度较差，容易使孔产生较大的形状和位置误差。另外，加工过程中钻头吸热较多，冷却、润滑和排屑困难，而且加工表面容易被切屑划伤。因此，钻孔加工质量差，属于粗加工。钻孔后，使用扩孔钻进一步加大孔径的过程称为扩孔。扩孔的工作条件比钻孔好，其加工质量也较高，属于半精加工。如果需要进一步提高孔的精度，可用铰刀铰孔。铰孔属于精加工。钻孔、扩孔、铰孔联合使用，是加工中、小孔的典型工艺。

【史海回顾——钻床】　与磨削技术相似，钻孔技术也有着久远的历史。1850 年前后，德国人马蒂格诺尼最早制成了用于金属打孔的麻花钻；1862 年在英国伦敦召开的世界博览会上，英国人惠特沃斯展出了由动力驱动的铸铁柜架的钻床，它是近代钻床的雏形。

二、镗床及镗削加工

1. 镗床的功能和运动

镗床的主要功能是用来加工尺寸较大、精度要求较高的孔，尤其适合于加工分布在零件不同位置及要求较高位置精度的孔系。除此之外，镗床还可以用来完成铣削端面、钻孔、攻螺纹、车削外圆和车削端面等多种加工。镗床的主要类型有：卧式镗床、坐标镗床、精镗床等。镗削加工时镗刀回转是主运动，工件或镗刀移动是进给运动。

2. 镗床的组成

图 9-39 所示是卧式镗床各部位的位置关系和运动情况简图。卧式镗床主要由床身、前立柱、主轴箱、镗轴、后立柱、后支承架、工作台等组成。主轴变速箱进行速度调整与换向，镗轴前端带锥孔，以便插入装有镗刀的镗杆。工作台可绕上滑板的圆导轨在水平位置上转动，工作台上的工件可旋转任意角度，下滑板可沿床身的纵向导轨移动，所以，在镗床上镗削任意方向垂直面上的孔很方便。主轴箱和后支承架可分别沿前立柱、后立柱自动升降，以加工不同高度的孔。

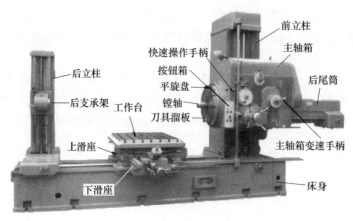

图 9-39　卧式镗床简图

3. 镗削工艺特点及应用

镗削是镗刀回转作主运动，工件或镗刀移动作进给运动的切削加工方法。镗削加工主要在镗床上进行。形状复杂的机架、箱体类零件上的孔或大尺寸孔都能在镗床上加工。镗孔的加工公差等级是 IT9 ~ IT8，表面粗糙度 Ra 值是 $3.2 ~ 1.6\mu m$，镗孔能较好地修正前道加工工序所造成的几何形状误差和相互位置误差。

镗削主要工艺范围是：镗孔、镗同轴孔、镗大孔、镗平行孔、镗垂直孔、钻孔和铣平面等，如图 9-40 所示。镗削加工具有加工精度较高、加工成本低、加工范围广、能够修正底孔轴线位置的优点。

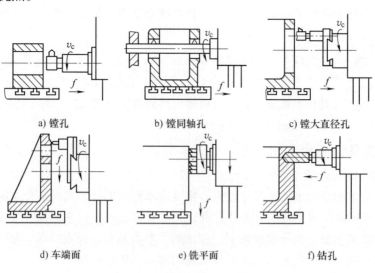

图 9-40　镗削的主要工艺范围

【史海回顾——镗床】 世界上第一台真正的镗床是 1775 年由英国的威尔金森发明的一种能够精密地加工大炮的钻孔机。它是一种空心圆筒形镗杆，两端都安装在轴承上。通过水轮驱动，用这台镗床可镗削大型气缸，满足了瓦特蒸汽机的制造要求，也促进了蒸汽机的发展。在以后的几十年间，人们对威尔金森的镗床作了许多改进，1885 年英国的赫顿制造了工作台升降式镗床，成为现代镗床的雏形。

三、拉床及拉削加工

1. 拉床的功能和运动

拉床结构简单，广泛应用于大批拉削各种形状的通孔、通槽及各种形状的内外表面，如图 9-41 所示。拉削过程中主运动是拉刀的低速直线运动，进给运动是靠拉刀刀齿直径依次递增一个齿升量（一般是 0.02~0.1mm）实现的，如图 9-42 所示。

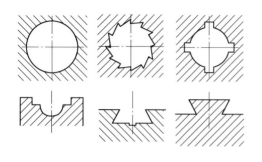

图 9-41 拉削的主要工艺范围

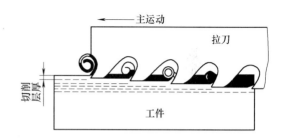

图 9-42 拉削运动

2. 拉床的组成

拉床分为立式拉床、卧式拉床、连续拉床和专用拉床等。拉床一般采用液压传动，其规格是以额定拉力（kN）表示的。图 9-43 是卧式拉床结构示意图，其主要由液压传动系统、活塞拉杆、浮动支架、刀夹、床身、支撑架、拉刀尾部支架等组成。

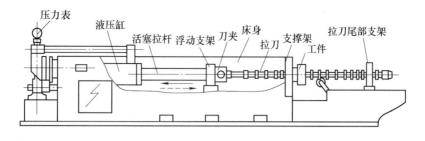

图 9-43 卧式拉床示意图

3. 拉刀

拉刀按工作时的受力方向不同，可分为拉刀、推刀和旋转拉刀；拉刀按结构不同，可分为整体拉刀、焊齿拉刀、装配拉刀和镶齿拉刀；拉刀按拉削表面的不同，可分为内拉刀和外拉刀。拉刀一般由柄部、颈部、过渡锥、前导部、切削部、校准部、后导部及支托部组成，如图 9-44 所示。

4. 拉削工艺特点及应用

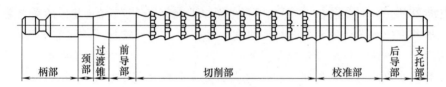

图 9-44 圆孔拉孔

柄部　颈部　过渡锥　前导部　切削部　校准部　后导部　支托部

拉削是在拉床上用拉刀加工工件的内外表面的方法。从切削性质看，拉削近似于刨削。拉削可加工直径为 $\phi10 \sim \phi100\text{mm}$，孔深与孔直径之比为 $3 \sim 5$ 的孔。拉削前需要按预加工孔进行定位和选择拉刀，一般预加工工序主要有钻孔、扩孔、车削等半精加工工序。拉削具有如下特点。

1）拉刀制造精度高，拉削过程平稳、切削厚度小、切削速度低，可以拉削较高精度的表面，拉削加工公差等级可达 IT8 ~ IT6，表面粗糙度 Ra 值可达 $1.6 \sim 0.4\mu\text{m}$。

2）拉刀在一次行程中能够完成工件的粗加工、半精加工及精加工，生产效率高。

3）拉刀结构复杂，制造成本高，一把拉刀只能加工某一尺寸规格的工件，适应性较差，只有在大批量生产中，才能体现经济性。

第七节　刨床及刨削加工、插床及插削加工

刨床与插床属同一类机床，即刨插床类。它们的共同特点是主运动是往复直线运动，进给运动是间歇运动，即在主运动的空行程时间内作一次送进。刨床与插床都是平面加工机床，但刨床主要用来加工外表面，而插床主要用于加工内表面。

一、刨床及刨削加工

1. 刨床的功能和运动

刨床的主要功能是用刨刀刨削平面和沟槽，也可以加工成形表面。刨刀的直线往复运动为主运动，工件的间歇移动为进给运动。根据刀具与工件相对运动方向的不同，刨削分为水平刨削和垂直刨削两种。水平刨削一般称为刨削，垂直刨削则称为插削。刨床类机床主要有：龙门刨床、牛头刨床和悬臂刨床等。

2. 刨床的组成

牛头刨床主要由床身、滑枕、刀架、横梁、工作台等组成，如图 9-45 所示。滑枕带动刀架作直线往复主运动，工作台带动工件作间歇进给运动，横梁可沿床身上的垂直导轨移动，以调整切削刀具与工件在垂直方向上的相互位置，床身安装在底座上。

3. 刨削工艺特点及应用

刨削是指用刨刀对工件作水平往复直线运动的切削加工方法。刨削加工可以获得的公差等级是 IT9 ~ IT7、表面粗糙度是 $Ra6.3 \sim 1.6\mu\text{m}$ 的加工精度，具有加工成本低、生产

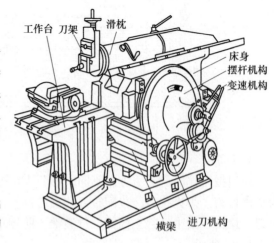

工作台　刀架　滑枕　床身　摆杆机构　变速机构　横梁　进刀机构

图 9-45　B6065 型牛头刨床简图

率低和适应范围窄的特点，多用于单件小批量生产和修配。刨削的主要工艺范围是刨削平面（水平面、垂直面、斜面等）、沟槽（直槽、T形槽、V形槽、燕尾槽等）和成形面，如图9-46所示。

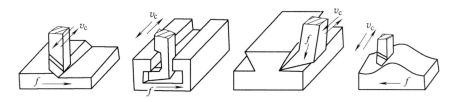

图9-46　刨削的主要工艺范围

4. 刨削加工方法

（1）刀具与工件的安装　工件的装夹应根据工件的大小、形状及加工面的位置进行正确选择。对于小型工件，一般选用机床用平口虎钳装夹；对于大中型工件可用螺钉压板直接安装在工作台上。

（2）垂直面及斜面的刨削　刨削垂直面是用刨刀垂直进给加工平面，如图9-47所示。刨削时，把刀架转盘对准零线；调整刀座使刨刀相对于加工表面偏转一角度，让刨刀上端离开加工表面，减小刨刀切削刃对加工面的摩擦，手摇刀架上的手柄作垂直间歇进给，即可加工垂直表面。

刨削斜面与刨削垂直面相似，只需把刀架转盘转过一个要求的角度即可。例如，工件斜面的倾斜角为60°，刀架转盘对准30°刻线（图9-48）。然后手摇刀架上的手柄，即可加工斜面。

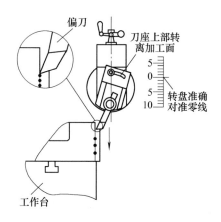

图9-47　刨削垂直面

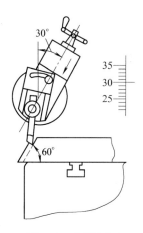

图9-48　刨削斜面

【史海回顾——刨床】　由于蒸汽机阀座的平面加工需要，从19世纪初开始，很多技术人员开始了这方面的研究，其中理查德·罗伯特、理查德·普拉特、詹姆斯·福克斯以及约瑟夫·克莱门特等人，从1814年开始，在25年的时间内各自独立地制造出了龙门刨床。这种龙门刨床是把加工物件固定在往返平台上，刨刀切削加工物件的一面。但是，这种刨床还没有送刀装置，正处在从"工具"向"机械"的转化过程之中。到了1839年，英国一个名叫博德默的人终于设计出了具有送刀装置的龙头刨床。另一位英国人史密斯从1831 年起的 40 年内发明制造了加工小平面的牛头刨床，它可以把加工物体固定在床身上，刀具作往返运动。此后，由于工具的改进、电动机的出现，龙门刨床一方面朝高速切割、高精度方向发展，另一方面朝大型化方向发展。

二、插床及插削加工

1. 插床的功能和运动

插床的主要功能是用来插键槽和花键槽等表面。插床是由牛头刨床演变而来的，插床实际上是立式牛头刨床，它与牛头刨床的主要区别在于滑枕是直立的，插刀沿垂直方向作直线往复主运动，向下移动为工作行程，向上移动为空行程；工件可以沿纵向、横向、圆周三个方向作间歇进给运动。

2. 插床的组成

图 9-49 所示是插床简图。插床主要由床身、滑枕、刀架、回转工作台、上滑座、下滑座、分度装置、底座等组成。滑枕可以在小范围内调整角度，以便加工倾斜面及沟槽；工作台由下滑座、上滑座及回转工作台组成；下滑座及上滑座可带动回转工作台分别作横向进给及纵向进给；回转工作台可回转完成圆周进给和进行圆周分度。

3. 插削工艺特点及应用

插刀刚性较低，由于插削时有冲击，因而插削加工质量较刨削低，其生产率也低于刨削。插削主要用于单件小批量生产零件的内表面，如孔的内键槽、方孔、多边形孔和花键孔等。

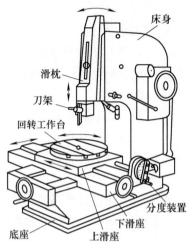

图 9-49　插床简图

第八节　铣床及铣削加工

铣床是用铣刀进行加工的机床。铣床种类多，其中以卧式铣床、龙门铣床及双柱铣床应用最广。

一、铣床的功能和运动

铣床的主要功能是铣削平面和沟槽。铣削加工时，主运动是铣刀的旋转运动，进给运动是工件的移动。与刨削加工相比，铣削加工是以回转运动代替了刨削加工中的直线往复运动；以连续进给代替了间歇进给；以多齿铣刀代替了单齿刨刀；铣削加工生产率较高，其应用范围比刨削加工广泛。

二、铣床的组成

图 9-50 所示为 X6132 型卧式万能升降台铣床。它的主轴是水平的，与工作台平行。悬梁可沿床身的水平导轨移动，以调整其伸出长度；升降台可沿床身的垂直导轨上下移动，以调整工作台与铣刀之间的距离；工作台用来安装工件、夹具、分度头等，工作台位于回转台上，可沿回转台上的导轨作纵向进给；床鞍位于升降台上的水平导轨中，可带动工作台一起

作横向进给；主轴为空心轴，用来安装铣刀刀杆并带动铣刀回转。工作台的纵向进给、横向进给及其升降，可以自动完成也可以手动完成。

图 9-51 所示是立式升降台铣床。立式升降台铣床的主轴是直立的并与工作台面相垂直。

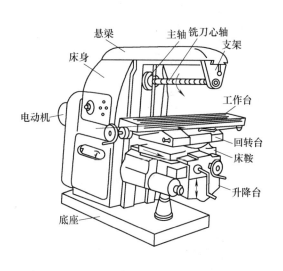
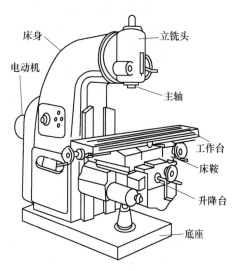

图 9-50　X6132 型卧式万能升降台铣床示意图　　　　图 9-51　立式升降台铣床示意图

三、铣刀种类

铣刀是用于铣削加工的刀具，通常有几个刀齿，结构比较复杂，但不论多么复杂，每个刀齿都可看成是一把简单的车刀。加工平面用的铣刀主要有：圆柱铣刀、面铣刀、立铣刀等；加工沟槽用的铣刀主要有：立铣刀、三面刃铣刀、锯片铣刀、键槽铣刀等；加工成形面用的铣刀主要有：角度铣刀、T 形槽铣刀、燕尾槽铣刀、铣齿刀等。

四、分度头

如图 9-52 所示，分度头是铣床的重要附件，主要用于铣削多边形、花键、齿轮等工件。分度头由底座、回转体、主轴等组成。底座固定在工作台上，主轴可随同回转体绕底座在 0°～90°范围内旋转任意角度。主轴前端锥孔内可装顶尖，外部有螺纹用以装卡盘或拨盘。回转体的侧面有分度盘，分度盘的两面设有许多均匀分布的小孔。

五、铣削方法

铣削是指由铣刀旋转作主运动，工件或铣刀作进给运动的切削加工方法。铣削平面的方法主要有圆周铣削（或称周铣）和端面铣削（或称端铣）。圆周铣削是用铣刀圆周上的刀齿进行铣削的方法；端面铣削是用铣刀端面上的刀齿进行铣削的方法。圆周铣削又分为逆铣和顺铣。

在铣削过程中，当工件的进给方向与铣刀的旋转方向相同时，称为顺铣。顺铣时，由于机床上的丝杠与螺母一般存在间隙，在铣削时容易产生工作台窜动和扎刀现象，如图 9-53 所示。

在铣削过程中，当工件的进给方向与铣刀的旋转方向相反时，称为逆铣。逆铣时，可消除顺铣时产生的工作台窜动和扎刀现象，铣削平稳，表面质量较高，但铣刀磨损较大。

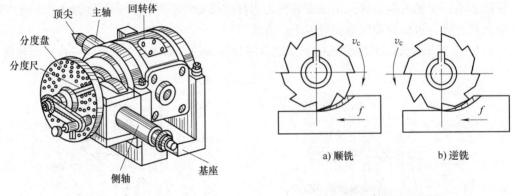

图9-52　分度头　　　　　　　　　　图9-53　顺铣和逆铣

a) 顺铣　　　　　b) 逆铣

六、铣削加工

铣削的主要工艺范围（图9-54）是使用铣刀铣削平面、沟槽及成形面等。

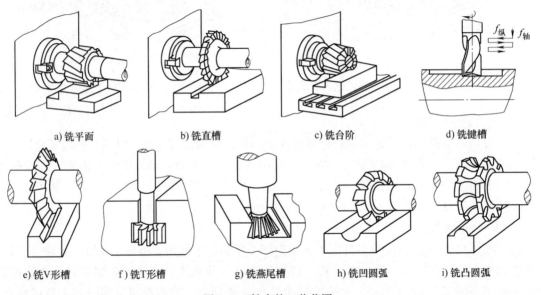

a) 铣平面　　　　b) 铣直槽　　　　c) 铣台阶　　　　d) 铣键槽

e) 铣V形槽　　f) 铣T形槽　　g) 铣燕尾槽　　h) 铣凹圆弧　　i) 铣凸圆弧

图9-54　铣床的工艺范围

【铣削键槽案例】　　键槽是由水平面、垂直面、圆弧面组成。轴类工件的键槽如图9-55a所示，铣削前常用V形铁及螺钉压板将工件装夹在铣床工作台上（图9-55b），在立式铣床上使用键槽铣刀铣削键槽（图9-55c）。

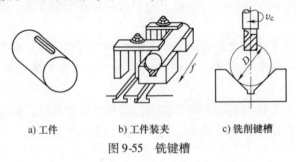

a) 工件　　　b) 工件装夹　　　c) 铣削键槽

图9-55　铣键槽

七、铣削工艺特点

铣削加工质量同刨削加工相当，但不如车削加工质量高。精铣后，尺寸公差等级可达 IT9～IT7，表面粗糙度为 $Ra6.3～1.6\mu m$。铣削生产率高，刀具散热条件较好，应用范围广泛，但由于铣床的结构复杂，铣刀制造和刃磨较难，因而铣削加工成本高于刨削加工。

【史海回顾——铣床】 根据文字记载，公元1668年我国已使用直径6.6m的镶片铣刀，该铣刀由牲畜带动旋转，用来加工天文仪上的铜环，这算是原始的铣床了。当然，真正确立铣床在机器制造中地位的，要算美国人惠特尼了。1818年，惠特尼制造了世界上第一台普通铣床，但铣床的专利却是英国的博德默于1839年捷足先"得"。1862年，美国的布朗制造出了世界上最早的万能铣床，这种铣床在备有万能分度盘和综合铣刀方面是划时代的创举。万能铣床的工作台能在水平方向旋转一定的角度，并带有立铣头等附件。同时，布朗还设计了一种经过研磨也不会变形的成形铣刀，接着还制造了磨铣刀的研磨机，使铣床达到了现代水平。

第九节　磨床及磨削加工

磨床是用砂轮或其他磨具对工件进行磨削加工的机床。磨削是指用磨具以较高的线速度对工件表面进行加工的方法，即用砂轮代替切削刀具进行加工。磨削可以加工其他机床不能加工或很难加工的高硬度材料。磨削加工可以获得高精度和低表面粗糙度值的表面，是机械零件精密加工的主要方法之一，一般是机械加工的最后一道工序。磨床的种类很多，目前生产中应用最多的是：外圆磨床、内圆磨床、平面磨床、无心磨床、工具磨床及专门化磨床等。

一、磨床的功能和运动

磨床的主要功能是用来磨削各种内外圆柱面、平面、成形表面等。它是以砂轮回转主运动和各项进给运动作为成形运动的。图9-56所示为外圆磨削时的运动情况，主运动为砂轮的高速旋转运动；进给运动有三种，分别为工件的圆周进给运动、工件的纵向进给运动和砂轮的横向进给运动。

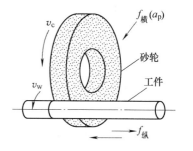

图9-56　外圆磨削时的运动

二、磨床的类型和组成

1. 外圆磨床

在外圆磨床中以普通外圆磨床和万能外圆磨床应用最广。普通外圆磨床主要用于磨削外圆柱面、外圆锥面及台阶端面等，它由砂轮架、头架、尾座、工作台及床身等组成，如图9-57所示。砂轮装在砂轮架主轴的前端，由单独的电动机驱动作高速旋转主运动。工件装夹在头架及尾座顶尖之间，由头架主轴带动作圆周进给运动。头架与尾座均装在工作台上，工作台由液压传动系统带动，沿床身导轨作往复直线进给运动。砂轮架可以通过液压系统或横向进给手轮使砂轮架得到机动或手动横向进给。工作台由上下两部分组成，为了磨削外圆锥面，上层工作台可在水平面内转动 ±8°。

2. 内圆磨床

内圆磨床用于磨削各种圆柱孔和圆锥孔，如图9-58所示。内圆磨床由头架、砂轮架、工作台、床身等主要部件组成。头架固定在床身上，工件装夹在头架主轴前端的卡盘中，由头架主轴带动，作圆周进给运动。砂轮安装在砂轮架内的内磨头主轴上，由单独电动机驱动作高速旋转主运动。砂轮架安装在工作台上，工作台由液压传动系统带动作往复直线运动一次，砂轮架横向进给一次。为了便于磨削锥孔，头架还可以绕垂直轴线转动一定角度。

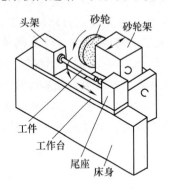

图9-57　外圆磨床外观示意图

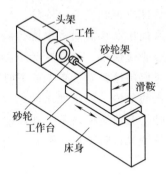

图9-58　内圆磨床外观示意图

3. 平面磨床

平面磨床用于磨削平面。平面磨床按工作台的形状分为矩台平面磨床和圆台平面磨床两类；按砂轮架主轴布置形式分为卧轴平面磨床与立轴平面磨床两类。平面磨床主要用于磨削各种零件的平面，特别适用于对淬硬零件的平面作精加工。常用的平面磨床有卧轴矩台平面磨床及立轴圆台平面磨床。

（1）卧轴矩台平面磨床　图9-59所示为卧轴矩台平面磨床。卧轴矩台平面磨床的砂轮轴呈水平位置，磨削时是砂轮的周边与工件的表面接触，磨床的工作台为矩形。

卧轴矩台平面磨床由砂轮架、立柱、工作台及床身等主要部件组成。砂轮安装在砂轮架的主轴上，砂轮主轴由电动机直接驱动。砂轮主轴高速旋转为主运动；砂轮架沿工作台上的燕尾形导轨移动实现周期性横向进给；砂轮架沿立柱导轨移动实现周期性的垂直进给；工件一般直接放置在电磁工作台上，依靠电磁铁的吸力把工件吸紧，电磁吸盘随机床工作台一起安装在床身上，沿床身导轨作纵向往复进给运动。磨床的纵向往复运动和砂轮架的横向周期进给运动，一般都采用液压传动。砂轮架的垂直进给运动通常用手动。为了减轻工人劳动强度和节省辅助时间，磨床还备有快速升降机构。

卧轴矩台平面磨床的加工范围较广，除了磨削水平面外，还可以用砂轮的端面磨削沟槽、台阶面等。磨削加工的尺寸精度较高，表面粗糙度值较小。

（2）立轴圆台平面磨床　图9-60所示为立轴圆台平面磨床。立轴圆台平面磨床的砂轮轴呈垂直位置，磨床的工作台为圆形。磨削时用砂轮的端面进行磨削。

立轴圆台平面磨床由砂轮架、立柱、工作台及床鞍等主要部件所组成。回转工作台装在床鞍上，它除了作旋转运动实现圆周进给外，还可以随同床鞍一起沿床身导轨快速趋进或退离砂轮以便装卸工件；砂轮架可沿立柱导轨移动实现砂轮的垂直周期进给，它还可作垂直快速调整以适应磨削不同高度的工件；砂轮高速旋转为主运动。

由于砂轮与工件的接触面积大，连续磨削没有卧轴矩台平面磨床工作台的换向时间损失，故立轴圆台平面磨床生产效率较高，但尺寸加工精度较低，工件表面粗糙度较差，工艺范围也较窄。立轴圆台平面磨床常用于成批、大量生产中磨削一般精度的工件或粗磨铸件毛坯、锻件毛坯。

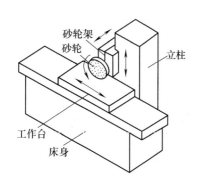

图 9-59　卧轴矩台平面磨床示意图

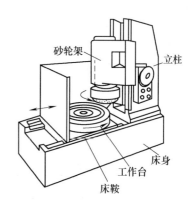

图 9-60　立轴圆台平面磨床外观图

三、磨削加工

1. 外圆柱面的磨削

外圆柱面的磨削常在普通外圆磨床和万能外圆磨床上进行，磨削方法主要有纵向磨削法、横磨法（或切入磨法）和混合磨法。

（1）纵向磨削法　磨削时，砂轮作高速旋转主运动，工件旋转并与工作台一起作纵向往复运动，完成圆周和纵向进给运动，工作台每往复一次行程终了时，砂轮作周期性的横向进给，每次磨削深度较小，通过多次往复行程将磨削余量逐步磨去，如图 9-61 所示。纵磨法具有磨削深度小、磨削力小、温度低、加工精度高等特点。但切削加工时间长，生产率低。适于单件小批加工细长轴类工件。

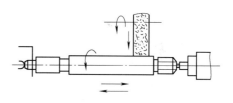

图 9-61　纵向磨削法

（2）横磨法　当工件被磨削长度小于砂轮宽度时，砂轮以很慢的速度连续地作横向进给运动，直到磨去全部磨削余量，如图 9-62 所示。横磨法充分发挥了砂轮所有磨粒的切削作用，生产效率高，但磨削时径向力较大，容易使工件产生弯曲变形。横磨时由于无纵向进给运动，砂轮表面的修整精度和磨削情况将直接复印在工件表面上，影响工件的表面加工质量，加工精度较低。横磨法主要用于磨削工件刚性较好、长度较短的外圆表面以及有台阶的轴颈。

（3）混合磨法　混合磨法是纵向磨削法与横磨法的综合应用。首先用横磨法将工件分段进行粗磨，相邻两段间有 5～15mm 的搭接，留 0.003～0.04mm 的磨削余量，然后再用纵向磨削法精磨至所需尺寸及精度，如图 9-63 所示。这种方法既有横磨法的生产率高，又有纵向磨削法的高加工精度及低的表面粗糙度值优点。混合磨削法适合于磨削余量较大和刚性较好的工件。

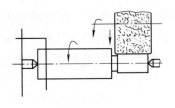

图 9-62　横磨法

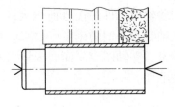

图 9-63　混合磨法

2. 外圆锥面磨削

根据工件的形状和锥度大小，外圆锥面一般采用转动工作台磨外圆锥面、转动头架磨外圆锥面、转动砂轮架磨削外圆锥面三种方法。

（1）转动工作台磨外圆锥面　将磨床工作台转过一个圆锥斜角 $\alpha/2$，磨削时，砂轮从小端横向切入，采用纵磨法即可实现外圆锥面磨削。这种方法适于磨削锥度较小而长度较大的锥体工件，如图 9-64a 所示。

（2）转动头架磨外圆锥面　当磨削较短外圆锥面时，将工件装在头架卡盘上，转动头架使圆锥面的母线平行于砂轮的轴线，采用纵磨法磨削。此法适于磨削锥度大和长度较小的工件，如图 9-64b 所示。

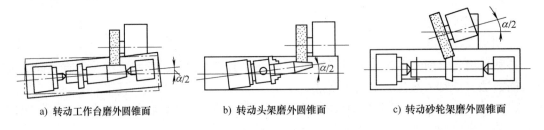

a) 转动工作台磨外圆锥面　　　　b) 转动头架磨外圆锥面　　　　c) 转动砂轮架磨外圆锥面

图 9-64　磨削外圆锥面的方法

（3）转动砂轮架磨削外圆锥面　当磨削锥度较大、锥面较短而且工件又较长时，转动砂轮架使砂轮轴线平行于工件圆锥面的母线。实际上这种方法是把磨外圆锥面转化成磨外圆。这种磨削方法没有纵向运动，要求砂轮的宽度大于工件锥面的宽度并用横磨法进行磨削，如图 9-64c 所示。

3. 内圆面磨削和内圆锥面磨削

磨削内圆面和内圆锥面通常在内圆磨床或万能外圆磨床上进行，一般以工件的外圆和端面作为定位基准，通常用自定心卡盘或单动卡盘装夹工件，如图 9-65 和图 9-66 所示。

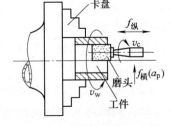

图 9-65　磨削内圆面的方法

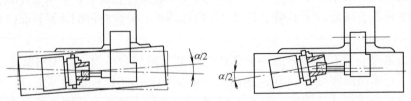

a) 转动工作台磨内圆锥面　　　　　b) 转动头架磨内圆锥面

图 9-66　磨削内圆锥面的方法

4. 平面磨削加工

平面磨削在平面磨床上进行，一般作为铣削和刨削加工后的精加工工序，是中小型工件高精度平面及淬火钢件平面加工常用的加工方法。磨削平面的方式有两种，用砂轮的周边进行磨削的方法称为周边磨削；用砂轮的端面进行磨削的方法称为端面磨削，如图 9-67 所示。

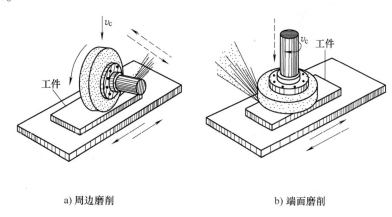

a) 周边磨削　　　　　　　　　　b) 端面磨削

图 9-67　平面磨削

周边磨削时砂轮与工件接触面小，切削力小，砂轮圆周上的磨损基本一致，所以，加工精度较高。端面磨削时砂轮与工件接触面大，磨削效率高，但砂轮端面的各点磨损不一，故加工精度较低。

【**史海回顾——磨床**】　磨削是人类自古以来就掌握的古老技术，如旧石器时代磨制石器用的就是这种技术。在 19 世纪初期，人们依然是通过旋转天然磨石，让它接触加工物体进行磨削加工的。但设计出名副其实的磨削机械还是近代的事情，1864 年美国制成了世界上第一台磨床，这是在车床的溜板刀架上装上砂轮，并且使它具有自动传送的一种装置。过了 12 年以后，美国的布朗发明了接近现代磨床的万能磨床。

第十节　圆柱齿轮齿形加工方法

一、圆柱齿轮齿形加工

齿形加工从加工原理上可分为仿形法和展成法两种。仿形法是在普通铣床上利用铣刀刃形状与齿轮齿槽形状相同的齿轮铣刀来切制齿形，如图 9-68 所示；展成法（滚齿、插齿、剃齿、珩齿）是根据齿轮啮合原理，在专用机床上利用刀具和工件间具有严格传动比的相对运动来切制齿形。

渐开线圆柱齿轮的加工精度共有 13 个等级，其中 0 级精度最高，12 级精度最低，应用最多的是 6~9 级。下面主要介绍齿轮的滚齿加工和插齿加工。

1. 滚齿

（1）滚齿加工原理　滚齿是根据展成法原理，用齿轮滚刀加工齿形的方法。齿轮滚刀的形状与蜗杆相似，它是在蜗杆的基础上开槽，铲齿后形成刀齿的，并将每个刀齿磨成一定

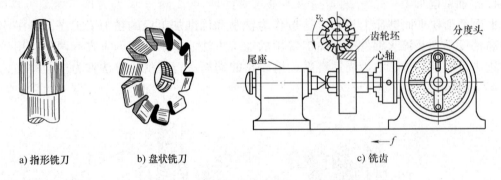

a) 指形铣刀　　　　　b) 盘状铣刀　　　　　　　　　c) 铣齿

图 9-68　仿形法加工齿轮

的前角和后角，经淬硬后形成具有切削刃的刀具。用滚刀加工齿轮相当于一对螺旋齿轮啮合滚动，齿轮滚刀是一个齿数很少的螺旋齿轮（通常 $z=1$）。滚齿时只要滚刀与齿坯转速能保持相啮合的运动关系，即当滚刀的头数为 k、工件的齿数为 z 时，滚刀转一转，齿坯转过 k/z 转，再加上滚刀沿齿宽方向作进给运动就能完成整个滚齿工作，如图 9-69 所示。

　　（2）滚齿机和滚齿运动　滚齿机由床身、立柱、刀架溜板、后立柱、工作台等主要部件组成。床身上固定有立柱，刀架溜板可沿立柱的导轨作垂直移动。齿轮滚刀用刀杆安装在刀架主轴上，工件安装在旋转工作台的心轴上，并随同工作台一起回转。后立柱和工作台装在同一滑板上，可沿床身的水平导轨移动，用于调整工件的径向位置或径向进给运动。后立柱上支架有顶尖，用以支承工作心轴上端的顶尖孔，以提高心轴的刚度。滚齿机的外形如图 9-70 所示。

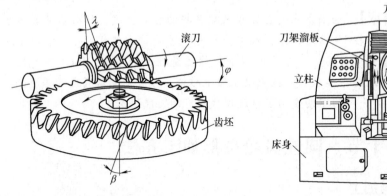

图 9-69　滚齿加工原理

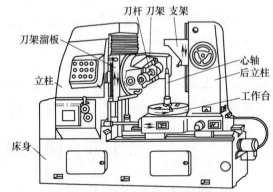

图 9-70　滚齿机外形图

　　滚齿时，齿轮滚刀的旋转运动为主运动；滚刀与齿坯之间的啮合运动为展成运动；再加上滚刀沿工件轴向的进给运动即构成滚齿成形的基本运动。

　　（3）滚齿加工的特点及应用　滚齿为连续分齿切削，同时在切削过程中无空回程，所以，在一般情况下滚齿生产效率高于铣齿和插齿，其加工精度一般可达 6～8 级。滚齿常用于加工直齿、斜齿圆柱齿轮及蜗轮，但不能加工内齿轮以及齿轮间距较小的多联齿轮。

　　2. 插齿

　　（1）插齿加工原理和插齿刀　插齿也是根据展成法原理，用插齿刀在插齿机上加工齿形的方法。加工原理如图 9-71 所示。加工时插齿刀与相啮合的齿坯之间保持恒定的传动比

$i = n_w / n_0 = z_0 / z_w$（$n_0$、$n_w$ 分别是插齿刀及工件的转速，z_0、z_w 分别是插齿刀及工件的齿数）。插齿刀沿工件齿宽方向作往复切削运动，从而插出齿形。插齿刀实质上是一个在端面磨有前角 γ_0，齿顶及齿侧均磨有后角 α_0 的"齿轮"。

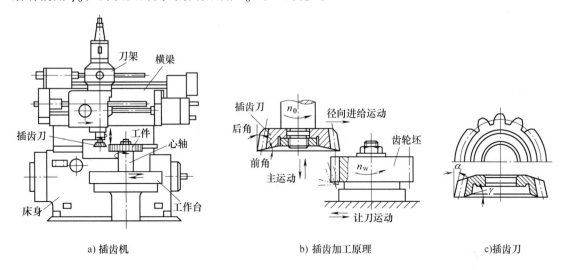

a) 插齿机　　　　　　　　　　b) 插齿加工原理　　　　　　　　c)插齿刀

图 9-71　插齿机、插齿加工原理和插齿刀

（2）插齿机和插齿运动　　插齿机由床身、刀轴、刀架、横梁、心轴及回转工作台等组成。床身上固定有立柱，插齿刀装在刀轴上，工件安装在回转工作台心轴上，回转工作台下面的横向滑板可沿床身导轨作径向切入进给运动及快速接近或退出运动。

插齿时，插齿刀沿着齿宽方向作往复切削运动（主运动）；当插齿刀转过一个齿时，工件也准确地转过一齿；为了切出齿轮的全齿高，插齿刀还要向齿轮坯的中心作径向进给运动；插齿刀向上作回程运动时，工件相对插齿刀作让刀运动以免擦伤已加工齿面。

（3）插齿加工的特点及应用　　同一模数的插齿刀可以加工各种齿数的齿轮，生产效率高于铣齿而低于滚齿。插齿加工精度可达 7～9 级。插齿常用于加工内、外直齿圆柱齿轮，多联齿轮，加上附件还可以加工齿条及斜齿轮。

二、齿轮齿形精加工

为了获得高精度齿轮，滚齿和插齿加工后还需进行精加工，齿轮常用的精加工方法有剃齿、珩齿和磨齿等。

1. 剃齿

剃齿是由剃齿刀在剃齿机上对未淬火齿轮进行精加工的一种齿形加工方法，如图 9-72a 所示。剃齿刀与被加工齿轮的轴线在空间交叉成一个角度，这个角度就是剃齿刀的螺旋角 β。当剃齿刀旋转时，A 点的圆周速度 v_A 可以分解为两个分速度：一个是切向分速度 v_{An}，它带动工件作旋转运动；另一个是轴向分速度 v_{At}，它使得两个

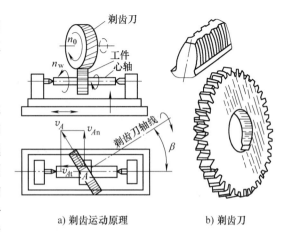

a) 剃齿运动原理　　　　　b) 剃齿刀

图 9-72　剃齿加工示意图

啮合齿产生相对滑移，v_{At} 为剃削速度。为了能沿轮齿全宽进行剃削，工件由工作台带动作往复直线运动，工作台往复行程终了时，工件还要对剃齿刀作垂直进给，以便从齿面上剃去一层 0.007 ~ 0.08mm 金属层。剃齿加工精度可达 5 ~ 7 级，表面粗糙度为 $Ra0.8 ~ 0.2\mu m$。剃齿加工适宜大批量生产。

盘形剃齿刀的基本结构是一个螺旋圆柱齿轮，在它的齿侧面上开有若干狭窄的容屑槽。这些容屑槽与齿面的交线形成切削刃，淬硬后便成为剃齿刀，如图 9-72b 所示。

2. 珩齿

珩齿是齿轮热处理后的一种光整加工方法。刀具（珩磨轮）是用磨料与环氧树脂等材料浇铸成螺旋齿轮或热压在钢制轮芯上的螺旋齿轮。珩齿运动与剃齿基本相同。珩磨轮与工件在自由传动中靠齿面间的压力和相对滑动，用磨粒进行切削。

珩磨加工表面质量好，但修正齿形误差的能力不如剃齿强，同时对齿形的预加工也有较高的要求。珩磨后的齿轮精度可达 6 ~ 7 级，表面粗糙度为 $Ra1.25 ~ 0.16\mu m$。

3. 磨齿

磨齿是专门用来精加工淬硬齿面的齿轮精加工方法。磨齿对齿形误差或热处理变形具有较强的修正能力。齿轮表面精度可达 3 ~ 7 级，表面粗糙度为 $Ra0.8 ~ 0.2\mu m$。按磨齿原理的不同，磨齿方法可分为成形法磨齿和展成法磨齿两种，如图 9-73 所示。

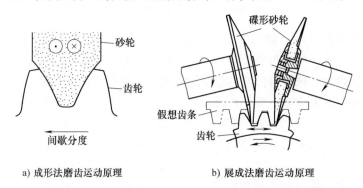

a) 成形法磨齿运动原理　　　　　b) 展成法磨齿运动原理

图 9-73　磨齿加工示意图

生产中常用的碟形砂轮（或锥形砂轮）磨齿法都是利用齿条和齿轮的啮合原理进行磨齿的。其中碟形砂轮刚性较差、切削深度小，生产率较低，但磨削精度高，适用于单件小批磨制高精度的直齿、斜齿圆柱齿轮。

第十一节　光整加工简介

光整加工是指精加工后，对工件表面不切除或切除极薄金属层，从而使工件获得很高的表面质量（表面粗糙度 Ra 值为 $0.2\mu m$ 以下）或强化其表面的加工方法，如研磨、珩磨、超级光磨、抛光等。

一、研磨

研磨是指用研磨工具和研磨剂从工件上磨去一层极薄金属的精加工方法。研具一般采用比工件软的材料制成，以便部分磨粒在研磨中嵌入研具表面，对工件进行研磨。常用的研具材料有铸铁、低碳钢、青铜、皮革等。研具的表面形状应与被研磨工件表面的形状相似。

研磨剂由很细的磨料和研磨液组成。磨料的种类有金刚石、碳化硅等细颗粒，研磨液有煤油、汽油、机油等。研磨过程实质上是用研磨剂对工件表面进行刮划、滚磨和微量切削的综合加工过程。研磨时研具在一定压力下，与工件作复杂的相对运动，在磨料或研磨剂的机械及化学因素作用下，切除工件表面很薄的金属层，从而得到很高的表面精度和很小的表面粗糙度值，如图9-74所示。研磨一般不能提高工件表面之间的位置精度。

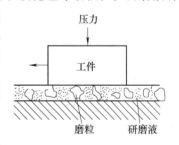

图9-74 研磨工作原理示意图

研磨方法有手工研磨和机械研磨两种。手工研磨时，工件装夹在车床上作低速旋转运动，研具套在工件上，手持研具并加上少许压力，使研具与工件表面均匀接触，研具沿轴向往复移动进行研磨，如图9-75所示。手工研磨适合于单件小批量生产。机械研磨时，研具是由铸铁制成的上下两个研磨盘组成，工件斜置于夹盘的空格内。研磨时，在上研磨盘上加工作压力，下研磨盘旋转，同时夹盘作偏心运动，使工件具有滚动与滑动两种运动，如图9-76所示。研磨作用的强弱主要取决于工件与研磨盘的相对滑动速度大小，研磨质量在很大程度上取决于前一道工序的加工质量。

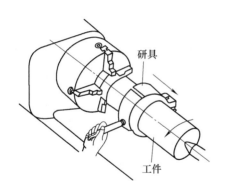

图9-75 手工研磨示意图

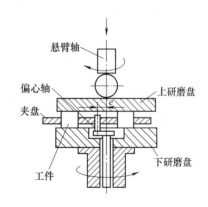

图9-76 机械研磨示意图

研磨设备简单、成本低，操作方法简便，容易保证质量，但研磨生产率较低。研磨应用范围广，常见的表面如平面、圆柱面、圆锥面、螺纹、齿轮等都可用研磨进行光整加工。另外，精密偶件的配合面以及密封件的密封面等，研磨是最好的光整加工方法。

二、珩磨

珩磨是利用珩磨工具对工件表面施加一定的压力并同时作相对回转和直线往复运动，切除工件上极小余量的加工方法。如图9-77所示，珩磨时，珩磨头由机床主轴带动低速旋转并作上下往复运动，珩磨头上装有若干个磨条，以一定压力压在工件被加工表面上，在珩磨头运动时磨条便从工件上切去极薄的一层金属。磨条在工件表面上的切削轨迹是交叉而不重复的网纹。

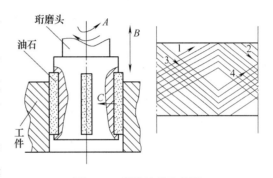

图9-77 珩磨过程示意图

　　珩磨时应加入大量切削液，进行冷却润滑，降低切削温度，并冲走破碎的磨粒和磨屑。一般珩磨使用煤油加少量机油作切削液。珩磨可提高孔的表面质量、尺寸和形状精度，但因珩磨头与主轴是浮动连接，故珩磨不能提高孔的位置精度。珩磨主要用于孔的光整加工，其尺寸公差等级为 IT6 ~ IT4，表面粗糙度 Ra 值是 $0.2 ~ 0.05\mu m$。它主要用于大批量加工液压缸、缸套、发动机气缸、炮筒等工件。

三、超级光磨

　　超级光磨是用极细磨粒的油石进行光磨的一种光整加工方法，又称超精加工，如图9-78所示。加工时工件作旋转运动，装有油石条的磨头以一定的压力压在工件表面上，磨头作往复运动，并沿工件轴线作缓慢的进给运动，从而磨去工件表面的微观凸峰。加工时油石条与工件之间加切削液，以清除磨屑并形成油膜，切削液一般为煤油加锭子油。

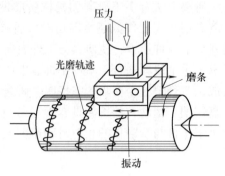

　　超级光磨是一种高效率的光整加工方法，它的主要目的是提高加工表面的表面质量，但超级光磨不能提高工件的尺寸精度和形位精度。超级光磨设备简单，操作方便，生产率高。超级光磨常用于加

图 9-78　超级光磨外圆示意图

工轴承、精密量具以及内燃机零件等要求表面粗糙度值很小的表面，并作为这些零件的最终加工工序。

四、抛光

　　抛光是指利用机械、化学或电化学作用，使工件获得光亮、平整表面的光整加工方法。抛光时通过涂有抛光膏的软轮对工件进行微弱的切削，以降低工件表面粗糙度值，提高其光亮度。软轮是用皮革、毛毡、橡胶、帆布或压制纸板等材料制成，具有一定的弹性。抛光膏用磨料（氧化铬、氧化铁等）与油脂（包括硬脂酸、石油、煤油等）调制而成。

　　抛光时将工件压在软轮上，抛光轮高速旋转，靠抛光膏的机械刮擦和化学作用去掉工件表面的凸峰。通过抛光加工，工件的表面粗糙度可达 $Ra0.1 ~ 0.012\mu m$。抛光后的工件表面非常光洁，但抛光不能提高工件的尺寸精度和形状精度。抛光主要用于表面的修饰加工及电镀前的预加工。

五、滚压加工

　　滚压加工是将滚压工具压在工件表面上，并沿工件表面移动，使工件表面产生塑性变形和冷变形强化，以获得光洁的加工表面的加工方法，如图9-79所示。加工时在工具外表配置若干柱状滚子，包括滚子外缘，滚压工具的直径应比工件的孔径稍大，滚压工具旋转压入时，孔表面的凸凹被压平，产生塑性流动和冷变形强化。滚压内孔工艺与热处理后再磨孔工艺相比，滚压加工可减少加工时间，因此，滚压加工常用于需迅速获得硬而滑的内表面零件。滚压可用于轴的外圆柱面、孔表面加工。

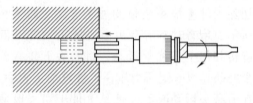

图 9-79　滚压加工示意图

滚压孔的工具可安装在车床的尾座中，不需要特殊设备，因此，使用简便。目前，已经开发出了能滚压锥面、球面、阶梯形表面以及外圆面的各种滚压工具。

第十二节　特种加工方法简介

特种加工是将电能、磁能、化学能、光能、声能、热能等或其组合施加在工件的被加工部位上，从而使材料去除、变形、改变性能或被镀盖的非传统的加工方法。随着科学技术、精密仪器和信息处理仪器的发展，传统的切削加工方法已远远不能满足超精密加工、难切削材料加工、超小型零件加工的需求，因此，需要采用特种加工解决上述问题。目前，常用的特种加工方法有：电火花加工、电解加工、超声波加工、激光加工等。

【思维方式更新——倒过来想一想】　我国一位小学生，根据螺钉容易被拧下来的道理，采用"倒过来"思维方式，通过修改螺钉帽上的开槽形状使它不容易被拧下来，从而发明了一种只能拧进去，不能拧出来的"保险螺钉"。特种加工方法的涌现就是科技人员从"倒过来"思维的角度出发，从而发明了很多新奇的特种加工方法。你有哪些新奇的想法吗？

一、电火花加工

电火花加工是指在一定介质中，通过工具电极和工件电极之间脉冲放电的电蚀作用，对工件进行加工的方法，或称电腐蚀加工。

1. 电火花加工基本原理

电火花加工原理如图9-80所示。加工时，工具电极和工件放入绝缘液体介质中，在两者之间加上100V左右的直流电压。因为工具电极和工件电极的微观表面不是完全光滑的，存在着无数个凹凸不平处，所以，当两者逐渐接近时，在工具电极和金属工件表面之间的局部微小区域，电场强度急剧增大，引起绝缘液体的局部电离，于是产生脉冲放电。由于放电时间极短，放电区内形成局部高温，温度高达5 000 ~ 12 000℃，足以使金属工件局部熔化及气化，在放电爆炸力的作用下，把熔化的金属微粒抛出，并被循环的工作液体介质带走，实现从金属工件表面去除金属的目的。每次放电后金属工件表面上产生微小放电痕，这些放电痕的大量积累就实现了金属工件的加工。最终工具电极的形状就精确地"复印"在金属工件上，从而完成加工过程。

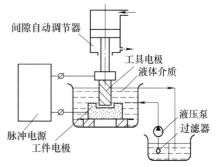

图9-80　电火花加工原理示意图

2. 电火花加工的特点及应用

（1）电火花加工特点　电火花加工适应性强，可以加工任何硬、脆、韧、软及高熔点的导电材料；加工时"无切削力"，工件装夹十分方便；当脉冲宽度不大时，对整个工件而言，几乎没有热变形影响，工件表面加工质量高（$Ra0.8 ~ 1.6\mu m$）；脉冲参数可以任意调节，生产中可以通过控制极性和脉冲的长短（放电持续时间的长短）控制加工过程，在一台电火花加工机床上可以连续进行粗加工、半精加工和精加工。

（2）电火花加工应用　电火花加工适合于加工圆孔、方孔、多边形孔、异形孔等；适合于加工各类锻模、压铸模、复合模、挤压模、塑料模等型腔；适合于加工叶轮、涡轮叶片等各种曲面；适合于切断、切割各类复杂的工件；还可以进行工件表面强化，如零件表面涂覆特殊材料等。

二、电解加工

电解加工是利用金属工件在电解液中产生的阳极溶解作用将工件加工成形的方法，又称电化学加工。电解加工是继电火花加工之后发展较快、应用较广的新加工技术，生产效率比电火花加工高 5～10 倍。

1. 电解加工的基本原理

电解加工原理如图 9-81 所示，在金属工件和工具电极之间接上低电压（6～24V）、大电流（500～20 000A）的稳压直流电源，金属工件接正极（阳极），工具电极接负极（阴极），两者之间保持较小的间隙（通常为 0.02～0.7mm），在间隙中间通过高速流动的导电电解液。在金属工件和工具电极之间施加一定的电压时，阳极金属工件表面的金属就逐渐地按阴极工具电极型面的形状逐渐溶解，同时溶解的产物被高速流动的电解液不断冲走，从而使阳极溶解能够连续进行，于是便在金属工件上形成与工具电极形状相同的型面。

电解加工开始时，金属工件的形状与工具电极形状不同，金属工件上各点距工具电极表面的距离不相等，因而各点的电流密度不一样，距离近的地方电流密度大，金属工件溶解的速度快；距离远的地方电流密度小，金属工件溶解速度慢。这样当工具电极不断进给时，金属工件表面上各点就以不同的溶解速度进行溶解，金属工件的型面就逐渐地接近于工具电极的型面。加工完毕后，即得到与工具电极型面相似的金属工件。

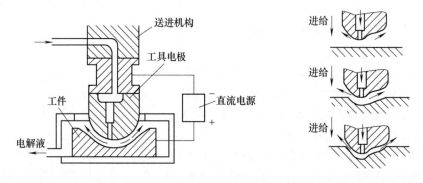

图 9-81　电解加工原理示意图

2. 电解加工的特点及应用

（1）电解加工的特点　电解加工的进给运动简单，加工速度快，且随电流密度的增大而加快，可以一次加工出形状复杂的型面或型腔以及加工高硬度、高强度和高韧性的难切削材料，并且不产生加工毛刺。在加工过程中，工具电极是阴极，阴极上只产生氢气和沉淀而无溶解作用，因此，工具电极无损耗，但工具电极制造精度高，一般采用铜、黄铜、不锈钢等材料制造。电解加工中无机械力和切削热的作用，所以，在加工面上不存在应力和变形，工件表面加工质量高（$Ra0.8～0.2\mu m$）。但电解液一般都有腐蚀性，电解产物有污染性，因此，需要采取防腐蚀和防污染措施。

（2）电解加工的应用　电解加工主要用于加工各种形状复杂的型面，如汽轮机、航空发动机叶片；各种型腔模具，如锻模、冲压模；各种型孔、深孔，炮管膛线、枪管内的来复线等。此外，还可用于电解抛光、去毛刺、切割、雕刻和刻印。电解加工适用于成批和大量生产，多用于粗加工和半精加工。

三、超声波加工

超声波是指频率超过 16kHz 的振动波，其能量远比普通声波大。超声波加工是利用工具作超声波振动，带动工件和工具间的磨料悬浮液冲击和抛磨工件被加工部位，使工件局部材料破碎成粉末，实现穿孔、切割和研磨等。

1. 超声波加工的基本原理

超声波加工原理如图 9-82 所示。加工时在工具和工件之间注入液体（水或煤油等）与磨料混合的悬浮液，工具对工件保持一定的进给压力，并作高频振荡，频率为 16 ～ 30kHz，振幅为 0.01 ～ 0.15mm。磨料在工具的超声振荡作用下，以极高的速度不断地撞击工件表面，使工件材料产生局部破碎。同时，由于悬浮液的高速搅动，又使磨料不断抛磨工件表面，并随着悬浮液的循环流动，使磨料不断得到更新，带走被粉碎下来的工件材料微粒。加工过程中工具逐渐地渗入到工件中，最终工具的形状便"复印"在工件上。

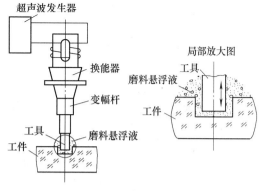

图 9-82　超声波加工原理示意图

2. 超声波加工的特点及应用

（1）超声波加工的特点　超声波加工是依靠极小的磨料进行加工的，要求磨料的硬度大于工件材料的硬度，工具材料的硬度可以小于工件材料的硬度，但工具磨损较大。超声波加工过程中，工件表面无残余应力、组织改变及烧伤等现象，工件表面加工质量高（$Ra1.25 ～ 0.1\mu m$）。超声波加工机床结构比较简单，操作与维修方便，但生产效率较低。

（2）超声波加工的应用　超声波加工适合于加工各种复杂形状的孔、型腔、成形表面等，尤其适合于加工硬脆材料及不导电的非金属材料和半导体材料，如玻璃、陶瓷、石英、锗、硅、石墨、玛瑙、宝石、金刚石等。

四、激光加工

激光加工是利用功率密度极高的激光束照射工件被加工部位，使工件材料瞬间熔化或蒸发，并在冲击波作用下将熔融材料喷射出去，实现对工件进行穿孔、蚀刻、切割加工的方法。

1. 激光加工的基本原理

图 9-83 所示是固体激光器中激光产生和加工原理图。当激光器的工作物质（钇铝石榴石）受到光泵（激励脉冲灯）的激发后，会有少量激发粒子自发地发射出光子，于是所有其他激发粒子受感应将产生受激发射，造成光放大。放大的光通过谐振腔内的全反射镜和部分反射镜的反馈作用产生振荡，并从谐振腔的一端输出激光。激光再通过透镜聚焦形成高能光束，照射到工件的待加工表面上，即可进行激光加工。由于聚焦区域小、亮度高，其焦点

处的功率密度达 $10^8 \sim 10^{10}\,\mathrm{W/m^2}$，温度可达 10 000℃以上，在此高温下，任何坚硬的材料都将瞬时急剧熔化和蒸发，并产生强烈的冲击波，使熔化物质以爆炸方式喷射出去，激光加工就是利用这种原理实现的。固体激光器中常用的工作物质除了钇铝石榴石外，还有红宝石和钛玻璃等材料。

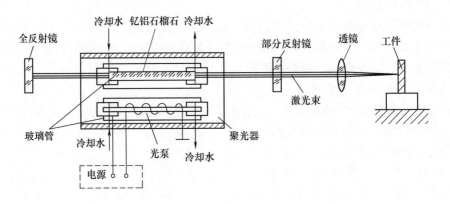

图 9-83　固体激光器加工原理示意图

2. 激光加工的特点及应用

（1）激光加工的特点　激光加工具有加工尺寸精细、速度快、效率高、热影响区小、工件几乎无变形的特点，如打一个孔仅需 0.001s；不使用任何工具，可以通过透明介质进行加工；不需要高电压、高真空环境以及射线保护装置等；不受工件材料性能和加工形状的限制，能加工所有的金属材料和非金属材料，特别是能在坚硬材料或难熔材料上加工出各种微孔（直径为 0.01 ~ 1mm）、深孔（深径比 50 ~ 100）、窄缝等。

（2）激光加工的应用　激光加工主要用来加工化纤喷丝头、仪表中的宝石轴承、金刚石拉丝模具、火箭发动机和柴油机的燃料喷油嘴、集成电路划片和精密零件的微型切割等。例如，利用激光可在硬质合金化纤喷丝头（ϕ100mm）上加工出 12 000 个 ϕ0.06mm 的微孔。此外，利用激光可以对钟表中的宝石轴承进行打孔。

【拓展知识——高压"水刀"】　俗话说"滴水石穿"，日本一家机械厂研制了水压切割机，该机器可在顷刻之间使物体变形或断裂。该机器的喷头可喷出直径 0.1 ~ 0.3mm 的高速水流，其压强达 98 000 ~ 39 200kPa，高压水如同一把锋利的钢刀，能切割一般合金钢、钛金属和混凝土等，而且该机器在工作时振动小，不会使被切部分升温，没有烟和废气排出，而且"水刀"不像有些钢制刀具"吃硬不吃软"。此外，"水刀"清洁卫生，用它可切割食品，通过调整水压和喷头，还可将其用于医疗和道路地下布线等方面。

第十三节　数控加工简介

数字控制（computer numerical control）是指用数字化信号对设备及设备的工作过程进行控制的一种方法，简称为数控（CNC）。利用数字控制方式对机床的运动及加工过程进行控制的高效自动化机床，称为数字程序控制机床，简称数控机床。目前，一个国家数控机床的生产数量及应用程度，已成为衡量这个国家工业化程度和技术装备水平的重要标志之一。

操作者根据零件图样和工艺要求，编制成以数码表示的程序输入到机床的数控装置或控制计算机中，以控制工件和工具的相对运动，使机床加工出合格零件的方法，称为数控加工。数控加工不需要操作者直接操纵数控机床，但数控机床必须执行操作者的指令或意图。

一、数控机床加工零件的基本原理

利用普通金属切削机床加工零件，是操作者根据图样要求，不断地改变刀具与工件之间的运动参数（位置、速度等），利用刀具对工件进行切削加工，最终得到所需要的合格零件。

利用数控机床加工零件是把刀具与工件的运动坐标分割成一些最小的单位量，即最小位移量，由数控系统按照零件加工程序的要求，使坐标移动若干个最小位移量，实现刀具与工件的相对运动，从而完成对工件的加工。

二、数控机床的组成

虽然数控机床的种类较多，但它主要由程序载体、输入装置、CNC 单元、伺服系统、位置反馈系统和机床机械部件组成，如图 9-84 所示。

程序载体的作用是将零件加工程序按一定的格式和代码，存储于其中，通过数控机床的输入装置，将程序信息输入到 CNC 单元内；输入装置的作用是将程序载体内的有关加工信息输入 CNC 单元，将加工信息编译成计算机能识别的信息，由信息处理部分按照控制程序的规定，逐步存储并进行处理后，通过输出单元发出位置和速度指令给伺服系统和主运动控制部分；CNC 单元由信息的输入、处理和输出三个部分组成；伺服系统的作用是根据 CNC 单元传来的速度及位置指令驱动机床的进给运动部件，完成指令规定运动。位置反馈系统分伺服电动机的转角位移反馈和数控机床执行机构（工作台）的位移反馈两种。运动部分通过传感器将上述角位移或直线位移转换成电信号，输送给 CNC 单元，与指令进行比较，并由 CNC 单元发出指令，纠正所产生的误差；机床的机械部分包括主运动系统、进给运动系统、辅助部分（如液压、气动、冷却和润滑部分等）以及一些特殊部件，如储备刀具的刀库，自动换刀装置，自动托盘交换装置等。

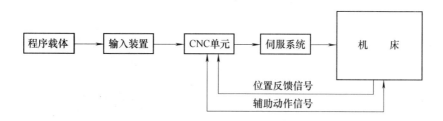

图 9-84　数控机床组成示意图

在数控加工程序中，使用各种 G 指令和 M 指令来描述工艺过程的各种操作和运动特征。ISO 标准中，准备功能字由字母 G 和其后的两位数字组成，从 G00 到 G99 共有 100 种，它命令数控机床作相应的操作。辅助功能字由字母 M 及其后的两位数字组成，从 M00 到 M99 也有 100 种，它表示数控机床的各种辅助动作及其状态。表 9-3 列出了其中几种常用的 G 功能和 M 功能。

表 9-3　几种常用的 G 功能和 M 功能

准 备 功 能	功　　　能	辅 助 功 能	功　　　能
G00	快速点定位	M00	程序停止
G01	直线插补	M02	程序结束
G02	顺时针方向圆弧插补	M03	主轴正转
G03	逆时针方向圆弧插补	M04	主轴反转
G04	暂停	M05	主轴停止
G33	螺纹切削,等螺距	M07	2#切削液开
G40	取消刀具补偿	M08	1#切削液开
G90	绝对(值)程序编制	M09	切削液关
G91	增量(值)程序编制	M10	夹紧
G92	设定工件坐标系(数控铣床)	M11	松开

此外，还规定了进给速度功能字 F、主轴转速功能字 S、刀具选择和刀具补偿功能字 T 等。

一个完整的加工程序由若干个程序段组成，而程序段是由一个或若干个字组成，每个字又由字母（地址）和数字组成。例如，程序段：

N001　G01　X1000　Z2500　F15　S300　T01　NL

N001 字表示第一程序段；G01 字定义为直线插补；X1000 字表示 X 轴正向位移 1000（脉冲当量数）；Z2500 字表示 Z 轴正向位移 2500；F15 为进给量（指 0.15mm/r）；S300 为主轴转速（指 300r/min）；T01 为一号刀；NL（或 CR）为程序段结束。

三、数控机床的分类

数控机床的品种和规格多，其分类原则也有多种。按刀具（或工件）进给运动的轨迹，可分为点位控制数控机床、直线控制数控机床和轮廓控制数控机床三类。按可同时控制的坐标轴数，分为两坐标、两轴半、三坐标及多坐标数控机床等。按工艺用途，分为普通数控机床（图 9-85）和加工中心等。

1. 按刀具（或工件）进给运动的轨迹分类

（1）点位控制数控机床　点位控制的特点是只要求控制刀具或机床工作台，从一点移动到另一点的准确定位，至于点与点之间移动的轨迹原则上不加控制，并且在移动过程中刀具不进行切削，如图 9-86a 所示。采用点位控制的数控机床有：数控钻床、数控坐标镗床、数控压力机等。

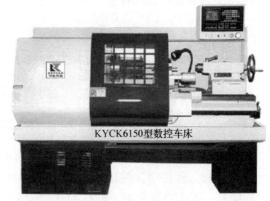

图 9-85　普通数控车床

（2）直线控制数控机床　直线控制的特点是除了控制点与点之间的准确定位外，还要保证被控制的两个坐标点间移动的轨迹是一条直线，且在移动过程中，刀具能按指定的进给速度进行切削，如图 9-86b 所示。采用直线控制的数控机床有：数控车床、数控镗铣床和数控磨床等。

（3）轮廓控制数控机床　轮廓控制的特点是能够同时控制两个或两个以上的轴同时按要求移动，并且在移动过程中，刀具对工件表面进行连续切削，如图 9-86c 所示。轮廓控制数控机床可以加工任意轮廓的曲线或由曲面组成的复杂形状的零件。采用轮廓控制的数控机床有：数控铣床、数控车床、数控磨床、数控齿轮加工机床和加工中心等。

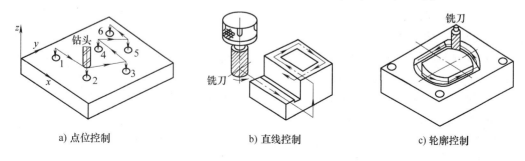

a) 点位控制　　　　　　　　b) 直线控制　　　　　　　　c) 轮廓控制

图 9-86　数控机床运动的控制方式

2. 按工艺用途分类

（1）普通数控机床　普通数控机床一般是指在加工过程中的某个工序上实现数字控制的自动化机床，如数控车床、数控铣床、数控钻床、数控磨床、数控镗床和数控齿轮加工机床等。普通数控机床在自动化程度上还不够完善，刀具的更换及零件的装夹等工序仍需人工完成。

数控车床是目前使用较广泛的数控机床，主要用于轴类和盘类回转体零件的加工，能自动完成内外圆柱面、圆锥面、圆弧、螺纹等工序的切削加工，并能进行切槽、钻孔、扩孔、铰孔等工作，特别适宜加工复杂形状的零件。在数控车床上由程序确定主轴转速和选定刀具，控制转塔刀架，并由刀具进行补偿。工件轮廓形状不太复杂时，控制系统带有圆弧插补器，一般采用手工编程。当加工复杂轮廓或同时有两把刀进行加工时，一般采用自动编程。

数控铣床主要用于各类形状较复杂的平面、曲面和壳体类零件的加工，如各类模具、样板、叶片、凸轮、连杆和箱体等。数控铣床能实现远距离操纵，同时还有半自动刀具安装及拆卸装置。

（2）加工中心　加工中心是指带有刀库和自动换刀装置的数控机床。加工中心大多数以数控铣镗为主，将数控铣床、数控钻床和数控镗床的功能组合在一起，弥补了一台数控机床只能进行一种加工工艺的缺点，可以进行铣削、镗削、钻孔、攻螺纹等加工。由于它具有自动换刀功能，工件一次装夹后，能自动地完成或接近完成工件各面的所有加工工序，工件在加工中心上加工能有效地避免多次装夹造成的误差，加工中心主要用于加工箱体类零件和曲面形状复杂的零件。

例如，铣镗加工中心就是在数控铣床的基础上增加了一个容量较大的刀库（20～120把）和自动换刀装置，工件在一次装夹后，可以对工件的大部分加工表面自动进行铣削、镗削、钻孔、扩孔、铰孔及攻螺纹等多种加工。

另外一类加工中心是以轴类零件为主要加工对象，是在车床基础上发展起来的，除可进行车削、镗削外，还可进行端面和周面上任意部位的钻削、铣削、攻螺纹和各种曲面加工，这类加工中心习惯上称车削中心。加工中心设有刀库，根据加工需要，配置相应的刀具。

四、数控加工的工艺特点及应用

1. 数控加工的工艺特点

1) 加工精度高，质量稳定。由于数控加工采用数字形式发布加工指令，加工过程中控制精确，而且进给运动产生的误差可由数控装置进行补偿，因此，数控加工能达到比较高的加工精度。

2) 生产效率高。数控加工能自动换刀，不停车自动变换主轴转速及快速空程控制，因此，能有效地减少机动时间和辅助时间，一般使用数控机床可提高生产率3倍以上。

3) 具有灵活的适应性。改变加工对象时，除装夹新的工件及更换刀具外，只需重新编制新的加工程序，并输入数控装置即可完成对新工件的加工。

4) 减轻劳动强度，改善劳动条件和环境，便于实现现代化管理。

2. 数控加工应用

数控机床主要应用于加工多品种、小批量生产结构比较复杂的零件，频繁改型的零件，价格贵、不允许报废的关键零件，要求生产周期短的急需零件等。应该注意的是：数控机床并不能完全替代普通机床，而且数控机床科技含量高，使用成本高，维修难度高。因此，选用数控机床时，应仔细核算加工成本，以便获得较好的经济效益。

第十四节　零件结构的切削加工工艺性简介

零件设计应在满足使用性能要求的前提下，尽量做到使切削加工（车、铣、刨、钻、磨、拉等）具有可行性和经济性。因为零件在整个制造过程中，切削加工是目前用来获得零件最后形状和精度的主要方法，所消耗的费用和工时也最多，因此，合理设计零件结构的切削加工工艺性是非常重要的。

一、零件结构的切削加工工艺性

零件结构的切削加工工艺性是指零件进行切削加工的难易程度。它是评价零件结构优劣的技术经济指标之一。合理设计零件结构的切削加工工艺性可以从下列几个方面来考虑：

1) 零件表面的形状应尽量简单，避免复杂结构。对于复杂形状的零件，必要时可分解成简单零件，在分别加工完后再组装成一个复杂零件。

2) 零件应便于安装，定位准确，夹紧可靠，容易测量、装配和拆卸。

3) 有相互位置精度（如垂直度、同轴度等）要求的表面，应尽量设计成能在一次安装中加工出零件，保证提高切削效率和零件表面的位置精度。

4) 零件表面的有关尺寸要适应标准化和规格化要求。例如，孔、螺纹、轴等直径尺寸实行标准化和规格化，就可采用标准刀具，减少刀具使用种类和刀具调整次数，有利于提高切削加工效率和降低加工成本，也便于与标准件配合。

5) 零件结构应便于进刀与退刀。

6) 零件结构应具有足够的刚度，能够承受切削力和夹紧力，以利于提高切削用量和生产率。

7) 合理设计零件的精度和表面粗糙度值，在满足使用要求的前提下，零件加工面的数量和面积越少越好，精度要求和表面粗糙度要求越低越好。

8) 大批量生产的零件，其结构应与先进的加工工艺方法、设备及夹具等相适用。

二、零件结构的切削加工工艺性案例

零件结构的切削加工工艺性与技术条件、设备、工艺方法等有密切关系。表 9-4 列举了部分零件结构的切削加工工艺性案例。

表 9-4　部分零件结构的切削加工工艺性案例

设计因素	不合理结构（改进前）	合理结构（改进后）	设计说明
便于装夹			需要磨削的大平面，在改进前，其结构无法用压板夹紧；改进后，增设夹紧边缘或夹紧孔进行夹紧，安全可靠
尽量减少装夹次数			改进前，加工两个键槽需要两次装夹；改进后，仅需一次装夹即可
尽量采用标准化尺寸	M19	M20	螺纹的公称直径和螺距应取标准值。以便使用标准丝锥和板牙进行加工，也便于利用标准螺纹量规进行检验
采用标准刀具减少刀具种类	5　4　3	4　4　4	改进后轴上的退刀槽宽度相同，减少了刀具种类和换刀次数
设计退刀槽	M12	M12	改进前，螺纹难以加工到轴肩根部，必须留出退刀槽
零件结构要有足够的刚度	Ra 3.2	Ra 3.2	改进前，零件在加工时，易变形；改进后，零件内部增设了肋板，刚度提高
尽量减少加工面积			改进后，滑动轴承座底面的加工面积减少，也提高了零件的稳定性

第十五节　先进制造技术简介

制造业是国民经济发展与社会文明发展的物质基础和核心，是一个国家综合国力的具体体现。随着科学技术的突飞猛进，产品更新换代速度的加快，传统的制造技术已逐渐不适应当今快速变化的环境了，先进的制造技术便脱颖而出。先进制造技术（或现代制造技术）是指制造业不断吸收信息技术、计算机技术和管理技术的成果，并将其综合应用于产品设计、加工、检测、管理、销售、使用、服务及回收的制造全过程中，以实现优质、高效、低能、清洁及灵活生产，提高企业对动态多变市场的适应能力和竞争能力的制造技术的总称。目前，先进制造技术主要有：超精密加工技术、柔性制造单元（FMC）、柔性制造系统（FMS）、超高速切削技术、绿色加工技术等。

一、超精密加工技术

精密加工技术是指加工精度为 $1 \sim 0.1\mu m$，表面粗糙度 Ra 值为 $0.1 \sim 0.01\mu m$ 的加工技术。超精密加工技术是指加工误差小于 $0.1\mu m$，表面粗糙度 Ra 值小于 $0.01\mu m$ 的加工技术。超精密加工技术在机电设备制造技术中占有重要位置，不论是国防产品，还是民用产品都需要超精密加工技术，如飞机、航天器、导弹、潜艇、精密陀螺仪、精密测量仪器、激光核聚变用反射镜、复印机磁鼓、摄像机磁头、精密丝杠、精密齿轮、精密蜗轮、精密导轨、精密轴承等都需要超精密加工技术。

超精密加工的目的是：提高装配水平，实现自动化装配；提高零部件互换性；提高产品质量，降低废品率；提高零件的耐磨性和组装精度。目前，实现超精密加工的方法主要有超精密切削、超精密磨削与研磨、超精密特种加工三类。例如，利用金刚石刀具进行超精密切削，可加工各种镜面，解决了激光核聚变系统和天文望远镜的大型抛物面镜的加工；采用超精密磨削可以加工大规模集成电路基片和高精度硬磁盘；采用精密特种加工（如电子束、离子束刻蚀方法），可以加工大规模集成电路芯片。

二、超高速切削技术

超高速切削技术是指采用超硬材料刀具和磨具，利用高速运动的高精度、高自动化和高柔性的制造设备，以提高切削速度来达到提高材料切除率、加工精度和加工质量的先进切削技术。一般超高速切削的切削速度比常规切削速度高 $5 \sim 10$ 倍以上，其显著优点是在耗能、切削力、刀具磨损、加工表面质量等方面均优于传统的切削方法，特别是在提高加工效率方面非常显著。例如，采用超高速切削加工技术加工飞机或汽车上的铝合金零件，比传统的切削加工工艺方法提高工艺效率 3 倍以上。超高速切削所用的刀具材料有：带涂层的硬质合金、陶瓷、立方氮化硼（CBN）、聚晶金刚石。

三、柔性制造单元（FMC）

柔性制造单元是数控机床的扩展。所谓"柔性"是指能够容易地适应多品种、小批量的生产功能。柔性制造单元可由一台或数台设备组成。它具有独立的自动加工功能，个别柔性制造单元还具有自动传送和监控管理功能，可实现某些种类零件的多品种小批量加工。

柔性制造单元有两大类，一类是数控机床配上机器人（图9-87），加工中心上的工件，由机器人来装卸，加工完的工件放在工件架上，监控器协调加工中心和机器人的动作；另一类是加工中心配上托盘交换系统（图9-88），托盘上装有工件，当工件加工完毕后，托盘转位，加工另一新工件，托盘支承在圆柱环形导轨上，由内侧的环链拖动而回转。托盘的选定和停位由可编程控制器来实现，一般托盘数在 5 个以上。

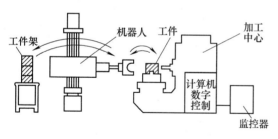

图 9-87　带有机器人的柔性制造单元

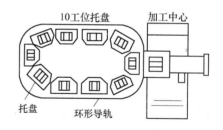

图 9-88　带有托盘交换系统的柔性制造单元

四、柔性制造系统（FMS）

柔性制造系统是由统一的信息控制系统、物料储运系统和一组数控加工设备组成（图 9-89），能够适应加工对象变换的自动化机械制造系统。它是一个由传输系统联系起来的一组设备（通常是具有换刀装置的数控机床或加工中心）。传输系统把工件放在托盘或其他连接装置上送到各加工设备，使工件加工准确、迅速和自动化。该系统通过编程或对程序稍加调整就可同时对几种不同的工件进行加工。

采用柔性制造系统后，可显著提高劳动生产率，大大缩短制造周期和提高机床利用率，减少操作人员（可实现昼夜 24 小时连续"无人化生产"），压缩在制品数量和库存量，因而使加工成本大大降低，缩小了生产场地和提高了经济效益。

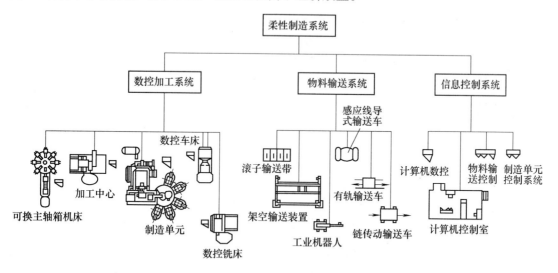

图 9-89　柔性制造系统的组成示意图

五、计算机集成制造（CIM）与计算机集成制造系统（CIMS）

1973 年由美国的约瑟夫·哈林顿博士在《计算机集成制造》一书中首次提出计算机集成制造，其定义是将信息技术、现代管理技术和制造技术相结合，并应用于企业产品全生命周期的各个阶段，通过信息集成、过程优化和资源优化，实现物流、信息流和价值流的集成和优化运行，达到人（组织和管理）、经营和技术三要素的集成，从而提高企业的市场应变能力和竞争能力的制造方法。

计算机集成制造系统是在计算机集成制造（CIM）哲理下建立的人机系统，是一种组织、管理和运行企业的新型制造模式。其定义是：以系统工程理论为指导，强调信息集成和适度自动化，以过程重组和机构精简为手段，在计算机网络和工程数据库系统的支持下，将制造企业的全部要素（人、技术、经营管理）和全部经营活动集成为一个有机整体，实现以人为中心的柔性化生产，使企业在新产品开发、产品质量、产品成本、相关服务、交货期和环境保护等方面均取得整体最佳效果的制造模式。

一般来说，计算机集成制造系统由管理信息系统、技术信息系统、制造自动化系统、计算机辅助质量保证系统、计算机通信网络、数据库系统组成。

六、虚拟制造

竞争日益激烈的市场经济使产品的生命周期越来越短，同时客户的特殊需要和产品的复杂性也日益提高。在这种情况下，如果继续沿用传统的新产品开发模式（试制原型→反复试验→确定产品规格→投产），就难以赢得竞争，而且试制成本和试制风险也较高，为此人们利用虚拟制造来实现新产品的开发。虚拟制造就是将制造过程的计算机模型和仿真技术用于产品辅助设计和生产全过程模拟的技术。

虚拟制造的实质就是利用计算机进行建模和仿真，使新产品开发过程在计算机上模拟进行，不需要消耗物理资源。它可以帮助设计师和工程师预测新产品的功能，分析制造过程中存在的潜在问题，比较新产品开发方案，从而实现以最小成本，保证新产品一次性开发成功。

七、绿色制造与绿色加工技术

人类在发展社会文明过程中，不断地向大自然索取资源。同时，在制造和消费过程中，又不断地对大自然产生破坏，使自然资源日益枯竭，环境污染日益严重，这种情况正严重地阻碍社会经济的持续发展，甚至直接威胁人类的生存。绿色制造与绿色加工技术就是在这种情况下产生的新型制造模式。

绿色制造是指在保证产品的功能、质量、成本的前提下，综合考虑环境影响和资源效率的现代制造模式。它使产品从设计、制造、使用到报废的整个生命周期中不产生环境污染或环境污染最小化，符合环境保护要求，对生态环境无害或危害极小，节约资源和能源，使资源利用率最高，能源消耗最低。

绿色加工技术是从绿色制造技术中细化出来的。绿色加工技术是指在不牺牲产品的质量、成本、可靠性、功能和能量利用率的前提下，充分利用资源，尽量减轻加工过程对环境的有害影响，在加工过程中实现优质、低耗、高效及清洁化。

根据绿色加工技术追求的目标，可将绿色加工技术分为：低物耗的绿色加工技术、低能耗的绿色加工技术、废弃物少的绿色加工技术和少污染的绿色加工技术。

根据采用的加工介质的不同，又分为自然绿色加工和辅助绿色加工。自然绿色加工是指在机械加工时，除自然环境冷却外，不使用任何其他附加的介质（如冷风、水、植物油等），如干式切削（或磨削）、高速干式铣削等。辅助绿色加工是指把无污染冷却介质（或润滑油）输入到切削区域，起到冷却或润滑等作用，如射流加工和喷雾加工。

绿色制造技术正逐渐应用于企业生产中，如汽车和家电制造过程中，注重使用清洁燃料；采用新工艺，降低汽车尾气排放；使用轻型材料（如铝合金、复合材料等），降低汽车自重，减少能耗；回收汽车零部件，减少材料消耗，节省加工过程中的能源损耗等就是在贯彻绿色制造目标。

第十六节 机械加工工艺过程简介

一、生产过程和工艺规程

1. 生产过程

生产过程是指将原材料转变为成品件的全过程。它包括原材料购买、运输、管理、生产准备、毛坯制造、切削加工、热处理、检验、装配、试车、油漆、包装等。生产过程包括工艺过程和辅助过程两部分。

（1）工艺过程 利用生产设备、工具及一定的方法改变生产对象的形状（铸造、锻造等）、尺寸（机械加工）、相对位置（装配）和性质（物理、化学、力学性能等）等，使其变为成品或半成品的过程，称为工艺过程。例如，铸造、锻压、焊接、热处理、机械加工、装配等，均属于工艺过程。

机械加工是采用切削加工或特种加工方法，直接改变毛坯的形状、尺寸和表面质量，使之成为符合技术要求零件的全过程。

（2）辅助过程 与原材料改变为成品件有间接关系的过程称为辅助过程，如运输、保管、检验、设备维修、购销等。限于篇幅，本章只重点讨论机械加工工艺过程基本知识。

2. 工艺规程

零件从毛坯加工成成品或半成品所采用的加工工艺过程，可以是多种形式。为了方便生产管理、调度和经济核算，需要制定相关的工艺规程。工艺规程是指生产中用一定的文件形式规定产品或零部件制造工艺过程和操作方法等的工艺文件。工艺规程与产品的生产类型和生产条件等密切相关，它包括工艺路线的拟定、确定各工序所用的机床和工艺装备、加工余量、切削用量和工时定额等。

二、机械加工工艺过程的组成

为了便于分析机械加工过程和制订工艺规程，必须了解机械加工工艺过程的组成。零件的机械加工工艺过程由一系列工序组成，而工序又由工步、安装、工位、走刀等单元组成。

1. 工序

工序是指一个或一组工人，在一个工作地点（或同一设备），对同一个或同时几个工件加工，所连续完成的那一部分工艺过程。划分工序的主要依据是零件在加工过程中的工作地点（机床）是否变动，该工序的工艺过程是否连续完成。工序是生产管理和经济核算的基本单元。一般加工一个零件需要若干个工序才能完成。

例如，加工小型轴（图9-90）通常是先车削端面和钻中心孔。其加工过程有两种：做法一，在卧式车床上逐件车削一端面，钻一中心孔，放在一边，加工一批后，在另一个车床再逐件调头安装，车削另一端面，钻另一中心孔，直至加工完毕，这是两道工序，如图9-90a所示；做法二，逐件车削一端面，钻一中心孔，立即调头安装，车削另一端面，钻另一中心孔，按此方法进行，加工完一件再继续加工第二件，这是一道工序，如

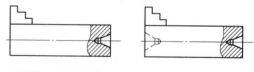

a) 两道工序两次安装   b) 一道工序两次安装

图9-90 车削小型轴的端面和钻中心孔

图 9-90b 所示。

2. 工步

工步是指在加工表面（或装配时的连接表面）和加工（或装配）工具不变情况下，所连续完成的那一部分工艺过程。一道工序可由多个工步组成。划分工步的目的是为了合理安排工艺过程。构成工步的任一因素改变则转变为另一个新工步。如图 9-91 所示，在钻床上进行台阶孔的加工工序时，此道工序则由 3 个工步组成，即钻孔工步 1、镗孔工步 2 和镗环槽工步 3。为了提高生产效率，同时用几个刀具加工一个工件的几个表面可视为一个工步，称为复合工步。另外，对于多次重复进行的工步，如在法兰上依次钻 4 个 $\phi15$mm 的孔，习惯上算做一个工步，如图 9-92 所示。

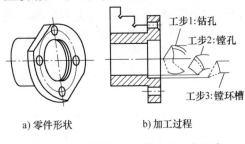

a) 零件形状　　　　b) 加工过程

图 9-91　台阶孔加工工序中的 3 个工步

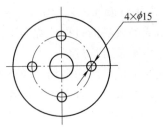

图 9-92　工件上多次重复进行的工步

3. 安装

工件（或装配单元）经一次定位与装夹后所完成的那部分工序称为安装。安装包括定位和夹紧两项内容。定位是在加工前使工件在机床上（或在夹具中）处于某一正确的位置。工件定位之后还需要夹紧，使它不因切削力、重力或其他外力的作用而变动位置。对于图 9-90 中的小型轴，做法一是每道工序安装一次；做法二是一道工序内有两次安装。因此，有可能一道工序中有多次安装。在加工过程中应尽量减少安装次数，以减少安装产生的误差和装卸工件的辅助时间。

4. 工位

工位是指为了完成一定的工序部分，一次装夹工件后，工件（或装配单元）与夹具或设备的可动部分一起相对刀具或设备的固定部分所占据的每个位置。为了减少安装次数，一个工序可以包括几个工位，如图 9-93 所示。在具有回转工作台的铣床上，工位 1 用来装卸工件，工位 2 ~ 4 分别用来加工工件的三个表面，因此，该工序是 1 道工序，1 次安装，3 个工步，4 个工位。

5. 走刀

在同一工步中，由于加工余量大等原因，需要用同一刀具，在相同的转速和进给量条件下，对同一加工面进行多次切削，每进行一次切削，则称为一次走刀。显然一个工步可包括一次走刀或几次走刀。

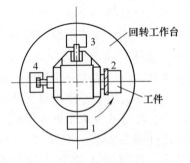

图 9-93　包括 4 个工位的工序

三、生产纲领和生产类型

1. 生产纲领

生产纲领是企业在计划期内应当生产的产品数量和进度计划。计划期为 1 年的生产纲领称为年生产纲领。生产纲领对企业的生产过程和生产组织起决定性作用和指导作用，它影响产品工作地点的专业化程度、工艺方法和工艺装备等。

2. 生产类型

根据产品的品种和年产量的不同，机械产品的生产可分为单件生产、成批生产和大量生产三种类型。

（1）单件生产　单个地制造不同结构和尺寸的产品，很少重复或不重复生产，称为单件生产。单件生产的特点是产品品种多而数量少。例如，新产品试制，专用工艺装备的制造以及重型机器制造等，一般属于单件生产。

（2）大量生产　产品的数量很大，工作地点经常重复地进行某个零件的某一道工序的加工，称为大量生产。大量生产的特点是产品品种单一而数量大。例如，滚动轴承、标准件、汽车和拖拉机、某些轻工产品以及常规军工产品的生产等，一般均属于大量生产。

（3）成批生产　产品成批地投入制造，生产呈周期性的重复生产，称为成批生产。成批生产的特点是几种产品品种轮番制造，如机床的生产就是典型代表，大多数机械产品的生产均属于成批生产。按照一次投入生产的工件数量（批量）的多少，又可分为小批生产、中批生产和大批生产三种情况。小批生产与单件生产类似，大批生产与大量生产类似，中批生产介于大批生产与小批生产之间。

3. 生产类型与工艺特征的关系

一般来说，零件生产量越大，要求毛坯的精度越高。提高毛坯的精度，可以使后续切削加工节省工时，但提高毛坯精度需要较大的投资。

在工艺装备方面，当零件生产量较小时，一般使用工艺范围较广的机床附件，如自定心卡盘、单动卡盘、机床用平口虎钳、分度头及通用刀具和量具。它们具有良好的适应加工对象变换的"柔性"，但需要依靠增加操作者的劳动强度才能提高生产效率；当生产量较大时，为了提高生产效率，使人为因素对零件加工质量的影响最小以及减少操作者的重复劳动量，则应使用专门化的自动机床以及专门为加工某一零件设计和制造的专用机床和辅助工艺装备。

四、零件安装方式

选择科学合理、稳定牢固及简便高效的工件安装方式是非常重要的。一般工件的安装方式有：专用夹具安装、划线找正安装和直接找正安装三种。

1. 专用夹具安装

专用夹具安装是工件放在通用夹具（如 V 形块）或专用夹具中，依靠夹具的定位元件获得工件正确位置的安装方法，如图 9-94 所示。使用专用夹具可以方便、迅速、准确地安装工件，无需找正，其定位精度可达 0.01mm，一般适合于成批大量生产。

2. 划线找正安装

划线找正安装是以工件待加工表面上划出的线痕或者以工件的实际表面作为定位依据，加工时用划线盘或指示表找正工件的位置后再夹紧的安装方法，如图 9-95 所示。该方法多用于生产批量较小、位置精度较低的零件的粗加工以及使用夹具安装困难的大型零件。使用划线盘找正的定位精度是 0.2～0.5mm；使用百分

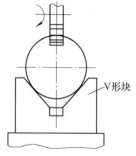

图9-94　V形块

表找正的定位精度较高。

3. 直接找正安装

直接找正安装是操作人员借助划线盘上的划针、角尺、百分表（或千分表）等工具，通过目测，边校验，边调整，找正工件在机床上的位置，然后夹紧工件的安装方法，如图 9-96 所示。直接找正安装的定位精度较低，约为 0.1 ~ 0.5mm，生产效率较低，多用于单件小批量粗加工件的找正。

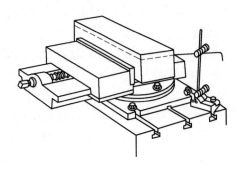

图 9-95　划线找正

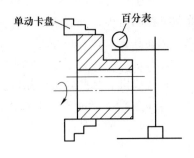

图 9-96　直接找正法

五、基准的种类

基准是指用来确定生产对象上几何要素间的几何关系所依据的那些点、线、面。根据基准的作用不同，可将基准分为：设计基准和工艺基准。

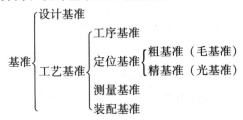

1. 设计基准

在零件图上用来标注尺寸和表面相互位置的基准，称为设计基准。图 9-97 所示轴套零件中的轴线就是各个外圆和内圆的设计基准，端面 A 是端面 B 和端面 C 的设计基准。

2. 工艺基准

工艺基准是工件在加工或产品装配中确定其他点、线、面位置所依据的基准。工艺基准按用途可分为：工序基准、定位基准、测量基准和装配基准。

（1）工序基准　在工序图上，用以标定该工序被加工表面位置的基准称为工序基准。图 9-98 所示就是钻孔工序图的工序基准示例。

（2）定位基准　在加工中用来确定工件在机床或夹具上正确位置的基准，称为定位基准。图 9-99 所示箱体零件在加工孔 1 和孔 2 时，需要用底面 3 安装在夹具上，此时底面 3 就是定位基准。需要注意的是：定位基准除了是零件的实际表面外，也可以是零件表面的几何中心、对称线或对称平面，但定位基准必须由相应的实际表面来体现。

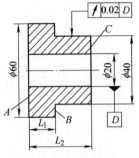

图 9-97　轴套零件图

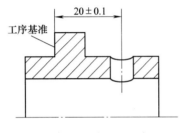

图 9-98　工序基准示例

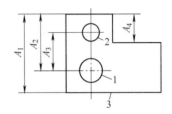

图 9-99　箱体零件的定位基准

定位基准包括粗基准和精基准。第一道工序一般都用毛坯面作为定位基准，这种以毛坯表面作为定位基准的称为粗基准。一般粗基准只使用一次，继续加工时需要用已加工面作为定位基准，这种采用已加工面作为定位基准的称为精基准。

粗基准是在最初的加工工序中，以毛坯表面来定位的基准。选择粗基准时，应满足各个表面都有足够的加工余量，使加工表面对非加工表面有合适的相互位置。粗基准选择原则如下。

1）选用工件非加工表面作为粗基准，以保证加工面与非加工面之间的位置误差为最小。

2）如果必须保证工件某个重要表面的加工余量均匀，则应选择该表面作为粗基准。

3）应尽量选用平整的、面积足够大的毛坯表面作为粗基准。

4）粗基准不能重复使用，这是因为粗基准表面精度低，不能使工件在两次安装中保持同样位置。

5）所选择的粗基准应便于工件装夹。

精基准的选择直接影响着零件各表面的相互位置精度。选择精基准时，要考虑保证工件的加工精度和工件装夹方便与可靠。选择精基准的原则如下。

1）基准重合原则。尽可能选用设计基准作为精基准，以免产生基准不重合带来的定位误差。

2）基准统一原则。应尽可能使更多的加工表面都用同一个精基准，以减少变换定位基准带来的误差，并使夹具结构统一。例如，加工轴类零件时，用中心孔作精基准，在车削、铣削、磨削等工序中始终以它作为精基准，既可保证各段轴颈之间的同轴度，又可提高生产效率。又如齿轮加工时通常先把内孔加工好，然后再以内孔作为精基准。

3）互为基准原则。当工件上两个加工表面之间的位置精度要求较高时，可以采用两个有相互位置精度要求的加工表面互为基准反复加工的方法，称为互为基准原则。例如，加工短套筒时，为了保证孔与外圆的同轴度，就是先以外圆作为定位基准磨孔，再以磨过的孔作为定位基准磨外圆。

4）便于安装，并且使夹具结构简单。

5）尽量选择形状简单、尺寸较大的表面作为精基准，以提高安装的稳定性和精确性。

（3）测量基准　测量基准是指工件在检测时，用来检测工件尺寸和位置公差的基准。图 9-97 所示轴套零件中的内孔就是检验 $\phi40$mm 外圆径向圆跳动的测量基准。

（4）装配基准　装配基准是指装配时用来确定工件或部件在机器中位置的基准。图 9-97 所示轴套零件中的内孔就是装配基准。

六、机械加工工艺过程的制定

1. 制定机械加工工艺过程所遵循的原则

根据零件的技术要求和生产实际条件，需要对不同的切削加工方法进行合理的组合、分工与安排，制定出正确的切削加工工艺过程，这样才能保证工件的加工质量，降低生产成本。机械加工工艺过程的安排需要遵循下列基本原则。

（1）基准先行原则　前道工序必须为后道工序准备好定位基准。例如，轴类零件，在车削和磨削之前都要先加工中心孔。对于支架和箱体类零件，一般是先加工平面，再以平面作为孔加工的定位基准，这样便于安装和保证孔与平面之间的位置精度要求。对于短套筒类零件，先加工孔，后加工外圆，在加工外圆时以孔作为定位基准，并安装在心轴上。对于长套筒类零件则是先加工外圆后加工孔，因为此时不便使用细长的心轴。

（2）粗精分开原则　因为零件的加工误差需要一步一步减小。粗加工由于切除的余量较大，切削力和切削热所引起的变形也较大，对于零件上具有较高精度要求的表面，在全部粗加工完成后再进行精加工才能保证质量。

（3）先主要后次要原则　零件的主要工作表面、装配基准面等要先加工。螺孔、键槽等次要表面由于加工量较小，又与主要表面有位置精度要求，应安排在主要表面加工结束后进行，或穿插在主要加工表面的加工过程中进行。但在精加工阶段，要求高精度的主要表面应安排在最后，以免受其他加工表面的影响。

2. 机械加工工艺过程的阶段划分

对于切削加工质量要求较高的零件，为了保证加工质量，便于组织生产，合理安排人力、物力，合理使用设备，合理安排热处理工序，需要将零件切削加工工艺过程划分成若干阶段（图9-100）。

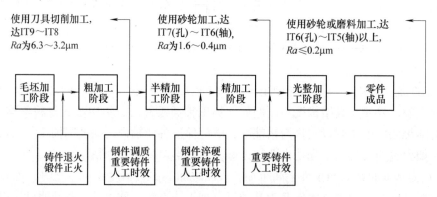

图9-100　机械加工工艺过程的阶段划分

每个加工阶段包含若干个加工工序。对于不同加工质量要求的零件，有不同的加工工艺过程。粗加工阶段的任务是切除大部分加工余量，提高生产率。半精加工阶段的任务是完成零件次要表面的加工，并为主要表面的精加工作准备，目的在于为主要表面精加工准备好定位基准。对于加工质量要求不高的零件，到半精加工阶段就可能加工结束。精加工阶段的任务是完成零件主要表面的加工，目的在于保证质量，一般零件的加工过程就到此结束。对于精密零件，由于其上的个别表面需要经过光整加工阶段才能达到技术要求，所以，在精加工之后还需要安排光整加工阶段。

3. 机械加工辅助工序的安排

零件加工辅助工序是指检验、去毛刺、清洗等。为了及时发现废品，工件在粗加工后，从一个车间转入到另一个车间之前，重要加工工序的前后以及成品入库之前，一般都要安排检验工序。目的在于查明次品产生原因，保证获得合格的产品。在工件镗孔和铣削之后，一般要安排去毛刺。例如，在孔内键槽加工后，要安排槽口倒角的钳工工序。在零件成品入库之前，或者组装之前，或者工件精密加工之前，一般要安排清洗工序。

4. 机械加工工艺过程举例

图 9-101 所示为阶梯轴简图，其主要加工表面为外圆面，加工精度较高，而且各段圆柱有同轴度要求。从生产数量看，属小批生产。阶梯轴零件的切削加工工艺过程见表 9-5。

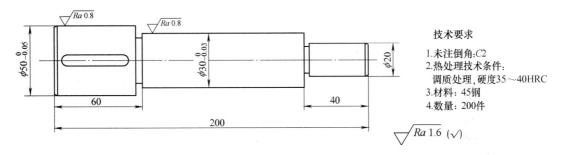

图 9-101　阶梯轴零件图

表 9-5　阶梯轴零件切削加工工艺过程

工序号	工序名称	工 序 内 容	工序号	工序名称	工 序 内 容
1	下料	$\phi 60mm \times 210mm$	4	热处理	调质处理
2	车削	自定心卡盘夹外圆。车削端面，钻中心孔	5	铣键槽	铣键槽，去毛刺
			6	磨削	磨削外圆到尺寸要求
3	车削外圆	车削外圆，留少量磨削余量，切槽	7	检验	按图样检验入库

复习与思考

一、填空题

1. 切削运动包括_____和_____两个基本运动。

2. 切削用量三要素是指_____、_____和_____。

3. 目前切削刀具材料主要有：_____钢与_____钢、_____钢、_____合金及其他刀具材料（如_____、_____、_____和_____等）。

4. 外圆车刀的切削部分由_____面、_____面、_____面，_____刃、_____刃和_____尖组成。

5. 一把普通外圆车刀的主要角度有_____、_____、_____、_____、_____等。

6. 常见的切屑类型有_____、_____、_____三种。

7. 切削过程中的物理现象包括_____、_____、_____和_____。

8. 车床主要用于加工_____表面。

9. 车削外圆时，车削步骤一般分为 _____ 车、_____ 车、_____ 车和_____车。

10. 车成形回转面的加工方法有：_____法、_____法和_____法。

11. _____和_____均为孔加工机床。

12. 常用的钻床有_____、_____和_____。

13. 镗削加工时主运动为_____，进给运动为_____。

14. 刨床和插床都是_____加工机床，但刨床主要用来加工_____，而插床主要用来加工_____。

15. 外圆磨削时主运动为_____，进给运动分别为_____、_____、_____。

16. 平面磨床按工作台的形状分为_____平面磨床和_____平面磨床两类。

17. 对于高硬度材料来讲，_____几乎是唯一的切削加工方法。

18. 齿轮常用的精加工方法有_____齿、_____齿和_____齿。

19. 研磨方法有_____研磨和_____研磨两种。

20. 齿轮的齿形加工按加工原理可分为_____和_____两种。

21. 常用的特种加工方法有_____、_____、_____、_____等。

22. 数控机床是由_____、_____、_____、_____和_____组成。

23. 数控机床按刀具（或工件）进给运动轨迹分类有_____、_____和_____数控机床。

24. 采用轮廓控制的数控机床有_____、_____、_____、_____等。

25. 数控机床按工艺用途分类有_____和_____。

26. 零件结构应便于_____刀与_____刀。

27. 虚拟制造的实质就是利用计算机进行_____和_____，使新产品开发过程在计算机上模拟进行，不需要消耗物理资源。

28. 生产过程包括_____过程和_____过程两部分。

29. 零件的切削加工工艺过程是由一系列_____组成。工序由_____、_____和_____等单元组成。

30. 根据产品的品种和年产量的不同，机械产品的生产可分为_____生产、_____生产和_____生产三种类型。

31. 定位基准包括_____基准和_____基准两种。

32. 工艺基准按用途可分为：_____基准、_____基准、_____基准和_____基准。

33. 零件加工辅助工序是指_____、_____、_____等。

34. 一般工件的安装方式有三种：_____安装、_____安装和_____安装。

二、单项选择题

1. 切削刀具的前角是在_____内测量的前面与基面的夹角。
A. 正交平面；　　　B. 切削平面；　　　C. 基面

2. 切削塑性材料时易形成_____，切削脆性材料时易形成_____。
A. 崩碎切屑；　　　B. 带状切屑；　　　C. 节状切屑

3. 在总切削力的三个分力中，_____是最大的，故又称主切削力。

A. 进给力 F_f；　　　　B. 切削力 F_c；　　　　C. 背向力 F_p

4. 为了提高孔的表面质量和精度，一般选择_____。

A. 铰孔；　　　　　　B. 车孔；　　　　　　C. 磨孔；　　　　　　D. 铣孔

三、判断题

1. 主运动可以是旋转运动，也可以是直线运动。（　　）

2. 在切削时，切削刀具前角越小，切削越轻快。（　　）

3. 在切削过程中，进给运动的速度一般远小于主运动速度。（　　）

4. 与高速钢相比，硬质合金突出的优点是热硬性高、耐磨性好。（　　）

5. 减小切削刀具后角可减少切削刀具后面与已加工表面的摩擦。（　　）

6. 减小总切削力并不能减少切削热。（　　）

7. 插床的主要功能是用来插削键槽和花键槽等表面。（　　）

8. 拉削过程中主运动是拉刀的低速直线运动，进给运动是靠拉刀刀齿直径依次递增一个齿升量（一般是 0.02～0.1mm）实现的。（　　）

9. 分度头是铣床的重要附件，主要用于铣削多边形、花键、齿轮等工件。（　　）

10. 基准是指用来确定生产对象上几何要素间的几何关系所依据的那些点、线、面。（　　）

11. 粗基准可以重复使用多次。（　　）

12. 为了减少变换定位基准带来的误差，应尽可能使更多的加工表面都用同一个精基准。（　　）

13. 安装包括定位和夹紧两项内容。（　　）

四、简答题

1. 简述切削刀具材料应具备哪些基本性能。

2. 卧式车床主要由哪几部分组成？

3. 粗车、精车的目的是什么？

4. 车外圆锥面的方法有哪些？

5. 牛头刨床和插床在结构和工艺应用范围方面有何差别？

6. 卧式铣床的主运动是什么？进给运动是什么？

7. 为什么铣削加工比刨削加工生产率高？

8. 外圆磨床有哪些功能和运动？

9. 外圆柱面的磨削方法有哪些？各适用于哪些零件？

10. 外圆锥面的磨削方法有哪些？各适用于哪些零件？

11. 磨削平面的方式有哪些？各有何特点？

12. 圆柱齿轮齿形的加工有哪些方法？

13. 什么是超级光磨？其主要目的是什么？

14. 电火花加工有何特点？

15. 数控加工的工艺特点有哪些？

16. 粗基准的选择原则是什么？

17. 精基准的选择原则是什么？

18. 制定机械加工工艺过程需要遵循哪些原则？

19. 为什么要将零件的切削加工过程划分为若干个阶段？

五、课外探讨与交流

1. 深入现场或利用模型与图片，仔细观察不同的切削刀具，分析其共同点和不同点。

2. 深入现场观察各种车床的工作原理、结构及用途，分析它们之间的共同点与不同点。

3. 针对实习中遇到的零件，从其加工要求出发，分析零件表面的加工要求及其方法。

4. 一般认为"切削刀具用硬材料制造，反之则不行"。通过本章的学习，你对反向思维（或逆向思维）有何认识？

参 考 文 献

[1] 王纪安. 工程材料与材料成形工艺 [M]. 北京：高等教育出版社，2000.

[2] 罗会昌. 金属工艺学 [M]. 北京：高等教育出版社，2000.

[3] 丁德全. 金属工艺学 [M]. 北京：机械工业出版社，2000.

[4] 王俊山. 金工实习 [M]. 北京：高等教育出版社，2000.

[5] 郁兆昌. 金属工艺学 [M]. 北京：高等教育出版社，2006.

[6] 沈莲. 机械工程材料 [M]. 北京：机械工业出版社，2005.

[7] 丁树模，刘跃南. 机械工程学 [M]. 北京：机械工业出版社，2005.

[8] 孙学强. 机械制造基础 [M]. 北京：机械工业出版社，2004.

[9] 王健民. 金属工艺学 [M]. 北京：中国电力出版社，2006.

[10] 姜敏凤. 金属材料及热处理知识 [M]. 北京：机械工业出版社，2005.

[11] 梁耀能. 工程材料及加工工程 [M]. 北京：机械工业出版社，2005.

[12] 朱莉，王运炎. 机械工程材料 [M]. 北京：机械工业出版社，2005.

[13] 王正品，张路，要玉宏. 金属功能材料 [M]. 北京：化学工业出版社，2004.

[14] 赵程，杨建民. 机械工程材料 [M]. 2 版. 北京：机械工业出版社，2007.

[15] 颜银标. 工程材料及热成型工艺 [M]. 北京：化学工业出版社，2004.

[16] 蔡珣. 表面工程技术工艺方法 400 种 [M]. 北京：机械工业出版社，2006.

[17] 王学武. 金属表面处理技术 [M]. 北京：机械工业出版社，2008.

[18] 曹国强. 机械工程概论 [M]. 北京：航空工业出版社，2008.

[19] 裴炳文. 数控加工工艺与编程 [M]. 北京：机械工业出版社，2005.

[20] 梁戈，时惠英. 机械工程材料与热加工工艺 [M]. 北京：机械工业出版社，2007.

[21] 许德珠. 机械工程材料 [M]. 2 版. 北京：高等教育出版社，2001.

[22] 王先逵. 材料及热处理 [M]. 北京：机械工业出版社，2008.

[23] 杨江河. 精密加工实用技术 [M]. 北京：机械工业出版社，2007.

[24] 邓三硼，马苏常. 先进制造技术 [M]. 北京：中国电力出版社，2006.

[25] 李献坤，兰青. 金属材料及热处理 [M]. 北京：中国劳动社会保障出版社，2007.